Dieter Lelgemann

Die Erfindung der Messkunst

Dieter Lelgemann

Die Erfindung der Messkunst

Angewandte Mathematik im antiken Griechenland

Die Deutsche Nationalbibliothek verzeichnet diese Publikation
in der Deutschen Nationalbibliografie;
detaillierte bibliografische Daten sind im Internet über
http://dnb.d-nb.de abrufbar.

Die Herausgabe dieses Werks wurde durch
die Vereinsmitglieder der WBG ermöglicht.
Gedruckt auf säurefreiem und alterungsbeständigem Papier
Printed in Germany

Besuchen Sie uns im Internet: www.wbg-wissenverbindet.de

ISBN 978-3-534-23118-8

Vorwort (Prof. Dr. E. Knobloch)

Um ein Bild von der Mathematik und den Naturwissenschaften der Antike zu entwerfen, haben deutschsprachige Autoren der letzten Jahrzehnte verschiedene Wege beschritten. Der klassische Philologe und Wissenschaftshistoriker Fritz Krafft hat in seiner 1970 erschienenen *Geschichte der Naturwissenschaft I* großen Wert auf die philologische Analyse und Bewertung der altsprachlichen, in seinem Fall griechischen Quellen gelegt. Der Mathematiker Bartel Leendert van der Waerden schrieb in seinem Klassiker *Erwachende Wissenschaft* (1956; 2. Auflage 1966), es gebe von fast allen Texten zuverlässige Übersetzungen. Philologische Fragen spielten bei ihm keine Rolle, er argumentierte als Mathematiker, auch in seinem später erschienenen Werk *Astronomie der Griechen* (1988). Der klassische Philologe und Wissenschaftshistoriker Alfred Stückelberger interessierte sich vorrangig für die Abbildungen in den einschlägigen antiken Handschriften, als er seinen Band *Bild und Wort, Das illustrierte Fachbuch in der antiken Naturwissenschaft, Medizin und Technik* veröffentlichte (1994).

Ein völlig anderes Anliegen verfolgt der mathematisch bestausgebildete Ingenieur und Geodät Dieter Lelgemann mit dem vorliegenden faszinierenden Buch. Ausdrücklich möchte er keine weitere Abhandlung über die Geschichte der Naturwissenschaften im Altertum vorlegen. Sein Ziel ist vielmehr eine Rekonstruktion der antiken Messverfahren und Messinstrumente, die den Alten eine erstaunliche Genauigkeit erlaubt haben. Ein solcher Zugang setzt voraus, die zahlreichen numerischen Angaben bei den antiken Autoren ernst zu nehmen, vorhandene Widersprüche aufzudecken und nach plausiblen Erklärungen dafür zu suchen.

Tatsächlich gelingt Lelgemann auf diese Weise eine widerspruchsfreie Erläuterung vieler Probleme und bisher offener Fragen der antiken Geodäsie, Trigonometrie, Goniometrie, Astronomie und angewandten Mathematik, angefangen mit der Frage, warum Anaximandros sowohl die Kugelgestalt wie die Zylindergestalt der Erde zugeschrieben wurde. Aber auch die berühmte Stelle in den *Vögeln* des Aristophanes, wo der

Astronom Meton und Pisthetairos in ein heftiges Gespräch geraten, erhält auf diese Weise einen vernünftigen und witzigen Sinn.

Sein Vorhaben führt Lelgemann in acht Abschnitten durch. Zunächst wendet er sich dem Beginn der Messkunst und der Naturwissenschaften zu. Aus den Ergebnissen rekonstruiert er die Methoden, stets darauf bedacht, das rationale Vorgehen, die praktischen Interessen seiner Autoren herauszustreichen. Und in der Tat, spätestens die Deutung des berühmten Antikythera-Instrumentes hat gezeigt, dass die praktischen, mathematischen und mechanischen Kenntnisse und Fertigkeiten der Antike mangels erhaltener Quellen bis dahin dramatisch unterschätzt wurden. Lelgemanns Interesse ist nicht die Philosophie – er sagt es explizit – Lelgemanns Interesse ist die angewandte Mathematik.

Die beiden folgenden Abschnitte gelten den Längen- und Winkelmaßen und deren Verknüpfung, die im Mittelpunkt von Geodäsie und Astronomie stehen, ein Musterbeispiel für die Anwendungen mathematischer Methoden und die Wertschätzung der angewandten Mathematik in der Antike. Diese zeigt sich entsprechend in der Verwendung von Winkelmessinstrumenten und in den Verfahren der antiken Geographie und Landesvermessung.

Im Kapitel über die Karte des Eratosthenes kann Lelgemann auf Grund seiner genauen Analyse der eratosthenischen Zahlenangaben erklären, wie es zur Kritik Strabons an Eratosthenes gekommen ist.

Ein besonderes Interesse verdient schließlich das letzte Kapitel, das dem Schicksal der heliozentrischen Hypothese des Aristarchos im Altertum nachgeht. Wiederum ist Lelgemanns Ausgangspunkt eine scharfsinnige Analyse der Mitteilungen und Daten, die Ptolemaios in seinem *Almagest* preisgibt. Es bedarf erheblicher mathematischer Kompetenz, um Lelgemanns Rekonstruktion der ptolemäischen Epizykel/Exzenter/Equant-Methodik würdigen zu können. Diese zeigt überzeugend, wie wichtig Größe und Entfernungen für eine richtige Modellbildung des Planetensystems waren, ein Befund, der ja von Archimedes bereits angesprochen wurde.

Ein mutiges Buch, das die von Otto Neugebauer und van der Waerden vorgelegten Untersuchungen kritisch und konstruktiv fortsetzt.

Berlin, im Juli 2009
Eberhard Knobloch

Alle menschliche Erkenntnis ist entweder Erfahrung oder
Mathematik.

Friedrich Nietzsche

Hinsichtlich der **Messungen** von allem, was Länge, Breite und Tiefe hat, legen die Griechen eine in allen Menschen vorhandene, ebenso **lächerliche wie schmähliche Unwissenheit** an den Tag.

Platon

Die **Kunst des Messens** unterwirft dem Menschen die Welt.
Durch die **Kunst des Schreibens** hört seine Erkenntnis auf,
so vergänglich zu sein, wie er selber ist.

Sie beide geben dem Menschen,
was die Natur ihm versagt:
Allmacht und Ewigkeit.

Johann Wolfgang von Goethe

Accurate and minute measurements
seem to the non scientific imagination
a less lofty and dignified work
then looking for something new.

But nearly all the
greatest discoveries of science
have been but
the rewards of accurate measurements
and patient long continued labors in the
minute sifting of numerical results.

William Lord Kelvin

Inhaltsverzeichnis

I Einleitung

Die Naturwissenschaften basieren auf der Verknüpfung von Mathematik und Erfahrungen (in Form von Experimenten/Messdaten).

Über die Entwicklung der Naturwissenschaften bei den Griechen, das sind im wesentlichen Geodäsie/Geographie und Astronomie, bestehen bis heute noch viele Unklarheiten und Missverständnisse.

Ein heiß umstrittenes Diskussionsthema ist beispielsweise, welche der vielen Stadiondefinitionen Eratosthenes von Kyrene benutzt hat bei seiner Angabe des Erdumfanges zu 252 000 Stadien. Oder welche Methode er benutzte, um die Astronomische Einheit, die Entfernung Erde/Sonne zu 804 000 000 Stadien bereits im Altertum relativ genau zu bestimmen.

Ein anderes Thema betrifft die Entwicklung und den Stand der Trigonometrie/Goniometrie, unverzichtbar für die Messkunst dann, wenn Längen- und Winkelmessungen miteinander verknüpft werden sollen.

Die überwiegende moderne Meinung ist, dass die Griechen den Begriff des Sinus nicht kannten, sondern nur den Begriff „Sehne". Dabei ist das als „Sehnentafel" bezeichnete Tabellenwerk des Klaudios Ptolemaios im Almagest genau das, was heutzutage Sinustafel genannt wird. Unmittelbar ersichtlich für jeden wird das dann, wenn man sich seine Tabelle ansieht (Tab. I.1). Wie kam es nur zu dem modernen Mythos, dass die Griechen den Begriff des Sinus nicht kannten, wie wird dieser Mythos begründet?

Winkel	Ptolemaios	„Sehne"	Sinus
½ °	$0^P\ 31'\ 25''$	0,008727	0,008727
1°	$1^P\ 02'\ 50''$	0,017454	0,017452
1½°	$1^P\ 34'\ 15''$	0,026181	0,026177
2°	$2^P\ 05'\ 40''$	0,034907	0,034900
$1^P = 1/60$, $1' = 1/(60 \cdot 60)$, $1'' = 1/(60 \cdot 60 \cdot 60) = 0{,}000\,0046\ldots$			

Tab. I.1: Die „Sehnen"- bzw. Sinustafel des Klaudios Ptolemaios

Ein Thema erhitzt die Gemüter der modernen Wissenschaftshistoriker besonders: Inwieweit hatte die heliozentrische Hypothese des Aristarchos von Samos (~301–230 BC) Einfluss auf die von den antiken Astronomen verwendeten Methoden, inwieweit ist sie also im Altertum von den Astronomen akzeptiert und praktisch genutzt worden?

Zwar ist in der antiken Literatur von „Anhängern des Aristarchos" die Rede, jedoch wird meistens angenommen, dass es sich dabei nur um wenige und unbedeutende Astronomen gehandelt haben kann. Zwei gegensätzliche Standpunkte zu dieser Frage wurden von zwei bekannten Wissenschaftshistorikern deutlich herausgearbeitet.

Otto Neugebauer lehnt in seinem bekannten Werk „A History of Ancient Mathematical Astronomy" eine größere Verbreitung der heliozentrischen Hypothese strikt ab. Er fasst seine Argumentation wie folgt zusammen (Neugebauer 1975, S. 698):

Ohne

- *die Akkumulation einer riesigen Menge von empirischen Daten*

und ohne

- *eine ernsthafte Methodik zu ihrer Analyse*

war die Idee der Heliozentrizität nur ein nutzloses Spiel mit Worten.

Bartel Leendert van der Waerden nimmt in seinem bekannten Werk „Die Astronomie der Griechen" einen entgegengesetzten Standpunkt ein. In seinem Vorwort schreibt er:

Die von Ptolemaios angeblich angestellten Beobachtungen wurden schon am Anfang des 19. Jahrhunderts von Delambre und neuerdings von R. R. Newton zu einem beträchtlichen Teil als Fälschungen aufgrund der Theorie [d.h. als Simulationsdaten] *entlarvt.*

Ich hoffe, den Leser davon zu überzeugen, dass die heliozentrische Lehre des Aristarchos von Samos in der wissenschaftlichen Astronomie der Griechen eine viel größere Rolle gespielt hat, als bisher angenommen wurde.

Der amerikanische Wissenschaftler Robert R. Newton verfasste im Auftrag der NASA eine Zusammenstellung von antiken astronomischen Mess- bzw. Beobachtungsdaten mit dem Ziel, das **langfristige** Verhalten des Sonnensystems zu untersuchen. Dazu wären alte Messdaten, auch wenn diese hinsichtlich der Genauigkeit nicht mit modernen konkurrieren können, von wesentlicher Bedeutung. Newton veröffentlichte mehrere derartige Zusammenstellungen, von denen eine internationale Aufmerksamkeit erregte.

Wer allerdings seine Arbeiten als „Studierstubenabenteuerreisen“ bezeichnet, verrät nur mangelnden Sachverstand.

Bei seiner Analyse der im Almagest angegebenen numerischen Messdaten kam Newton zu der verblüffenden Erkenntnis, dass die von Ptolemaios benutzten „Messdaten“ zwar sehr genau, mit einer Genauigkeit von einer Bogenminute, mit den mathematischen Modellen des Ptolemaios übereinstimmen, von der Realität jedoch, wie sie sich aufgrund heutigen Wissens ergibt, oft krass abweichen.

Newton zog daraus den Schluss, dass es sich hierbei um sog. „Simulationsdaten“ oder „frauded data“ handelt. Seine Analyse der „Messdaten“ im Almagest fasste er 1977 in einer Publikation mit dem aufmerksamkeitserregenden Titel „The Crime of Claudius Ptolemy“ zusammen. Als Schlussfolgerung zog er:

Die Syntaxis (Almagest) *verursachte mehr Schaden für die Astronomie als jedes andere jemals geschriebene Werk und die Astronomie würde besser dastehen, wenn es niemals existiert hätte. Ptolemaios ist daher nicht der größte Astronom der Antike, sondern er ist etwas noch Ungewöhnlicheres.* ***Er ist der erfolgreichste Fälscher in der Geschichte der Wissenschaften.***

Das stand natürlich im krassen Gegensatz zu der Auffassung von Otto Neugebauer (1975, S. 5):

Alexandria im zweiten Jahrhundert AD sah die Publikationen von Ptolemaios‘ bemerkenswerten Arbeiten, des Almagest und der Handtafeln, der Geographie, ..., alle meistervoll geschrieben, Produkte einer der ***größten wissenschaftlichen Koryphäen aller Zeiten.***

War Ptolemaios wirklich eine der größten wissenschaftlichen Koryphäen aller Zeiten? Oder war er ein (dann sicherlich genialer) Betrüger? Oder handelt es sich bei seinen Werken schlicht um Lehrbücher, in denen er seine persönlichen Auffassungen der Dinge erläutert hat?

Das ist eine zentrale Frage im Hinblick auf unser Verständnis der antiken Naturwissenschaften; denn unsere Hauptinformationsquellen darüber sind sein Almagest und seine Geographie.

Auf letztere Vermutung weist sicherlich seine Bemerkung zum Abschluss des ersten Kapitels im Almagest hin (S. 4):

Um aber die Darstellung in gewissen Grenzen zu halten, werden wir die von den Alten mit voller Sicherheit gewonnenen Ergebnisse nur referierend behandeln.

Dagegen werden wir die überhaupt noch nicht oder wenigstens nicht praktisch genug in Angriff genommenen Probleme nach Kräften einer sorgfältig ***ergänzenden*** *Behandlung unterziehen.*

Zu den überhaupt noch nicht in Angriff genommenen Problemen gehörte die Entwicklung einer mathematischen Methodik für die geozentrische Hypothese; das wird eindeutig aus Ptolemaios Bemerkungen darüber im Almagest ersichtlich.

Insbesondere der Almagest gibt bis heute viele Rätsel auf, die vor allem daher rühren, dass Ptolemaios nichts darüber sagt, welche Ergebnisse bereits von den „Alten" mit voller Sicherheit gewonnen worden sind und wer diese „Alten" waren. Waren es die bei Vitruvius hochgepriesenen „Mathematikoi", Zeitgenossen im 3. Jh. BC: Aristarchos von Samos, Archimedes von Syrakus, Eratosthenes von Kyrene, Apollonios von Perge?

Was stammt von Ptolemaios und was hat er von den „Alten" aus Schriften in der alexandrinischen Bibliothek übernommen; Schriften, die inzwischen verloren gegangen sind? Das ist die zentrale Frage für ein rationales Verständnis der Entwicklung der Naturwissenschaften im Altertum.

Wenn es sich bei dem Almagest um ein Lehrbuch handelte mit dem Ziel, nur die mathematischen Methoden der antiken Astronomen zusammenfassend zu erläutern, so ist es sicherlich kein „crime", wenn Ptolemaios zur anschaulichen Erläuterung dieser mathematischen Methoden Simulationsdaten verwendete. Dann tritt aber zwangsläufig das folgende Problem auf:

Um derartige Simulationsdaten überhaupt berechnen zu können, musste Ptolemaios notwendigerweise die **Modellparameter, also seine Endergebnisse**, bereits zu Beginn gekannt haben. Vergleicht man nicht seine „Messdaten", sondern seine Endergebnisse mit modernen Informationen, dann stellt man überraschenderweise fest, dass letztere sehr gut übereinstimmen mit der Realität, nämlich mit den modernen **heliozentrischen Keplerelementen** für die Planetenbahnen bzw. mit den modernen Elementen für die Mondbahn.

Alle vier der angesprochenen Themen haben eins gemeinsam: Die Fragestellung entzündet sich an den **numerischen** Angaben für den Erdumfang, für die Astronomische Einheit, für die Sinuswerte und für die Planeten- bzw. Mondbahnparameter in der uns überlieferten antiken Literatur, die sich verglichen mit modernen Informationen teilweise als erstaunlich genau erweisen. Wie ist diese hohe Genauigkeit plausibel zu erklären? Welche Messinstrumente und Messverfahren benutzten die alten Griechen, um diese zu erreichen?

Otto Neugebauer bemerkt hierzu (Neugebauer, 1975, S. 1):

Eine Unterlassung, für die ich allein verantwortlich bin, ist die Theorie der Instrumente. Der Grund ist einfach Mangel an Kompetenz. Die Theorie der Sonnenuhren, Astrolabien, Uhren, planetarische Rechner etc. bildet ein großes eigenes Arbeitsfeld, mit dem ich nicht ausreichend vertraut bin, um es in eine signifikante Beziehung mit den hier diskutierten Themen zu bringen.

Ich habe mich ebenfalls enthalten von mehr als gelegentlichen Vergleichen antiker mit moderner Daten. Nicht nur können solche Daten einfach erlangt werden von jedem guten modernen Textbuch und aus modernen Tabellen, sondern solche Vergleiche sind gewöhnlich ziemlich irreführend. Ich werde nicht erläutern, wie „gut" oder wie „schlecht" antike Astronomie war. Aber ich will versuchen zu beschreiben, was anscheinend die wesentlichen Probleme gewesen sind, sowie die Methoden, die zu ihrer Lösung entwickelt wurden.

Eine enge interdisziplinäre Kooperation der Fachgebiete „Geschichte der exakten Wissenschaften und der Technik" (Eberhard Knobloch) und „Astronomische und physikalische Geodäsie" (Dieter Lelgemann) der Technischen Universität Berlin hat es sich deshalb als Aufgabe gestellt, insbesondere die überlieferten numerischen Daten aus der Antike mit dem Ziel zu analysieren, weitere Erkenntnisse aus diesen Informationen zu gewinnen. Man kann das durchaus als eine Ergänzung zu den grundlegenden Arbeiten von Otto Neugebauer ansehen.

Die sog. exakten Wissenschaften basieren auf Messkunst einerseits und Mathematik andererseits:

Alle menschliche Erkenntnis ist entweder Erfahrung (Experimente/ Messungen) *oder Mathematik* (Friedrich Nitzsche).

Hinsichtlich der numerischen Daten standen dabei zunächst die numerischen geographischen Daten des Klaudios Ptolemaios in seinem Werk „Geographike Hyphegesis" im Vordergrund. Otto Neugebauer (1975, S. 934) bemerkt dazu:

Wenige Bücher haben solch einen tiefen Einfluss ausgeübt auf das menschliche Denken und die Zivilisation wie Ptolemaios Geographie. In seinen theoretischen wie praktischen Konsequenzen übertrifft dieser bei weitem den Einfluss des astronomischen „Ptolemaischen Systems" und seine Kopernikanische Modifikation, von Interesse und zugänglich nur für eine Handvoll Menschen.

Tatsächlich kann man Geographie, soweit es sich nicht um eine bloß beschreibende Wissenschaft handelt, als eine Verknüpfung von Geodäsie einerseits und Astronomie andererseits ansehen, eng verbunden durch die Methoden der Navigation, die natürlich von ungemein praktischem Interesse für seefahrende Völker wie die Griechen waren.

Der Professor für angewandte Astronomie Carl Friedrich Gauß (1777–1855 AD) betonte in seiner Antrittsvorlesung in Göttingen, dass sich der **Nutzen der Astronomie** auf **Geographie, Navigation und Zeitbestimmung** erstrecke, eine Ansicht, die mutmaßlich auch von den „Mathematikoi" im Altertum vertreten wurde. Jedenfalls waren Archimedes und Eratosthenes keine Philosophen in einem „Elfenbeinturm"; eng verbunden mit den jeweiligen Herrschern waren sie konfrontiert mit deren praktischen Bedürfnissen, nicht zuletzt militärischer Art, in diesen nicht unturbulenten Zeiten.

Planetentheorie hingegen war von wenig praktischem Interesse, von Interesse höchstens für Philosophen und für die Astrologie, die ihre Blütezeit um ca. 100 AD, also zur Zeit des Klaudios Ptolemaios erlebte, wie man anhand der Anzahl der aufgefundenen griechischen Horoskope (Neugebauer, 1975, S. 1371) deutlich erkennen kann.

Geodäsie (Vermessungswesen) wiederum basiert auf der Verknüpfung von Längenmessungen und Winkelmessungen. Ihre drei Basismethoden sind: Vorwärtseinschnitt, Rückwärtseinschnitt und Messung unzugänglicher Entfernungen. Der Leser beachte: Soweit in der Astronomie von Entfernungen die Rede ist, können diese sachgerecht nur mittels dieser geodätischen Basismethoden bestimmt werden.

Tatsächlich betont Ptolemaios im Almagest, dass eine Bestimmung der Entfernungen (und damit der Größen) der Himmelskörper nur durch die Messung ihrer topozentrischen Parallaxe zu gewährleisten ist. Und Archimedes betont gegenüber seinem König Gelon die entscheidende Rolle der Entfernungen und der Größen der Himmelskörper im Rahmen der naturwissenschaftlichen, also auf Messkunst und nicht auf Spekulation beruhenden Vorstellungen über den Kosmos.

Die „Geographike Hyphegesis" des Klaudios Ptolemaios listet die geographischen Koordinaten (Länge Λ und Breite Φ) von mehr als 6500 Orten der Oikumene, der bewohnten Welt, von antiken Städten und für die Orientierung/Navigation bedeutsamen Geländemarken (Berggipfel, Vorgebirge, Flussmündungen usw.) auf. Seine Angaben sind allerdings stark verzerrt, insbesondere durch einen Maßstabsfaktor von $\alpha = 2/3$ bzw. $\alpha = 5/7$.

Gesichert identifiziert ist bis heute aufgrund archäologischer Befunde, Namensgleichheiten usw. nur ein geringer Bruchteil der von Ptolemaios angegebenen antiken Städte. Infolge der vielen Schreibfehler in den überlieferten Manuskripten als auch der starken Verzerrungen in den Daten des Ptolemaios ist eine vertrauenswürdige Entzerrung seiner Angaben äußerst schwierig. Neben archäologischen Befunden kann sich diese allerdings auf topographische Angaben über die Geländemarken stützen.

Andererseits stellte sich heraus, dass eine vertrauenswürdige Entzerrung der Daten ohne ein Verständnis der Methoden der antiken Vermessungsingenieure/Navigatoren und der Astronomen unmöglich ist. Zu ihrem Verständnis ist die griechische Geschichte der exakten Wissenschaften zwischen Thales (~600 BC) und Ptolemaios (~150 AD) als ein „Ganzes" anzusehen. Ein kurzer Abriss dieser Geschichte, soweit es nicht mystische Spekulationen, sondern die Messkunst betrifft, ist im folgenden Kapitel II zusammengestellt.

In seiner Schrift „Über das Ganze" bemerkt bereits Herakleitos:

Vielwisserei lehrt kein Verstehen.
Sonst hätte sie Hesiodos belehrt und Pythagoras,
auch Xenophanes und Hekataios
(Diels-Kranz 22B40).

Unter Verständnis versteht Herakleitos offensichtlich, wie wir heute auch, die Erkenntnis der Zusammenhänge eines – wie immer gearteten – „Ganzen". Insbesondere ist in dieser Hinsicht die Entwicklung der Geodäsie und der Astronomie als ein „Ganzes" aufzufassen.

Im Hinblick auf die Suche nach Verständnis der antiken Informationen kristallisierten sich im Laufe unserer Untersuchungen folgende Arbeitshypothesen heraus:

1. Die Genesis der Messkunst waren **praktische Bedürfnisse**.
2. Messkunst beruht auf Maßeinheiten, Messinstrumenten, Messmethoden und Messzahl-Verknüpfungen mittels geometrischer Konstrukte.
3. Die Genesis der **Mathematik** war die Messkunst.
4. Das Resultat jeder Messkunst sind **numerische Angaben**.

Tatsächlich benötigt Messkunst die Mathematik als ihre Sprache; denn jede Maßzahl ist eine reine Verhältniszahl und zu deren Verknüpfung sind mathematische Gleichungen erforderlich. Alle menschliche Erkenntnis ist entweder Erfahrung (Experimente/Messungen) oder Mathematik (Gleichungen).

Beginnend mit den Maßeinheiten und den Messinstrumenten, unter Beachtung der angewandten Mathematik (Logistik) im Altertum, ist es offenbar möglich, die naturwissenschaftlichen Methoden des Altertums zu rekonstruieren, wobei sich insbesondere die numerischen Angaben aus dem Altertum im Hinblick auf die zu stellenden Fragen von entscheidender Bedeutung erweisen.

Die Naturwissenschaften des Altertums beruhen bereits nicht mehr auf mystischen Vorstellungen (von denen es allerdings viele gab, zum Beispiel die Vorstellungen des Aristoteles über eine supralunare Physik), sondern auf Messkunst. Nach dieser Einsicht sollte es einem modernen Sachexperten für deren Methoden nicht zu schwer fallen, diese zu rekonstruieren.

Die folgende Abhandlung ist keine Abhandlung über die Geschichte der Naturwissenschaften im Altertum; das überlässt ein Ingenieur zweckmäßigerweise den Wissenschaftshistorikern. Es ist eine Abhandlung über die „methodoi", über die „Wege, etwas zu tun", die in der Antike verwendet wurden.

Nach der Rekonstruktion dieser antiken Methoden fanden bisher alle Fragen und Rätsel, die beim Studium der antiken Literatur und insbesondere bei den Schriften des Klaudios Ptolemaios auftraten, eine plausible Antwort bzw. Lösung; Widersprüche blieben bisher nicht zurück. Man kann die folgende Abhandlung deshalb durchaus als ein Handbuch bezeichnen (das gegebenenfalls durch weitere Forschungen zu ergänzen bzw. zu modifizieren ist), welches beim Studium der antiken Literatur über naturwissenschaftliche Fragestellungen als eine Hilfe zu ihrem Verständnis herangezogen werden kann.

Es dürfte in dieser Hinsicht nicht nur eine Hilfe für Fachhistoriker sein, sondern ebenfalls für Lehrer und Journalisten bzw. Autodidakten, die sich aus beruflichem Interesse bzw. aus Liebhaberei damit beschäftigen, ebenso wie mit der umfangreichen, oft sehr fantasievollen modernen Literatur, die darüber verfasst worden ist.

Es sollte andererseits aber auch für Mathematiker und Naturwissenschaftler wie Geographen, Geodäten und Astronomen von Interesse sein, die sich mit der Genesis ihrer Wissenschaft beschäftigen, um ein tieferes Verständnis für diese zu gewinnen. Genauso, wie man einen Menschen erst dann versteht, wenn man seine Vergangenheit und Entwicklung kennt, versteht man eine Wissenschaft erst dann, wenn man ihre Entwicklung kennt.

Mein Dank gilt insbesondere Prof. Eberhard Knobloch und Andreas Kleineberg (M. A.). Ohne die Hilfe dieser beiden Sachexperten bei notwendigen Neuübersetzungen von griechisch/lateinischen Texten über spezielle methodisch/technische Konzepte wäre eine Erkenntnis bzw. deren Begründung der antiken Methoden der Messkunst unmöglich gewesen.

Als erhellendes Beispiel für diese Behauptung sei der Text von Aristophanes (~445–385) über den Athener Astronomen Meton in seiner Komödie „Die Vögel“ angeführt. Die sachgerechte Neuübersetzung in Kapitel VI.1 zeigt im Vergleich beispielsweise mit der Übersetzung in Reclam UB1379, wie wichtig bei der Übersetzung von altgriechisch/lateinischen Texten eine enge Zusammenarbeit zwischen Geisteswissenschaftlern und Naturwissenschaftlern für das Verständnis derartiger Texte ist.

Zum besseren Verständnis für den Leser wird im Folgenden konsequent die moderne mathematische „Formelsprache“ verwendet, soweit es die mathematische Beschreibung der Methoden betrifft. Hierbei ist zu beachten, dass die Wissenschaftler des Altertums keine „Formelsprache“ kannten, sich strikt auf geometrisch-anschauliche Konstrukte und davon abgeleitete Relationen oder auf (empirisch) logistische Regeln stützten. Beim Studium der antiken Originalliteratur sollte es für den Leser nicht zu schwierig sein, deren aus heutiger Sicht manchmal sehr umständliche mathematische Beschreibung in moderne Formulierungen zu „übersetzen“, sobald man erst selbst verstanden hat, worum es sich im einzelnen handelt.

II Genesis der Messkunst und Naturwissenschaften

II.1 Prolog in Ionien

Die Entwicklung der griechischen Naturwissenschaften, von Astronomie/Geodäsie/Geographie und die Entwicklung der dazu notwendigen angewandten Mathematik begann in Milet, in Ionien, mit Thales (~625–547) und seinem Schüler Anaximandros (~610–546). Van der Waerden (1988, S. 8) bemerkt dazu: *Es ist allgemein anerkannt, dass Thales von Milet der erste griechische Geometer und Astronom war.*

Auskunft über diese frühe Entwicklung geben vor allem die Schriften des Aristoteles-Schülers Eudemos (4. Jh. BC), des Astronomen Geminos (1. Jh. BC oder 1. Jh. AD), des römischen Flottenkommandanten und Schriftstellers Plinius des Älteren (~23–79 AD), des griechischen Schriftstellers Plutarch (~46–125 AD), des römischen Schriftstellers Apuleius (~125–180 AD), des griechischen Philosophen Diogenes Laertios (2./3. Jh. AD), des griechischen Kirchenschriftstellers Eusebios (~260–339 AD), des griechischen Mathematikers Pappos von Alexandria (~320 AD), des Aetios (um 100 AD), des Theon von Alexandria (~360 AD), des Neuplatonikers Proklos (~411–485 AD) und des griechischen Neuplatonikers Simplikios (6. Jh. AD).

II.1.1 Thales von Milet

II.1.1.1 Thales von Milet und die Astronomie

Aetios: *Thales sagte als Erster, dass die Sonne durch den Mond verfinstert wird, indem dieser unter die Sonne tritt.*

Diogenes Laertios [I.23]: *Nach einigen ist Thales der erste* [Grieche], *der sich mit Sternkunde befasste und Sonnenfinsternisse und Solstitien vorausgesagt hat, wie Eudemos in seiner Geschichte der Astronomie* *berichtet. Deshalb bewunderten ihn auch Xenophanes* [~565–470] *und Herodot* [~490–430]. *Es bezeugen dies auch Herakleitos* [~550–480] *und Demokritos* [~470–380].

Diogenes Laertios [I.23]: [Thales] *hinterließ einigen zufolge nichts Schriftliches. Denn die ihm zugeschriebene „Nautische Astronomie" soll ein Werk des* [ansonsten unbekannten] *Samiers Phokos sein.*

Plutarch: *Nicht weniger berühmt* [im Vergleich mit – von ihm vorher angeführt – Orpheus, Hesiodos, Parmenides, Xenokrates, Empedoklos und Thales] *machten Aristarchos, Timocharis, Aristyllos und Hipparch die Astronomie, in dem sie in Prosa schrieben.*

In Versen dagegen schrieben Eudoxos und Hesiodos und Thales, vorausgesetzt, dass Thales die ihm zugeschriebene [Nautische] *Astronomie wirklich geschrieben hat.*

Apuleius: *Thales von Milet, gewiss der Größte unter jenen sieben überlieferten Männern der Weisheit [war er doch bei den Griechen der erste Erforscher der Geometrie und ein äußerst zuverlässiger und erfahrener Beobachter der Natur und der Sterne] hat die größten Dinge mit einfachen Linien erforscht [maximas res parvis lineis repperit]:*

- *den Kreislauf der Jahreszeiten,*
- *das Wehen der Winde* [Windrichtungen, Windrose],
- *den Gang der Sterne* [um die Nord-Südpol-Achse],
- *das tönende Wunder des Donners,*
- *die gekrümmten Bahnen der Gestirne* [Sonne/Mond/Planeten],
- *die jährlichen Sonnenwenden* [Sommer-/Wintersolstitien],
- *das Wachsen des neuen, die Abnahme des alternden und das Verschwinden des dahingehenden Mondes.*

Ebenso hat er, bereits im Alter, ein göttliches Zahlenverhältnis bei der Sonne beschrieben, ..., nämlich: Wie oft die Sonne mit ihrer Größe den Kreis misst, den sie durchläuft.

Diogenes Laertios [I.24]: Dieser berichtet, dass Thales das Verhältnis des Winkeldurchmessers der Sonne zu ihrem Umlaufkreis zu 1:720 (= 30′) gemessen habe und er auch dasselbe Verhältnis für den Mond fand.

Später hat Archimedes dafür angegeben (Neugebauer 1975, S. 644):

$$(90°/200) < \delta < (90°/164) \quad \text{bzw.} \quad 27' < \delta < 33'.$$

Diogenes Laertios [I.23] zitiert ferner den alexandrinischen Dichter Kallimachos, einen der Lehrer des Eratosthenes:

Kallimachos kennt ihn [Thales] *als Entdecker des Kleinen Bärengestirns, worauf er mit folgenden Jamben hinweist: Man sagt:*

> *„Des Wagens Sterne hat er auch entdeckt,*
> *die Führer auf der See für die Phönizier."*

Van der Waerden bemerkt (1988, S. 14): *Seine Jamben muss man wohl so interpretieren: Thales gab den Seeleuten den Rat, sich wie die Phönizier bei der Bestimmung der Nordrichtung* [des Nachts] *nach dem Kleinen Bären zu richten.*

Herodot und Plinius: Sie berichten, dass Thales für das 4. Jahr der 48. Olympiade oder das Jahr 170 seit der Gründung Roms (585 BC) eine Sonnenfinsternis für Ionien vorausgesagt hat. Herodot berichtet ferner, dass während der damals stattfindenden Schlacht am Halys im sechsten Jahre des Krieges zwischen Lydern und Persern *der Tag plötzlich zur Nacht wurde.* Die Soldaten auf beiden Seiten waren so verängstigt, dass die Führer gezwungen waren, Frieden zu schließen. Die Vorhersage von Sonnen- und Mondfinsternissen konnte also durchaus von sehr praktischem Interesse für die militärische Führung sein. Allerdings konnte Thales sicherlich noch keine Sonnenfinsternis **vorausberechnen,** wie spätere Wissenschaftler.

Betont sei, dass es höchst praktische Probleme waren, weshalb Thales und Anaximandros sich mit Astronomie beschäftigten: Vor allem **Geographie und Navigation**, aber auch **Zeitmessung und Kalenderwesen**.

II.1.1.2 Thales und die Geodäsie

Das Grundkonzept der Geodäsie, wie die angewandte Geometrie seit den Griechen bis heute genannt wird, bildet die Messung der Längen unzugänglicher Strecken (Höhe einer Pyramide, Entfernungen über einen Fluss, Entfernungen zu Segelschiffen bzw. zu weit entfernten Inseln auf bzw. in dem Meer, Umfang der Erde und daraus abgeleitet Entfernungen und Durchmesser von Sonne/Mond/Planeten) mittels Winkelmessungen.

Moritz Cantor (1894, S. 124) nennt die Schriften des Eudemos, überliefert durch Proklos, „Altes Mathematikerverzeichnis". Von diesem lernen wir:

Den Angaben der meisten zufolge ward von den Ägyptern die Geometrie erfunden, welche ihren Ursprung aus der Vermessung der Ländereien nahm.

Es hat aber nichts Wunderbares, dass die Erfindung dieser sowie der anderen Wissenschaften vom ***Bedürfnis*** *ausgegangen ist. Es findet ein geziemender Übergang statt*

- *von der sinnlichen Wahrnehmung zur denkenden Betrachtung und*
- *von der denkenden Betrachtung zur vernünftigen Erkenntnis*
- sowie von der vernünftigen Erkenntnis zur **mechanischen Konstruktion**, wie der römische Architekt Vitruvius wohl noch hinzugefügt hätte.

Sowie nun bei den Phöniziern des Handels und des Verkehrs halber eine genaue Kenntnis der Zahlen ihren Anfang nahm, so ward bei den Ägyptern aus dem erwähnten Grunde die Geometrie erfunden.

Thales, der [als Kaufmann] *nach Ägypten ging, brachte zuerst diese Wissenschaft* [der angewandten Geometrie] *nach Hellas hinüber.*

Vieles entdeckte er selbst, von vielem aber überlieferte er die Anfänge seinem Nachfolger. Das eine machte er ***allgemeiner****, das andere* ***sinnlich*** *fassbarer.*

Diogenes Laertios [I.27]: *Hieronymus von Rhodos, ein Schüler des Aristoteles, berichtet, Thales habe die Höhe der Pyramiden mittels des* ***Schattens*** [der Sonne] *gemessen, indem er zu der Zeit beobachtete, wenn der unsrige mit uns von gleicher Höhe ist.*

Plinius: *Das Höhenmaß der Pyramiden und aller ähnlicher Körper zu gewinnen erfand Thales von Milet, indem er den* ***Schatten*** [der Sonne] *maß zur Stunde, wo er dem Körper gleich ist.*

Plutarch: *Obschon er auch um anderer Dinge Dich* [Thales] *bewundert, so schätzt er doch über alles die Messung der Pyramiden* [-höhe]. *Nämlich, dass Du ohne alle Mühe und ohne eines Instrumentes zu bedürfen, sondern indem Du nur den Stock in den Endpunkt des* ***Schattens*** *stellst, den die Pyramide wirft, aus den durch die Berührung des Sonnenstrahls entstehenden zwei Dreiecken zeigtest, dass der eine* ***Schatten*** *zum anderen dasselbe Verhältnis hat wie die Pyramide zum Stock.*

Cantor (1894, S. 134) fasst zusammen: *Wir verbinden zu einem einheitlichen Gedanken*

- *die Schattenmessung und*
- *die Bestimmung eines Dreiecks durch eine Seite und die beiden anliegenden Winkel* [Vorwärtseinschnitt].

Geodäsie ist gleichzeitig eine Natur- und Ingenieurwissenschaft. Unzugängliche Entfernungen mussten nicht zuletzt die Ionischen Ingenieure bei ihrer Vermessungsarbeit messen.

Der Ingenieur Eupalinos von Samos baute um 530 BC im Auftrag des Polykrates eine Wasserleitung durch den Berg Krates auf der Insel Samos, ungefähr 1000 m lang und 2 m hoch. Gegraben wurde (erstmalig?) von beiden Seiten. Der Messfehler in der Mitte (ca. 10 m in waagerechter und 3 m in senkrechter Richtung) wurde durch ein bogenförmiges Verbindungsstück ausgeglichen.

Der Ingenieur Mandrokles von Samos baute um 515 BC für den Perserkönig Darius I die Brücke über den Bosporus.

τέχνη nannten die Griechen eine auf Erfahrung und Wissen gegründete Kenntnis, erworben durch Beobachtungen der Natur. Der römische Architekt Vitruvius, der in seinem Werke „De Architectura" viel über die praktische Anwendung astronomischen Wissens berichtet, äußert sich dazu folgendermaßen:

Vitruvius [X.1.4]: *Alle mechanischen Einrichtungen aber sind von der Schöpferkraft der Natur vorgeschaffen, und sie sind von ihr als der Lehrerin und Lehrmeisterin durch die* ***Umdrehung des Weltalls*** *gelehrt ...*

Da also unsere Vorfahren bemerkt hatten, dass dies so ist, nahmen sie von der Natur her ihre Vorbilder, ahmten sie nach und, angeleitet von den göttlichen Werken, schufen sie für ihr Leben entsprechende Einrichtungen.

Und so führten sie, damit es leichter geschehe, manches durch Maschinen und deren Umdrehungen, einiges durch Werkzeuge aus und ließen es sich so angelegen sein, das, was nach ihren Beobachtungen nützlich zu gebrauchen war, mit Eifer, Geschicklichkeit, Gedankenaustausch Schritt für Schritt methodisch zu verbessern (zur antiken Mechanik siehe Schürmann, 1991).

Die Mentalität von Ingenieuren hat der bekannte amerikanische Romanautor Crichton sehr treffend und anschaulich beschrieben:

Emotional sind sie 13-Jährige, ein Alter, in dem Jungs [bzw. Mädchen] *gerade aufhören, sich mit Spielzeug zu beschäftigen, weil sie die Mädchen* [bzw. Jungs] *entdeckt haben. Bloß, dass die hier sich immer noch mit Spielzeug beschäftigen.*

Ihre sozialen Fähigkeiten sind unterentwickelt, sie ziehen sich schlecht an.

Aber sie sind außergewöhnlich intelligent und sehr gut ausgebildet, und auf ihre Art sind sie eben sehr arrogant. ***Außenseiter dürfen auf keinen Fall mitspielen.***

Es ist extrem unwahrscheinlich, dass sich die Mentalität von Ingenieuren seit dem Altertum geändert hat.

II.1.1.3 Thales und die angewandte Mathematik

Proklos: Er berichtet in seinem Euklid-Kommentar über vier mathematische Theoreme des Thales, die sich alle auf Geometrie beziehen:

1. Die Winkel an der Basis eines gleichschenkligen Dreiecks sind gleich.
5. Schneiden sich zwei Gerade, sind die am Scheitel einander gegenüberliegenden Winkel gleich.
6. Ein Dreieck ist bestimmt durch eine Seite und die beiden anliegenden Winkel (Vorwärtseinschnitt).
7. Die Kreisfläche wird von dem Durchmesser halbiert.

Man beachte: alle diese Sätze beziehen sich auf ein **Rechteck im Kreis**.

Eudemos führt den dritten für die angewandte Geodäsie äußerst wichtigen Lehrsatz zurück auf Thales; denn bei der Art, auf welche dieser die Entfernung der Schiffe auf dem Meere gefunden haben soll, bedürfe er dieses Theorems ganz notwendig.

Diogenes Laertios [I.24]: [Die römische Historikerin] *Pamphile erzählt: Als Thales bei den Ägyptern Geometrie erlernte, habe* ***er zuerst*** *dem Kreise das* ***rechtwinklige*** *Dreieck eingeschrieben und deshalb* [den Göttern] *einen Stier geopfert.*

Wir werden etwas später sehen, warum dieses Opfer durchaus angebracht war; denn das sog. Thalesdreieck bildet die Grundlage zur geometrischen Veranschaulichung der Winkelfunktionen und der grundlegenden goniometrischen Formeln.

II.1.2 Anaximandros von Milet

II.1.2.1 Anaximandros und die Astronomie

Plinius: *Die Schiefe der Ekliptik hat nach der Überlieferung zuerst Anaximandros von Milet erkannt, d.h. er hat sie zuerst bekannt gemacht und zwar in der 58. Olympiade* [548–545].

Kleostratos [von Tenedos, 2. Hälfte 6. Jh. BC] *führte dann die* [Tierkreis-] *Zeichen in ihr ein und zwar zuerst die des Widders* [Aries; $0 \leq l < 30°$] *und des Schützen* [Sagittarius; $240° \leq l < 270°$].

Aetios: *Anaximandros behauptet, dass die Sterne bewegt werden von den Kreisen und Kugeln, auf denen ein jeder einherfährt.*

Aristoteles: *Einige – so von den ältesten Denkern Anaximandros – behaupten, dass die Erde infolge der Gleichheit an ihrem Platz verharre.*

Denn das, was im Mittelpunkt ruht und sich in gleicher Weise zu den äußersten Rändern verteilt, kann sich um nichts mehr nach unten oder nach der Seite bewegen.

Dass es sich zugleich nach entgegengesetzten Seiten bewegt, ist aber unmöglich, sodass es notwendigerweise in seiner Ruhelage verharrt.

Diese geozentrische Hypothese verteidigt später Ptolemaios im Almagest mit ähnlichen Argumenten.

Diogenes Laertios [II.1]: *Er* [Anaximandros] *hat als Erster den Gnomon erfunden, und er hat in Sparta einen Gnomon auf einer Platte aufgestellt, der auch die Solstitien und Äquinoktien* ***anzeigt****, wie Favorinus in den „Geschichten von überall" erzählt. Er hat auch eine Horoskopeia* [Sonnenuhr] *errichtet.*

Eusebios: *Ein Hörer des Thales war Anaximandros, Sohn des Praxiades, auch er Milesier. Er hat zuerst Gnomone errichtet zum* ***Erkennen*** *von Solstitien und* ***Stunden*** [!] *und Äquinoktien.*

Simplikios: *Anaximandros hat als Erster die Größen und Abstände* [der Himmelskörper] *untersucht, wie Eudemos berichtet, aber die Untersuchung der Reihenfolge ihrer Lage führt er* [Eudemos] *auf die Pythagoräer als erste zurück.*

II.1.2.2 Zeitzählung/Kalender bei den alten Griechen

Bereits sehr frühzeitig verwendeten die Griechen zur Einteilung des Tages zwei unterschiedliche Stundendefinitionen:

- horai isemerinai (wahre Ortssonnenzeit),
- horai kairikai (traditionelle bürgerliche Zeit).

Die „horai isemerinai" konnten mit einem Skiotherikos Gnomon (schattenfangendes Gnomon) direkt gemessen werden (siehe Kapitel VI.1); mutmaßlich wurden sie zur Zeit des Thales/Anaximandros eingeführt.

Bei den „horai kairikai" wurde die aktuelle, also von der geographischen Breite und der Jahreszeit abhängige und daher stetig wechselnde

Tageslänge immer in zwölf Stunden eingeteilt. Zur Umrechnung mussten sowohl die Länge der Jahreszeiten als auch die geographische Breite des Ortes bekannt sein.

In den Chroniken benutzten die Griechen zur Zeitangabe 1 Olympiade = 4 Jahre, wobei die ersten olympischen Spiele 776 BC stattfanden, der Beginn der 1. Olympiade.

Das ägyptische Jahr umfasste zunächst 360 Tage plus fünf Feiertage (Epagomenen). Unter den Makedoniern wurde am 7. März 238 BC mit dem Edikt von Kanopus die Jahreslänge auf 365,25 Tage unter Einführung eines Schalttages festgelegt. Diese Regelung wurde später von Julius Caesar für das römische Imperium übernommen.

Die Griechen benutzten – wie die Hebräer – einen Mondkalender, basierend auf Monaten, wobei die Monate jeweils mit der ersten Sichtbarkeit des neuen Mondes anfingen. Auch aus kalendarischen Gründen wurde also der Mondbahn große Beachtung gewidmet.

Wenn man die Daten der (Sommer-/Winter-) Solstitien und der jährlichen Auf- und Untergänge von Fixsternen (z.B. des Sothis = Sirius) in den Lunisolarkalender übersetzen will, benötigt man eine entsprechende Proportion,

$$x \text{ Jahre} = y \text{ Monate},$$

gewöhnlich Schaltzyklus genannt.

Oktaeris wurde ein achtjähriger Schaltzyklus genannt, bestehend aus

$$8 \text{ Jahre} = 99 \text{ Monate}$$

sowie

- 5 Normaljahren zu je 12 Monaten und
- 3 Schaltjahren zu je 13 Monaten.

Bereits um 500 BC wurde in Babylon ein wesentlich genauerer 19-jähriger Schaltzyklus benutzt, nämlich

$$19 \text{ Jahre} = 235 \text{ synodische Monate}$$

sowie

- 12 Normaljahre zu je 12 Monaten und
- 7 Schaltjahre zu je 13 Monaten.

Kallippos führte einen Schaltzyklus von $4 \cdot 19 = 76$ Jahren ein.

Die Bibel berichtet, dass Adam 930 Jahre alt wurde. Wenn es sich hierbei um Monate handeln sollte, erreichte Adam das für damalige Zeiten wohl sehr stattliche Alter von 75 Jahren und zeugte bereits mit elf Jahren seinen ersten Sohn Set.

II.1.2.3 Anaximandros und die Geographie

Über die Entwicklung der Geographie und ihrer Methoden bei den alten Griechen ist aus der Literatur wenig bekannt. Sie begann mutmaßlich mit Anaximandros, von dem Eratosthenes (via Strabon) berichtet, dass er der Erste war, der eine Karte der „Oikumene", der bewohnten Welt, gezeichnet habe.

Geographie beruht auf der Erkenntnis, dass die Meeresoberfläche (näherungsweise) eine Kugel bildet. Wie kam es zu dieser Erkenntnis bei den Griechen? War es eine philosophische Spekulation des Parmenides von Elea, von dem ausdrücklich berichtet wird, dass er von einer Kugel sprach? Oder beruhte diese Erkenntnis auf der Messkunst des Thales?

Tatsächlich wissen wir durch **Diogenes Laertios** von einer Überlieferung, wonach Anaximandros nicht von einer walzenförmigen, sondern bereits von einer kugelförmigen Erde gesprochen habe. Das steht allerdings im Gegensatz zu mehreren antiken Berichten, Anaximandros wäre von einer Walze bzw. einem Zylinder ausgegangen.

Wenn man von einem Hügel die Entfernung zu ankommenden Segelschiffen messen will, dann stellt man rasch fest, dass diese nach **allen** Windrichtungen wesentlich eher sichtbar sind als von einem Standpunkt am Strand/Hafen. Das ist nur erklärbar, wenn die Meeresoberfläche nach **beiden** Seiten gekrümmt ist, im einfachsten Fall also eine Kugel bildet, wie offensichtlich auch der Mond und die Sonne. Sollte dem Anaximandros/Thales das entgangen sein?

Gibt es dann eine plausible Erklärung für die im Altertum offenbar verbreitete Meinung, Anaximandros wäre von einer Walze bzw. einem Zylinder ausgegangen; noch Ptolemaios fühlte sich offensichtlich genötigt, im Almagest, Band I.4 eine derartige Meinung argumentativ zu widerlegen.

Für die Navigation, für die Benutzer geographischer Karten sind die Wind- bzw. Himmelsrichtungen (Windrose) von großer Bedeutung, ausgehend von der Ost-West-Richtung (Orientierung), wo Sonne und Sterne am Äquator auf- und untergehen bzw. von der Nord-Süd-Richtung, wo hoch am Himmel nachts der Kleine Wagen (bzw. **heute** der Polarstern) zu sehen ist.

Diese für jede Navigation extrem wichtigen Richtungen werden auf einer Kugel durch Breitenkreise bzw. Meridiankreise deutlich gekennzeichnet.

Beide Begriffe treten für jeden Geometer unmittelbar dann auf, wenn man akzeptiert, dass die Meeresoberfläche eine Kugel bildet. Die manchmal gehörte moderne Meinung, erst Hipparch habe die beiden Begriffe in die Geographie eingeführt, ist völlig unglaubhaft, wenn man daran denkt, dass Pytheas die geographische Breite von Marseille bereits mit hoher Genauigkeit gemessen hat.

Wenn Anaximandros seine Karte der Oikumene erstellte, konnte er das zum einen auf einer Kugel (wie auch von Strabon angegeben), wobei er Längen- und Breitenkreise als Referenzgitter nutzen konnte.

Schwieriger wurde die Konstruktion einer derartigen Karte in der Ebene, da die Kugel hierzu auf die Ebene abzubilden war. Als naheliegendste Lösung bietet sich an, Meridiane als auch Breitenkreise in einer sog. „Plattkarte“ als parallele, senkrecht aufeinander stehende Linien zu zeichnen. Bei Nicht-Sachexperten konnte dann sehr rasch die Meinung entstanden sein, Anaximandros habe die Erde als zylinderförmigen Körper aufgefasst.

Eine Abbildung in dieser Form wurde jedenfalls von Strabon von Amaseia (~63 BC–25 AD) angeführt als auch von Marinos von Tyros (~100 AD) verwendet, wie Ptolemaios uns berichtet, wobei er deutlich auf deren Mängel hinweist.

Zwar können die Meridiane dabei längentreu abgebildet werden, die Breitenkreise werden jedoch verzerrt, umso stärker, je weiter man nach Norden kommt. Denn auf der Kugel ist, wie jedem durch eine einfache geometrische Konstruktion rasch sichtbar wird,

$$p = \Lambda \cos(\Phi),$$

wobei Λ die Länge des Äquators, p die Länge des Parallelkreises und Φ dessen Breite ist.

Um in der Region von Milet diese Ost-West-Verzerrung möglichst gering zu halten, konnte als Maßstabsfaktor α für die geographischen Längen der Cosinus der Breite von Milet $\varphi = 37°30'$ gewählt werden, also

$$\alpha = \cos(\varphi) = 0{,}8 = 4/5,$$

ein Maßstabsfaktor, der später immer wieder auftaucht.

Jedenfalls war die Form der Abbildung ungeeignet, genaue Messdaten zu überprüfen, worauf Ptolemaios eindringlich hinweist.

Die Siedlungsgebiete der Griechen, die Anaximandros sicherlich in seiner Karte aufgenommen hat, erstreckten sich von der Krim im Schwarzen Meer bis nach Kyrenaika an der afrikanischen Nordküste, nach Sizilien/Süditalien und Marseille in Frankreich.

Spätestens als Skylax von Karyanda, Schiffskapitän unter Dareios I., um 500 BC seinen Expeditionsbericht vom oberen Indus längs der persischen und arabischen Küste bis zum Roten Meer verfasste, musste die Karte des Anaximandros ergänzt werden, vor allem im Osten.

Jedenfalls wurde eine Karte der Oikumene, die Indien einschloss, bereits früh erstellt; denn wie Strabon berichtet, verteidigte Hipparch erbittert diese alte Karte gegenüber der neuen Karte des Eratosthenes, die dieser aufgrund von Messungen der Bematisten/Navigatoren des Nearchos im Heer Alexanders des Großen erstellt hatte.

II.2 Intermezzo in Elea und Athen

II.2.1 Eleaten und Pythagoreer

II.2.1.1 Eleatische Schule und Erkenntnistheorie

Etwas südlich von Paestum, in Elea (lat. Velia) in Süditalien, gründete Xenophanes von Kolophon in Ionien (~565–470) um 540 BC eine Philosophenschule, der auch die Philosophen Parmenides von Elea (~515–445) und Zenon von Elea (~490–430) angehörten. Im Mittelpunkt stand die Ontologie, die Lehre von dem Wesen und den Eigenschaften des „Seienden", des real/mental Existierenden.

Für die Naturwissenschaften ist es wichtig, dass diese Philosophenschule wohl erstmalig strikt zwischen **Körpern** und **Vorgängen** unterschied.

Nur Körper existieren, Vorgänge finden statt. Ob eine menschliche „Seele" existiert oder ob „Psyche" nur mentale Vorgänge im menschlichen Gehirn umfasst, ist eine bis heute umstrittene Frage.

Unter Verwerfung der gesamten antiken Mythologie (Homer, Hesiodos) stellte Xenophanes den vielen Göttern des Volksglaubens einen höchsten Gott gegenüber, der stets am selben Ort verharrt, sich gar nicht bewegend.

Gedanken existieren, das weiß jeder, der denken kann, beispielsweise Descartes. Aber existieren die vielen Götter, an die das Volk glaubt? Existiert eine unsterbliche menschliche Seele, wie Pythagoras (~570–480) es lehrte? Existiert Bewegung? Existieren Ideen?

Parmenides stellt fest:

- Es gibt nur ein „Seiendes" und das ist erkennbar.
- Denken und Sein entsprechen einander, sind identisch („Cogito, ergo sum").

Für die Naturwissenschaften sind gewiss die vier sog. Paradoxone des Zenon von Elea zur Nichtexistenz von Bewegung (u.a. der stets unbewegliche Pfeil, der noch Bertrand Russel irritierte) von Bedeutung, die bei Aristoteles (Physik) zu finden sind, beispielsweise [vgl. Laertios IX, 72]

Das Bewegte bewegt sich weder an dem Orte, an dem es nicht ist, noch an dem Orte, an dem es ist.

Bewegung bzw. Geschwindigkeit sind rein mentale **Relationsbegriffe**; man muss **immer** hinzufügen, gegen was sich etwas bewegt.

Ohne den Einfluss zu erkennen, den die eleatische Schule auf die Philosophen in Athen ausübte, bleiben diese sicherlich unverständlich. Sokrates (~470–399) unterschied zwischen konkreten (z.B. Hund) und abstrakten (z.B. fromm) Begriffen und forderte, dass alle (abstrakten) Begriffe sorgfältig, d.h. **konkret, kurz und klar** definiert werden müssen.

Abstrakt nennt man etwas dann, wenn man von dessen Existenz oder Nichtexistenz absehen will. Abstrakt war für die Griechen der Begriff des „autós“; für den heutigen Menschen ist es natürlich ein konkreter Begriff.

Platon (~428–348) postulierte die Existenz unwandelbarer Ideen, die „ewig“ seien. Aristoteles (~384–322) entwickelte seine Metaphysik (heutzutage Erkenntnistheorie genannt) und unterteilte die Begriffe in zehn Klassen, die er Kategorien nannte.

Xenokrates von Chalkedon (~398–314), Schüler des Platon und ab 339 nach Speusippos (~408–339) sein Nachfolger als Leiter der Akademie, formulierte:

Die drei Arten des Seins werden erfasst

- durch das Denken (Logik),
- durch die Sinne (Physik),
- durch den Glauben (Ethik).

Auf dieser Auffassung beruht die klassische Dreiteilung der Philosophie, wobei die Physik im Englischen bis heute „natural philosophy“ genannt wird.

Die menschliche Psyche ist seit alters her tatsächlich geprägt durch:

Erinnerungsvermögen (Erfahrung)	Vorstellungsvermögen (Phantasie)
Gefühlsvermögen (Bewertung)	Erkenntnisvermögen (Verstand)

II.2.1.2 Die pythagoreischen „Mathematikoi“

Van der Waerden (1988, S. 40) bemerkt hierzu:

Um 450 BC gab es unter den Pythagoreern zwei Gruppen:

- *die „Akusmatikoi“, die die Weisheitssprüche des Pythagoras auswendig lernten und*
- *die „Mathematikoi“, die, wie wir aus Platon und Aristoteles wissen, ein System von vier mathematischen Wissenschafts (-Disziplinen) entwickelten:*

Arithmetik	*Geometrie*
Harmonik (Akustik)	*Astronomie*

Geminos berichtet von vier weiteren Disziplinen der angewandten Mathematik:

Logistik	Geodäsie
Optik	Mechanik

Akustik und Optik beruhen auf Wellen, auf elastischen Schallwellen und elektromagnetischen Wellen.

Γεωδαισια nannten die Griechen die angewandte Geometrie, also die Messkunst; Logistik nannten sie die angewandte Mathematik, eng verknüpft mit der Messkunst.

Geminos: *Der Logistiker zieht in Betracht die Zahlen in Zusammenhang mit wahrnehmbaren Objekten.*

Deshalb gibt er den Zahlen Namen [Maßeinheiten: Elle, Meter] *entsprechend den zu beschreibenden Objekten und spricht daher von „melites“* [Äpfel] *und „phialites“* [Schalen; Flüssigkeitsmengen].

Er verwendet auch keine abstrakte Minimaleinheit wie der Arithmetiker, sondern er benutzt eine Minimaleinheit in Relation zu einem materiellen Objekt [z.B. Nippur-Elle]. *Derart dient „1 Mensch“ dem Logistiker als Einheit für eine Menschenmenge.*

Rationale Zahlen (ganze Zahlen und deren Proportionen, also Brüche) ordneten die Griechen der Arithmetik zu, irrationale Zahlen (wie die Winkelfunktionen) der Logistik. Von den antiken Büchern über Logistik ist kein einziges überliefert. Über die Entwicklung der Trigonometrie/Goniometrie, von fundamentaler Bedeutung für die Verknüpfung von Winkel- und Streckenmessungen, sind wir daher schlecht informiert; unsere Kenntnis darüber kann offenbar nur aus verstreuten Einzelinformationen gewonnen werden.

Mechanik beruht auf Astronomie, wie der römische Architekt Vitruvius (~84–20) in seinem Werk „De Architectura“, Buch X, 1, 1-3 bemerkt:

Eine Maschine ist ein beständiges, (in sich geschlossenes), aus Holz zusammengesetztes Gebilde. Es ist besonders befähigt, Lasten zu bewegen. Sie wird durch kreisförmige Umdrehungen, die die Griechen „kyklike kinesis“ nennen, künstlich in Bewegung gesetzt.

Die erste Art ist die Steigemaschine, die auf griechisch „akrobatikon“ heißt.

Die zweite Art ist die durch Luftdruck in Bewegung gesetzte, die bei ihnen „pneumatikon“ heißt.

Die dritte Art ist die Zug-Hebemaschine; diese aber nennen die Griechen „baroulkon“...

Sowohl Werkzeuge wie Maschinen sind für die praktische Betätigung notwendig, weil ohne sie keine Arbeit bequem ausgeführt werden kann.

Alle mechanischen Einrichtungen aber sind von der Schöpferkraft der Natur vorgeschaffen; sie sind von ihr als der Lehrerin und Lehrmeisterin durch die ***Umdrehung des Weltalls*** *gelehrt.*

Da also unsere Vorfahren bemerkt hatten, dass dies so ist, nahmen sie von der Natur her die Vorbilder, ahmten sie nach und, angeleitet von den göttlichen Werken, schufen sie für ihr Leben entsprechende Einrichtungen.

Und so führten sie, damit es leichter geschehe, manches durch Maschinen und deren Umdrehungen, einiges durch Werkzeuge aus und ließen es sich so angelegen sein, das, was nach ihren Beobachtungen nützlich zu gebrauchen war, mit Eifer, Geschicklichkeit und Gedankenaustausch Schritt für Schritt methodisch zu verbessern.

Der Leser beachte, dass zwischen den Naturwissenschaften und der *τέχνη* tatsächlich eine enge Wechselwirkung besteht. Erst nachdem es um 1600 AD gelang, (fast) schlierenfreies Glas zu erzeugen, wurden kurz darauf Brillen, Teleskope und Mikroskope erfunden und sodann vor allem die Teleskope mit Messvorrichtungen ausgestattet.

Es war die Erklärung der genauen Messdaten für den Mond, die Isaac Newton zu seiner Entwicklung der Grundlagen (Newtonsche Axiome) der modernen Mechanik zwang (und nicht die naive Meinung des „Aufklärers“ Voltaire von einem fallenden Apfel), wozu er zunächst den Differential- bzw. Integral-Kalkül entwickeln musste.

Wenn beklagt wird, dass die Entwicklung der Mathematik im Altertum zum Stillstand kam, so bestand eben seitens der Messkunst kein Anreiz zu einer Weiterentwicklung; für die damalige Messgenauigkeit waren die damaligen mathematischen Konstrukte völlig ausreichend.

II.2.1.3 Die pythagoreischen „Mathematikoi“ und Astronomie

Diogenes Laertios: *Auch habe er* [Pythagoras] *das Himmelsgebäude zuerst Kosmos genannt und die Erde als rund bezeichnet...*

Aetios: *Einige „Mathematikoi“ behaupten, dass sich die Planeten von West nach Ost bewegen, der Bewegung der Fixsterne entgegen. Damit stimmt auch Alkmaion überein* [Nach Aristoteles stand Alkmaion den ältesten Pythagoreern nahe].

Simplikios: *Von denen, die die Welt als endlich voraussetzen, nehmen die meisten die Erde im Zentrum an, wie Empedokles* [~483–425], *Anaxagoras* [~498–428], *Demokritos* [~470–380] *und Platon* [~428–348].

Die Pythagoreer aber stellten die Gegenbehauptung auf, dass sie nicht in der Mitte sei, sondern im Mittelpunkt des Weltalls sei Feuer.

Um die Mitte aber bewege sich, behaupten sie, die Gegenerde, die auch eine Erde sei, aber Gegenerde genannt werde, weil sie unserer Erde gegenüberliege. ...

Weil sie aber davon ausgingen, dass zehn eine heilige Zahl ist, wollten sie die Zahl der kreisenden Himmelskörper auf zehn bringen. Die Fixsternsphäre gab ihnen einen Körper, die Wandelsterne sieben andere, die Erde noch einen und mittels der Gegenerde machten sie die von ihnen verlangte Zehnerzahl voll.

Aetios: *Philolaos behauptet, dass das Feuer in der Mitte um den Mittelpunkt der Welt herum liege; ...*

Aetios: *Der Pythagoreer Philolaos setzt das Feuer in der Mitte an; denn dies sei der Herd des Weltganzen. Als Zweite setzt er die Gegenerde, als Dritte die bewohnte Erde,* ***die*** *(jener) gegenüberliege und* ***sich*** *zugleich mit der Gegenerde* ***herum bewege****. Infolgedessen würden auch die (Wesen) auf jener von denen auf dieser nicht gesehen.*

Aetios: *Die anderen lehren, dass die Erde an ihrer Stelle verbleibe. Der Pythagoreer Philolaos aber behauptet, sie bewege sich im Kreise um das Feuer. Und zwar in einem schiefliegendem Kreis, in gleicher Weise wie Sonne und Mond.*

Es ist natürlich ein naheliegender Gedankenschritt, anstelle des „zentralen Feuers“ die Sonne in den Mittelpunkt zu setzen. Für Astrologen sei angemerkt, dass tatsächlich neun Planeten (Merkur–Pluto) die Sonne umkreisen (wobei allerdings die Astronomen den Pluto von der Liste der Planeten eliminiert haben).

II.2.2 Exzenter und Epizykel

Proklos: *Schon die berühmten Pythagoreer gaben, wie wir aus der Geschichte wissen, den auf **Exzenter und Epizykel** beruhenden Hypothesen den Vorzug, weil sie einfacher sind als die anderen.*

*Soll doch Pythagoras selbst bezüglich jener Aufgaben die Forderung gestellt haben, man müsse mit Hilfe **der wenigsten und einfachsten Hypothesen** zur Lösung der Probleme schreiten; solche seien jedenfalls den göttlichen Körpern angemessener als die gegenteiligen…*

Geminos: *Es liegt nämlich der gesamten Astronomie die Annahme zugrunde, dass die Sonne, der Mond und die fünf Planeten sich bewegen*

- *erstens mit gleichförmiger Geschwindigkeit,*
- *zweitens auf kreisförmigen Bahnen,*
- *drittens in einer der Bewegung des Weltalls entgegengesetzten Richtung.*

*Die Pythagoreer waren die Ersten, welche an derartige Untersuchungen herantraten und für die Sonne, den Mond und die fünf Planeten **kreisförmige und gleichförmige** Bewegungen annahmen.*

Bei der unvergänglichen Beschaffenheit der Gestirne ist zu schnellerer und langsamerer Bewegung keinerlei Ursache denkbar.

*Aus diesem Grund stellten sie die Frage in dieser Form, wie sich wohl bei Annahme **kreisförmiger und gleichförmiger** Bewegung die Himmelserscheinungen erklären ließen.*

Theon von Smyrna: *Wie es scheint, meint auch Platon, dass die Epizykeltheorie am meisten leistet und dass es **nicht Sphären, sondern Kreise sind**, welche die Planeten tragen, wenn er denn auch am Schluss der Politeia in dunklen Andeutungen von den miteinander verbundenen „Wirteln“ redet.*

Proklos: *Weiter ist zu untersuchen, durch welche Ursache die Sonne, Venus und Merkur gleichlaufend sind.*

Einige „Mathematikoi" sagen, dies sei der Fall, weil doch die Epizykel dieser drei Sterne zusammenhängen und ihre Mittelpunkte auf einer Geraden liegen.

Da es nun bei einer einzigen bewegten Geraden nur eine einzige Rückkehr in die alte Lage geben kann, so kehren auch diese drei Epizykel gleichzeitig in ihre Ausgangslage zurück ...

Ptolemaios: *Dagegen sehen wir, dass die Sphären der Venus und des Merkurs bei den älteren „Mathematikoi" unter die Sphäre der Sonne gesetzt, aber bei einigen späteren gleichfalls über dieselbe verlegt werden, weil niemals ein Vorübergang dieser Planeten vor der Sonne stattgefunden hat.*

II.2.3 Ruhende oder rotierende Erde: die entscheidende Frage

Von der Waerden bemerkt dazu (1988, S. 118): *Wie wir aus Aristoteles wissen,wurde die Frage, ob die Erde sich bewegt oder still steht,* ***in den Schulen von Platon und Aristoteles lebhaft diskutiert****.*

Aristoteles: *Es bleibt nun übrig, von der Erde zu sprechen,*

- *wo sie liegt,*
- ***ob sie ruht oder sich bewegt***
- *und welches ihre Gestalt ist.*

Über ihre Lage haben nicht alle dieselbe Ansicht. Die meisten lassen sie in der Mitte liegen, nämlich alle, die den gesamten Himmel als begrenzt annehmen.

Im Gegensatz dazu steht die Lehre der sog. Pythagoreer in Italien. Sie sagen, dass in der Mitte ein Feuer sei. Die Erde aber sei eines der Gestirne und würde sich im Kreise um die Mitte drehen.

Sie richten dabei ihre Theorien und Erklärungen ***nicht*** *nach den Phänomenen, sondern suchen vielmehr die Phänomene zu bestimmten Theorien und Anschauungen herzuzwingen und anzupassen.*

Diogenes Laertios: *Herakleides aus Herakleia am Pontos, Sohn des Euthyphron, war ein reicher Mann. In Athen schloss er sich zunächst dem Speusippos an. Doch hörte er auch die Pythagoreer und schwärmte für die Schriften Platons. Erst später hörte er den Aristoteles.*

Aetios: ***Herakleides von Pontos und Ekphantos der Pythagoreer lassen die Erde sich bewegen****, nicht mit einer fortschreitenden Bewegung, sondern wie ein Rad, das sich um eine Achse dreht, von Westen nach Osten um den eigenen Mittelpunkt.*

Verknüpft man

- das Konzept des Herakleides einer Eigenrotation der Erde mit
- dem Konzept der Pythagoreer einer Bahnrotation der Erde um ein „zentrales Feuer“,

dann musste die Frage auftreten: Sind etwa die realen Phänomene mittels einer Bahnrotation der Erde sowie aller Planeten um die Sonne als „zentrales Feuer“ zu erklären und kann diese Hypothese mittels Messkunst nachgewiesen werden?

Waren die stark wechselnden Helligkeiten von Luzifer, wie die Venus auch im Altertum genannt wurde, sowie der äußeren Planeten Mars und Jupiter einfach durch sich ändernde Entfernungen von der Erde zu erklären?

Derartige Überlegungen würden verständlich machen, warum Platon in seiner Abhandlung „Politeia“ strikt forderte, vor einer Ausbildung in Astronomie müsse zunächst eine Ausbildung in der Stereometrie vorausgeschickt werden, d.h. in der Astronomie sind die Entfernungen und die daraus folgenden sichtbaren Phänomene zu untersuchen.

War es wegen dieser Forderung, warum Platon von den antiken „Mathematikoi“ so sehr gerühmt wurde? Denn eigentliche mathematische Schriften hat Platon, wie Cantor (1894, S. 215) feststellt, nicht verfasst.

Als Hauptproblem blieb dann: Wie konnte man die Bahnen der äußeren Planeten aus der Sicht eines Erdbeobachters mathematisch beschreiben?

II.2.4 Der Unterschied zwischen Physik und Astronomie

Simplikios: *In vielen Fällen wollen der Physiker und der Astronom dieselbe Sache beweisen, z.B.*

- *die Größe der Sonne* [d.h. deren Entfernung]
- *oder die Kugelform der Erde,*

aber sie verfolgen nicht denselben Weg.

Der ***Physiker*** *beweist* [!] *jede Tatsache*

- *durch Untersuchung der Wesenheit oder der Substanz sowie der Kraft*

- *und ob es besser ist, dass die Dinge so sind wie sie sind*
- *oder zum Wachsen gelangen und sich ändern.*

Der ***Astronom*** *dagegen beweist sie*

- *durch die Eigenschaften von Figuren und Größen*
- *oder durch die Größe der Bewegung und die dazu erforderliche Zeit.*

Der ***Physiker*** *wird in vielen Fällen die Ursache finden, indem er die hervorbringende Kraft betrachtet.*

Aber der ***Astronom****, der aus den äußeren Umständen Tatsachen beweist* [bzw. durch Messkunst **nachweist]**, *ist nicht in der Lage, die Ursachen zu beurteilen, wenn er z.B. erklärt, die Erde oder die Sonne seien kugelförmig.*

Bisweilen wünscht er nicht einmal, die Ursachen festzustellen, so wenn er von einer Finsternis spricht.

Ein andermal erfindet er Hypothesen und stellt fest, dass unter gewissen Voraussetzungen die Erscheinungen gerettet werden.

Zum Beispiel: Warum erscheint die Bewegung der Sonne, des Mondes und der Planeten unregelmäßig? Wir können antworten: Wenn wir annehmen, dass ihre Kreisbahnen ***exzentrisch*** *sind oder dass sie sich auf* ***Epizykeln*** *bewegen, so werden die Erscheinungen gerettet sein.*

Aber es ist notwendig, weiter zu gehen und zu untersuchen [siehe dazu IX.3.2], *in wie vielen verschiedenen Weisen es möglich ist, diese Erscheinungen hervorzubringen, damit wir unsere Planetentheorie in Übereinstimmung bringen können mit einer zulässigen Erklärung der Ursachen.*

Daher finden wir tatsächlich eine gewisse Person – ***Herakleides von Pontos*** *– die hervortritt und sagt, sogar unter der Annahme*

- *dass* ***die Erde*** *sich in gewisser Weise* ***bewegt,***
- *während* ***die Sonne*** *in gewisser Weise* ***in Ruhe ist,***

könne die erscheinende Unregelmäßigkeit in Bezug auf die Sonne gerettet werden [Das entspricht der heliozentrischen Hypothese des Aristarchos].

Denn es gehört nicht zu den Aufgaben des Astronomen, zu wissen, was von Natur ruhen muss und welche Körper sich bewegen können.

Sondern er führt Hypothesen ein, unter denen einige Körper fest bleiben, während andere sich bewegen. ***Dann untersucht er, zu welchen Hypothesen die tatsächlich beobachteten*** [d.h. gemessenen] ***Himmelserscheinungen passen.***

Aber er muss zum Physiker gehen für die Prinzipien, nämlich dass die Bewegung der Gestirne einfach, gleichmäßig und geordnet ist. Und mittels dieser Prinzipien wird er dann beweisen, dass sie sich alle rhythmisch in Kreisen bewegen, einige in parallelen, andere in schiefen Kreisen.

So legt Geminos, oder Poseidonios bei Geminos, den Unterschied zwischen Physik und Astronomie dar, wobei der Kommentar durch die Ansichten des Aristoteles beeinflusst ist.

Das ganze beruht auf einem Missverständnis, dem man auch heute noch oft begegnet.

Ausschließlich in der mentalen Mathematik und der Logik kann man etwas **beweisen**, in den Naturwissenschaften kann man stets nur etwas **nachweisen**. Wer den gravierenden Unterschied zwischen **beweisen** und **nachweisen** nicht strikt beachtet, der unterliegt schnell den fantasievollsten Missverständnissen.

Und die Zurückführung eines Geschehens auf **eine** Ursache ist oft irreführend. Wenn beispielsweise ein Mensch an Grippe erkrankt, so hat man mindestens **zwei** Ursachen zur Kenntnis zu nehmen:

1. Der Mensch wurde mit Grippeviren infiziert.
2. Die Abwehrkräfte des Menschen bezüglich Grippeviren sind zu schwach gewesen.

Oft sind es viele Ursachen, die eine Wirkung erzeugen. Jedenfalls führt die Frage nach den Ursachen oft zu den amüsantesten Spekulationen.

II.2.5 Eudoxos von Knidos: Rotierende Sphären

Eudoxos von Knidos (~408–355) war als „Mathematikos“, Astronom, Geograph und als Arzt berühmt. Für die Astronomie am bedeutsamsten war seine Theorie der homozentrischen (d.h. konzentrischen) Kugeln, mittels der er das Konzept der Bahnebenen der Himmelskörper in die Astronomie einführte.

Simplikios: *Als Erster unter den Griechen soll Eudoxos von Knidos – wie Eudemos im zweiten Buch seiner Geschichte der Astronomie erzählt und Sosigenes, der es von Eudemos übernimmt – sich mit derartigen Hypothesen befasst haben.*

Er hat das Problem angegriffen, das Platon, wie Sosigenes sagt, denen gestellt hat, die sich ernsthaft mit solchen Sachen beschäftigen, nämlich: Durch welche Annahmen von ***gleichmäßigen und geordneten*** *Bewegungen könnten die Erscheinungen der Planetenbewegung gerettet werden.*

Hierzu führte er rotierende Sphären ein, deren Anzahl Kallippos und nach diesem Aristoteles bei ihrem vergeblichen Versuch, mittels dieses Konzeptes die „Phänomene zu retten“ (Tab. II.1), weiter erhöhten.

Simplikios: *Die* ***späteren*** *aber verwarfen die Hypothese der konzentrischen Sphären besonders deswegen, weil sie nicht ausreichte zur Erklärung*

- ***der Verschiedenheit der Entfernungen und***
- ***der*** [zwei] ***Anomalien der Bewegung***

und setzten an ihre Stelle

- ***die Hypothesen der Exzenter und Epizykel,***

wenn diese exzentrischen Kreise nicht schon von den Pythagoreern erdacht worden sind, wie andere erzählen.

Der Leser beachte: Es war Eudoxos von Knidos, der das Konzept der Bahnebenen der Gestirne in die Astronomie einführte.

Gestirn	Anzahl der Sphären		
	Eudoxos	Kallippos	Aristoteles
Mond	3	3+2	3+1
Sonne	3	3+2	5+4
Merkur	4	4+1	5+4
Venus	4	4+1	5+4
Mars	4	4+1	5+4
Jupiter	4	4	5+3
Saturn	4	4	5+3
Fixsterne	1	1	1
Summe	27	34	57

Tab. II.1: Anzahl der homozentrischen Kugeln für die einzelnen Himmelskörper

II.2.6 Kallippos von Athen: Astronomie für die Geographie

Der Athener Kallippos war der astronomische Ratgeber des Aristoteles, der wiederum der Erzieher des makedonischen Thronfolgers Alexanders und seiner Gefährten war. Hinsichtlich der praktischen Verwendung astronomischer Messkunst für die Zeitbestimmung, der Navigation und der Geographie ist Kallippos wesentlich bedeutsamer als Eudoxos; denn die Bahnen der Planeten waren nur interessant für Philosophen und Astrologen, nicht aber für das Militär und die Staatsverwaltung.

Das Hauptinteresse des Kallippos galt vor allem der Sonne und einer genauen Bestimmung der Jahreszeiten. In dieser Hinsicht verläuft die Entwicklung der astro-geodätischen Methoden offensichtlich ziemlich geradlinig von Thales/Anaximandros über Kallippos von Athen zu Eratosthenes von Kyrene.

In dem Papyrus „Eudoxi ars astronomica“ (hrsg. von Fr. Blass, Kiel 1887; auf einem ägyptischen Papyrus gefundenes Exzerpt d. 2. Jh. BC; siehe Neugebauer 1975, S. 686) werden dem Kallippos die in Tab. II.2 aufgelisteten Jahreszeit-Intervalle zugeschrieben.

	Sommer	Herbst	Winter	Frühjahr
Kallippos (~330 BC)	92 (+0,3)	89 (–0,3)	90 (+0,2)	94¼ (–0,15)
Hipparch (~130 BC)	92 ½	88 1/8	90 1/8	94 ¼
Modern (~1900 AD)	92,3	88,7	90,2	94,1

Tab. II.2: Längen der Jahreszeiten in Tagen nach Kallippos und Hipparch/ Ptolemaios

Ptolemaios erwähnt dazu „*bei uns in der Palästra angebrachte Metallringe*“, mittels denen, parallel zur Äquatorebene ausgerichtet, die **Epoche der Äquinoktien** festgestellt wurde (Manitius, S. 136 und S. 427).

Man beachte die hohe Genauigkeit der Halbjahreslängen bei Kallippos zwischen dem Sommer- und dem Wintersolstitium:

(92+89) = (92,3+88,7) = 181 Tage,

(90+94 ¼) = (90,2+94,1) = 184 ¼ Tage.

Die verbleibenden Ungenauigkeiten werden ausschließlich durch die Äquinoktien hervorgerufen.

Die Tabelle im genannten Papyrus beginnt mit dem Sommersolstitium. Der vierte Wert 94 ¼ ist in dem Papyros nicht angegeben; er wurde berechnet entsprechend der von Kallippos angegebenen Jahreslänge. Zu dieser bemerkt Van der Waerden (1988, S. 90): *Indem er*

[Kallippos] *babylonische Beobachtungen mit seinen eigenen verglich, kam er zu dem Schluss, dass das tropische Jahr*

365 ¼ Tage

enthält. Das wissen wir aus einer Mitteilung des Hipparchs bei Theon von Alexandria.

Hinsichtlich des sog. Kallippischen Kalenders bemerkt er sodann: *Um eine Periode zu erhalten, die*

- *sowohl eine ganze Zahl von Jahren*
- *und* [eine ganze Zahl von] *Monaten*
- *als auch eine ganze Zahl von Tagen*

enthält, vervierfachte Kallippos die 19er-Periode [benutzt] *von Euktemon.*

So erhielt er einen Zyklus von [19 · 4 =] *76 Jahren, die er zur Grundlage eines Lunisolarkalenders machte:*

$$76 \text{ Jahre} = 27\,759 \text{ Tage} = 3 \cdot 19 \cdot 487 = 940 \text{ Monate.}$$

Seine Monate tragen die Namen der Athenischen Monate, fangen aber nicht mit der ersten Sichtbarkeit des neuen Mondes an, sondern jeweils mit dem ***mittleren Neumond****, der nach einem einfachen arithmetischen Schema berechnet wurde.*

Anzumerken ist, dass der mittlere Neumond (also der Halbmond) Grundlage eines durch Aristarchos entwickelten Verfahrens ist, das er in einer uns überlieferten Abhandlung „Über die Entfernungen von Sonne und Mond“ beschrieben und in der Aristarchos möglicherweise ein Konzept des Kallippos weiterentwickelt hat.

In einem sog. Parapegma (Kalenderangaben) findet man darüber hinaus Angaben über die Zeiten, die nach Kallippos die Sonne benötigt, um die zwölf Tierkreiszeichen zu durchlaufen (Tab. II.1; l = ekliptikale Länge).

Van der Waerden (1988, S. 89) bemerkt: *Aufgrund dieser Rechnung vermute ich, dass Kallippos die Verweilzeiten der Sonne in den Tierkreiszeichen nach der Epizykeltheorie oder nach der äquivalenten Exzentertheorie berechnet hat.*

Gegen diese Hypothese könnte man einwenden, dass die genaue Berechnung der Verweilzeiten ***Trigonometrie*** *erfordert und dass Kallippos höchstwahrscheinlich keine Trigonometrie gekannt hat.*

Zwillinge ($60° \le l < 90°$) : 30 Tage	
Krebs ($90° \le l < 120°$) : 31 Tage	Stier ($30° \le l < 60°$) : 31 Tage
Löwe ($120° \le l < 150°$) : 31 Tage	Widder ($0° \le l < 30°$) : 31 Tage
Jungfrau ($150° \le l < 180°$) : 30 Tage	Fische ($330° \le l < 360°$) : 30 Tage
Waage ($180° \le l < 210°$) : 30 Tage	Wassermann ($300° \le l < 330°$) : 30 Tage
Skorpion ($210° \le l < 240°$) : 30 Tage	Steinbock ($270° \le l < 300°$) : 30 Tage
Schütze ($240° \le l < 270°$) : 29 Tage	

Tab. II.1: Sonnendurchlaufzeiten durch die Tierkreiszeichen nach Kallippos

Würde letztere Annahme stimmen, dann müsste von unbekannten „Mathematikoi" die Entwicklung der Trigonometrie zwischen Kallippos und Archimedes/Aristarchos entscheidend vorangetrieben worden sein; denn beide verwenden, ohne weitere Erläuterung, trigonometrische Konzepte, beispielsweise die nicht unkomplizierte Relation

$$\frac{\sin(\alpha)}{\sin(\beta)} = \frac{\alpha}{\beta} = \frac{\tan(\alpha)}{\tan(\beta)}.$$

Für ein rationales Verständnis der Entwicklung der antiken Naturwissenschaften ist ein Verständnis der Entwicklung der Trigonometrie/Goniometrie im Altertum Voraussetzung, weil diese die Grundlage zur Verknüpfung von Strecken- und Winkelmessungen bildet. Zum Kalender bemerkt van der Waerden (1988, S. 91):

Der [Lunisolar-] *Kalender des Kallippos wurde von späteren Astronomen zur Datierung von Beobachtungen benutzt. Alexandrinische Astronomen wie Timocharis datieren ihre Beobachtungen häufig durch Doppeldaten, z.B.*

- [sowohl] *im Kallippischen* [Kalender]
- [als auch] *im Ägyptischen Kalender.*

Beispiele dazu findet man im Almagest. Die folgende (Van der Waerden 1988, S. 91) Liste wurde von J. K. Fotheringham erstellt; der Beginn des Kallippos-Kalenders fiel demnach in das Jahr 330 BC.

Daneben wurden Kalender benutzt, die mit dem Regierungsantritt berühmter Herrscher begannen. Die Nullepoche des in Alexandria benutzten Dionysos-Kalenders ist das Jahr der Thronbesteigung Ptolemaios II. Philadelphos:

Modernes Datum	Ägyptischer-Kal.	Kallippos-Kal.	Ptolemaios-Kal.
–295. Dez. 20	Phaophi 16	36, Poseidion 25	453 Nabonassar
–294. März. 09	Tybi 05	36, Elaphebolion 15	454 Nabonassar
–283. Jan. 29	Athyr 29	47, Antheskrion 08	465 Nabonassar
–282. Nov. 09	Thoth 07	48, Pyanepsion 25	466 Nabonassar

Tab. II.2: Astronomische Kalenderdaten bei Ptolemaios

26. Juni 285 BC = Pharmuthi 27 = 463. Jahr Nabonassars.

Ptolemaios führte den sog. Nabonassar-Kalender ein, der mit der Thronbesteigung des babylonischen Herrschers Nabonassar in Babylon zusammenfällt; Nullepoche ist:

1.ägypt. Thoth, 1. Jahr Nabonassar = 747 BC, Feb. 26

Wenn van der Waerden mit seiner Vermutung recht hat, dann musste ein Exzentermodell des Kallippos ähnlich ausgesehen haben, wie das von Ptolemaios zur Bestimmung der Exzentrizität 2e und der Perigäums-Richtung ω der Erd/Sonnenbahn. In Tab. II.3 sind die Ergebnisse gegenübergestellt, die man mit diesem (nicht ganz korrekten) Modell erhält, wenn man die Daten des Kallippos und des Hipparchs für die Dauer der Jahreszeiten benutzt. Die Daten des Kallippos ergeben überraschend gute Ergebnisse.

Basisformeln: $\alpha = (A+B-180°)/2$, $\beta = A-90°-\alpha$

$x = \sin(\beta)$, $y = \sin(\alpha)$, $\tan(\omega) = y/x$, $(2e)^2 = x^2+y^2$

Kallippos	Ptolemaios
$A = (94{,}25/365{,}25)360° = 92°54'$	$A = (94{,}5/365{,}25)360° = 93°09'$
$B = (92/365{,}25)360° = 90°41'$	$B = (92{,}5/365{,}25)360° = 91°10'$
$\alpha = 1°{,}78645$ $\beta = 1°{,}10883$	$\alpha = 2°{,}156057$ $\beta = 0°{,}985626$
$\omega = 58°10'$ $2e = 0{,}03669 \cdot 60 = 2^P;02$	$\omega = 65°26'$ $2e = 0{,}0414 \cdot 60 = 2^P;05$

Moderne Daten	330 BC: $\omega = 62°53'$, $2e = 2^P;12$
	130 BC: $\omega = 66°18'$, $2e = 2^P;11$
	150 AD: $\omega = 70°48'$, $2e = 2^P;10$

Tab. II.3: Doppelte Exzentrizität 2e und Perigäum Länge ω der Erde/Sonnenbahn

Der Alexandriner Hypsikles zeigte in einer Abhandlung „Anaphorikos“ (in der erstmalig in der griechischen Literatur die sog. Altgradteilung Kreisumfang = 360° verwendet wurde), wie aus den Tierkreisdaten in Tab. II.1 die (von der geographischen Breite Φ abhängige) jahreszeitlich wechselnde aktuelle Tageslänge berechnet werden kann. Zu Einzelheiten dazu siehe Kapitel V.5.

Aus den Angaben des Kallippos erhält man unmittelbar (durch einfache Interpolation) für jeden beliebigen Tag die ekliptikale Länge l der Sonne. Ist A die Anzahl der Tage seit dem Intervallanfang (l = 0°, 90°, 180°, 270°) und L die Intervallänge aus Tab. II.1, so ergibt sich

$$\Delta l = (A/L) \cdot 90°.$$

Prinzipiell ist es dann möglich, unter Einbeziehung der Schiefe der Ekliptik $\varepsilon = 24°$, für jeden beliebigen Tag mittels einfacher Formeln (siehe Kapitel V)

- die Deklination δ der Sonne,
- das Azimut $\alpha = 90° \pm \Delta\alpha$ der aufgehenden Sonne und
- das Azimut $\alpha = 270° \pm \Delta\alpha$ der untergehenden Sonne am Horizont

zu berechnen.

Das sind äußerst wichtige Angaben für die Navigation einerseits und für die Landesvermessung/Geographie andererseits, wozu allerdings sphärische Trigonometrie benötigt wird.

Alexander der Große hat bei seinem Feldzug durch Asien eine sorgfältige Vermessung der eroberten Länder durchführen lassen. Wurde bei der Ausbildung der militärischen Vermessungsingenieure durch Aristoteles versäumt, den Bematisten (Schrittzähler)/Navigatoren der Armee/Flotte die Anwendung der astronomischen Methoden seines Freundes Kallippos zu erläutern?

II.2.7 Pytheas von Massilia

Pytheas von Massilia (~330 BC) im fernen Westen verfasste zwei Abhandlungen:

- eine *περίοδς γῆς* (Periodos ges), von der nur noch ein Fragment über die Liparischen Inseln überliefert ist,
- die Abhandlung *περὶ ωκεανοῦ* (Über den Okeanos), über die Informationen nur aus späteren Berichten vorliegen.

Letztere enthielt eine (naturwissenschaftliche) Schilderung seiner berühmten Nordlandfahrt, die ihn über England bis zur Insel Thule führte; später wurde Thule mit viel Mystik umrankt.

Vermutlich war Pytheas der Erste, der ein „Skiotherikos Gnomon" zur Bestimmung der geographischen Breite benutzte. Strabon berichtet jedenfalls, dass Pytheas in Massilia (Marseille: $\varphi = 43°18'$) zum Sommersolstitium die Zenitdistanz der Sonne angegeben habe, ausgedrückt durch das Verhältnis („Logos")

$$\text{Gnomon} : \text{Schattenlänge} = 120 : (42\text{–}1/5).$$

Damit erhält man zunächst

$$z = \arctan(41{,}8/120) = 19°12'.$$

Die Breite Φ ergibt sich mittels der Schiefe der Ekliptik $\varepsilon = 24°$ dann zu

$$\Phi = (24°+19°12') = 43°12' \sim 43°18' = \varphi.$$

Eratosthenes hat später für seine gerühmte Karte der Oikumene im Westen den Angaben des Pytheas vertraut und diese benutzt.

Die Breitenangaben des Ptolemaios in der „Geographike Hyphegesis" sind generell stark verzerrt. Auffallend ist daher, dass seine Breitenangaben für die Haupthäfen im westlichen Mittelmeer (mit der auffallenden Ausnahme Karthagos) alle sehr genau sind, behaftet mit einem Fehler von nur $\Delta\Phi = \pm 10'$. Als mutmaßliche Erklärung bleibt, dass diese Breitenangaben von Pytheas stammen, der sie bei seinen Schiffsreisen auf dem westlichen Mittelmeer gemessen hatte und die Ptolemaios stillschweigend übernahm.

II.3 Kulmination in Alexandria

II.3.1 Die „Alexandriner"

Vitruvius: *Denen aber, denen die Natur soviel Talent, Scharfsinn und Gedächtnis verliehen hat, dass sie* ***Geometrie, Astronomie, Musik und die übrigen Wissenschaften*** *voll und ganz beherrschen, wachsen über den Beruf des Architekten hinaus und werden* ***Mathematici*** [gr. Mathematikoi].

Daher können sie sich leicht mit Fachleuten in den Wissenschaften in Streitgespräche einlassen, weil sie mit mehr Waffen der Wissenschaften ausgerüstet sind.

Solche Leute aber findet man selten, wie es z.B. vor Zeiten waren

- ***Aristarchos aus Samos*** [~310–230],
- *Philolaos* [~400 BC] *und Archytas* [~430–345] *aus Tarent,*
- ***Apollonios aus Perge*** [~262–190],
- ***Eratosthenes aus Kyrene*** [~284–202],
- ***Archimedes*** [~285–212] *und Skopinas* [?] ***aus Syrakus****.*

Sie haben der Nachwelt viele mechanische Werke und Uhren hinterlassen, die durch Berechnung und aufgrund der Naturgesetze erfunden und entwickelt sind.

Die vier Zeitgenossen Aristarchos, Eratosthenes, Archimedes sowie der etwas jüngere Apollonios gehören sicherlich zu den berühmtesten Naturwissenschaftlern aller Zeiten; alle studierten/arbeiteten sie am „Museion", dem Tempel der Musen, ein Forschungsinstitut gegründet ~300 BC, dessen erster Leiter der „erste Experimentalphysiker" Straton von Lampsakos (~340–270) war. In seiner konsequenten Hinwendung

- zur Beobachtung,
- zum Experiment und
- zur Einfachheit der Naturerklärungen,

die sich auf das „Wie" des Geschehens (und nicht auf das „Warum") beziehen, nahm er wesentliche Kriterien des neuzeitlichen Wissenschaftsverständnisses vorweg. Die Schüler/Mitarbeiter am Museion waren alle, soweit ersichtlich, von Straton von Lampsakos und seinem Wissenschaftsverständnis stark beeinflusst. Noch bei Ptolemaios, Jahrhunderte später, findet sich nichts Magisches oder Religiöses.

Zum Museion gehörten auch die Astronomen Timocharis und Aristyllos, auf deren genaue Beobachtungsdaten sich noch Ptolemaios stützt. Der Astronom Konon von Samos, wiederum bekannt als Freund und Briefpartner des Archimedes, untersuchte insbesondere Sonnenfinsternisse; um 246 BC versetzte er das Haar seiner Königin Berenike unter die Sterne, von wo es bis heute auf die Erkenntnisfähigen herabscheint.

II.3.2 Aristarchos von Samos und die Planeten

Archimedes [an seinen König Gelon]: ***Aristarchos von Samos*** *hat in seiner Schrift gewisse Hypothesen aufgestellt, aus denen folgen würde, dass der Kosmos viele Male größer wäre, als es bisher angenommen wurde. Seine Hypothesen sind:*

- *dass die* ***Fixsterne und die Sonne unbeweglich*** *sind,*

- *dass die Erde sich* ***im Kreise bewegt*** *um die Sonne, die* ***in der Mitte*** *der Erdbahn liegt,*
- *dass die Fixsternsphäre, deren Mittelpunkt im Mittelpunkt der Sonne liegt, so groß ist, dass die* ***Peripherie der Erdbahn*** *sich zum Abstand der Fixsterne verhält wie der Mittelpunkt einer Kugel zu ihrer Oberfläche.*

Letzteres heißt, halbjährige Parallaxen der Fixsterne, wie sie dann notwendigerweise auftreten müssten, waren durch die alexandrinische Messkunst nicht feststellbar, da der Kosmos so riesig war.

Offensichtlich wurde bereits kurze Zeit später auch daran gezweifelt, dass alle Fixsterne auf einer Kugel liegen; denn (Neugebauer 1975, S. 584) bemerkt: *Interessanterweise lehnt Geminos die Existenz einer einzigen Kugel für die Fixsterne ab; er nimmt an, sie seien verteilt in der Tiefe. Die gleiche Meinung vertritt auch Proklos.* Beide müssen demnach Anhänger des Aristarchos gewesen sein.

Worauf stützten sich die Anhänger der heliozentrischen Hypothese? Antwort auf diese Frage gibt ebenfalls Archimedes am Ende seines Briefes „Psammites“ (Sandzähler) an seinen König.

Archimedes: *Ich glaube, König Gelon, dass dies den Vielen unglaubhaft erscheinen wird, die keinen Anteil haben an den mathematischen Wissenschaften.*

Keineswegs aber den Gebildeten, die nachgedacht haben über die ***Abstände und Größen*** *der Erde, der Sonne, des Mondes und des ganzen Kosmos.*

Wir werden weiter unten sehen, dass es vor allem Eratosthenes von Kyrene war, der die Größen und Abstände der Himmelskörper mittels Messkunst bestimmt hat.

Tatsächlich haben die Alexandriner nur ein Thema wieder aufgegriffen, welches bereits hundert Jahre vorher in Athen zwar intensiv diskutiert wurde, aber mangels genauer Messdaten nicht abschließend beantwortet werden konnte.

II.3.3 Archimedes von Syrakus und die Mechanik

Folgende berühmte Bemerkung, die Archimedes nachgesagt wird, macht nur dann Sinn, wenn sie in einer Diskussion fiel, bei der es darum ging, ob die Erde unbeweglich sei oder nicht: *Gebt mir einen Platz, wo ich stehen kann, und ich werde die Erde bewegen.*

Das Hauptinteresse des Archimedes galt allerdings, wie aus seinen überlieferten Briefen zu ersehen ist, der Mathematik und der Mechanik/Physik. Bradford Welles bemerkt dazu: *Das Studium der geometrischen Optik und der Sichtbrechung, namentlich bei Archimedes, führte zur Erfindung der Zerstreuungs- und Sammellinsen, wenn auch* ***die mindere Qualität der verfügbaren Glassorten*** *den Fortgang zum Fernrohr und zum Mikroskop unmöglich machte.*

Tatsächlich war es die Qualität der Glasschmelzen, die es zu Beginn des 17. Jh. AD, zur Zeit des Galileo Galilei und Johannes Kepler ermöglichte, Fernrohre zu bauen, wodurch Geodäsie und Astronomie revolutioniert wurden (wie derzeit durch die Satellitentechnologie) und die es Friedrich Wilhelm Bessel um 1838 AD erstmalig ermöglichten, die winzigen Fixsternparallaxen zu messen.

Im Hinblick auf seine astronomischen Beobachtungen ist bekannt, dass Archimedes den Winkeldurchmesser α der Sonne bestimmt hat zu

$$27' = \frac{90°}{200} < \alpha < \frac{90°}{164} = 33',$$

(d.h. er gibt Genauigkeitsgrenzen für den Wert $30'$ des Thales an), wobei er eine speziell dazu entwickelte Messapparatur verwendet hat (Neugebauer 1975, S. 646). Von Hipparch wissen wir darüber hinaus, dass er sich auch mit der Jahreslänge befasst hat. Zur Mathematik des Archimedes siehe Cantor (S. 208–311).

Abschließend sei noch bemerkt, dass Carl Friedrich Gauß nur zwei Wissenschaftlern die ehrende Bezeichnung „Illustrissimus" verliehen hat:

Archimedes und Newton.

II.3.4 Eratosthenes von Kyrene und die Geographie

Eratosthenes von Kyrene wurde um 245 BC von Ptolemaios III. Euergetes (reg. 246–222) zum Erzieher des Kronprinzen, des späteren Königs Ptolemaios IV. Philopator (reg. 221–205) berufen und 235 BC zum Leiter der Bibliothek ernannt, eine sicherlich sehr bedeutende Position am Hofe der ptolemaischen Könige.

Genannt wurde er „Pentathlos" (Fünfkämpfer), weil er gleichermaßen auf fünf verschiedenen Gebieten Ausgezeichnetes leistete:

- Geodäsie/Astronomie/Messkunst,
- Geographie,
- Chronographie/Literaturgeschichte,

- Grammatik/Dichtkunst/Sternsagen,
- Ethik.

Seine naturwissenschaftlichen Arbeiten betrafen insbesondere die Geographie und die zur Erstellung der Karte der Oikumene notwendigen astrogeodätischen Methoden.

Genaue Karten waren sicherlich von größtem Interesse für das Militär und die Verwaltung des riesigen ptolemaischen Imperiums, das sich in Nord-Südrichtung von den Dardanellen über Alexandria und Syene (Assuan) bis in den Sudan erstreckte. Es galt, die von dem Heer Alexanders des Großen in Asien erfassten Vermessungsdaten mit den Daten des Timosthenes und des Pytheas für den Westen auszuwerten und zu einer Karte zu vereinigen. Hinzu kamen sicherlich noch Daten der ptolemaischen Armee und der Flotte speziell für das von den ptolemaischen Königen regierte riesige Gebiet.

Zur Verknüpfung der astronomischen Breitenbestimmungen mit den Entfernungsmessungen der Bematisten musste der Erdumfang möglichst genau bestimmt werden; die Bestimmung des Erdumfangs war insofern von größter praktischer Bedeutung für die Kartenerstellung.

Eine Analyse der überlieferten literarischen Informationen zusammen mit archäologischen Befunden der antiken Ellen/Fuß-Maßeinheiten ergab, dass Eratosthenes folgende Stadiondefinition benutzte:

Stadion Eratosthenes = 600 Gudea-Fuß = 600 · 0,26455 m
= 158,73 m.

Damit hat er den Erdumfang ermittelt zu

252 000 Stadien = 40 000 km,

ein fast unglaublich genauer Wert, der für eine extrem weit entwickelte Messkunst des Eratosthenes spricht. Mittels welcher Methoden konnte er ein solch genaues Ergebnis erreichen?

In der antiken Literatur wird darüber hinaus mehrfach berichtet (Pseudo-Plutarch, Stobaios, Ptolemaios-Scholiast usw.), dass Eratosthenes auch eine Angabe für die Entfernung Erde/Sonne (Astronomische Einheit) gemacht habe. Eine textkritische Untersuchung von sich zunächst krass widersprechenden Angaben durch A. Kleineberg (siehe Anhang) ergab, nach Korrektur einfacher und plausibler Schreibfehler, eine für alle übereinstimmende Angabe:

Astronomische Einheit AU = 804 000 000 Stadien
= 10 050 Erddurchmesser ~ 130 Millionen km.

Weshalb bestimmte Eratosthenes die Astronomische Einheit und mit welcher Methode konnte er sie so genau bestimmen?

Ist die Astronomische Einheit bekannt, dann war es im Rahmen der heliozentrischen Hypothese des Aristarchos nicht besonders schwierig, auch die Entfernungen zum Mond (Methode des Aristarchos) und zu den Planeten zu berechnen. Das erklärt die Bemerkung des Archimedes an König Gelon, dass für die Gebildeten, die nachgedacht haben über die Abstände und Größen der Himmelskörper, die heliozentrische Hypothese des Aristarchos keineswegs unglaubwürdig erscheint, also ganz sicherlich nicht für Eratosthenes. Denn es war extrem unwahrscheinlich, dass sich die riesige Sonne einmal am Tag um die winzige Erde dreht.

II.3.5 Apollonios von Perge und der Mond

Apollonios von Perge ist vor allem bekannt durch seine Abhandlung über Kegelschnitte (Konika), auf die sich noch Johannes Kepler stützte. Neugebauer (1975, S. 262) bemerkt zu Apollonios: *Apollonios von Perge wurde immer eingeschätzt, mit Euklid und Archimedes, als einer der größten Mathematiker des Altertums.*

Kein Verweis auf Apollonios wird im Almagest gemacht im Zusammenhang mit der Lunar-Theorie. Überraschenderweise ist es andererseits immer der Mond, der in Verbindung mit Apollonios gebracht wird in den wenigen zufälligen Erwähnungen seiner astronomischen Werke, die man sonst in anderen antiken Quellen findet.

Neugebauer fährt fort:

Ein Zitat in der Bibliothek des Photius [~835 AD] *des Ptolemaios Chemnos* [~190 AD] *berichtet uns, dass dem Apollonios der Spitzname Epsilon gegeben wurde, weil die Form dieses Buchstabens an den* [Halb-] *Mond erinnert, über den er soviel wusste.*

Die spezifischste Referenz ist jedoch eine viel diskutierte Textstelle des Vettius Valens [~160 AD], *in der er sagt, dass er für die Berechnung von Finsternissen benutzt habe*

- *Hipparch für die Sonne,*
- *Sudines, Kidenas und Apollonios für den Mond und für beide Typen von Finsternissen.*

Wir haben hier sachlich korrekte Referenzen zur babylonischen Astronomie und verbunden mit dieser nicht nur Hipparch, sondern auch Apollonios [aber nicht Ptolemaios]

Verbindungen zwischen Apollonios und den Alexandrinern zu Babylon würden eines erklären. Eine in Indien aufgefundene Sinustabelle, genannt Kardaga = Halbsehnen, war unterteilt in Schrittweiten von 7,5° und benutzte als Faktor α = 3438. G. J. Toomer zeigte, dass das ebenfalls für eine von Hipparch benutzte Sinustabelle (Neugebauer 1975, S. 299) gilt. Man erhält

$$(180 \cdot 60)/3498 = 3;08;29.$$

Das stimmt mit dem Wert überein, den Ptolemaios bemerkenswerterweise im Buch VI.7 über Sonnen/Mond-Finsternisse angegeben hat, nämlich

$$\text{Kreisdurchmesser:Kreisumfang} = 1:3;08;30,$$

der mutmaßlich auf Apollonios zurückgeht.

Neugebauer betont ferner (1975, S. 23 und S. 300), dass zur Aufstellung einer derartigen Sinustabelle, ausgehend von $\sin(30°) = 1/2$, zusammen mit $\sin\alpha = \cos(90°-\alpha)$, eine Methode des Archimedes ausreichte, die der modernen Formel $2 \sin^2(\alpha/2) = 1-\cos(\alpha)$ entspricht, um eine derartige Tabelle aufzustellen.

Tatsächlich wurde der Herrscher Ptolemaios V. (210–180) beim Erreichen seiner Volljährigkeit im Jahre 194 BC mit Kleopatra I., Tochter des Antiochos III., verheiratet. Zwischen 194 und 176 muss man daher von einer engen Verbindung zwischen dem Königshof in Alexandria und dem des Seleukidenreichs ausgehen, wobei sicherlich Bibliothek/Museion seleukidische Wissenschaftler angezogen haben und vice versa.

Einer der „übrigen" Astronomen zur Zeit Hipparchs war der Chaldäer Seleukos von Seleukia, auch bekannt in Griechenland. Plutarch berichtet über ihn (Van der Waerden 1988, S. 149):

Plutarch: *Muss man die Erde, „die sich herum windet um die das Ganze durchziehende Achse", als nicht still stehend und verbleibend, sondern als sich drehend und rotierend denken, wie Aristarchos und Seleukos es bewiesen (αποδείκνυμι) haben? Aristarchos hat es nur als Hypothese angenommen, aber Seleukos hat es auch aufgezeigt (*αποφαίνοω; mit Bestimmtheit behauptet*).*

Noch eines erscheint im Hinblick auf Apollonios „Epsilon" bedeutsam, nämlich die Methodik, die Ptolemaios im Almagest zur Berechnung der Mondephemeriden, letztere nicht zuletzt in den Syzygien, beschreibt. Tatsächlich benutzt er ein alternatives „Epizykel-Equant"-Modell, dessen Herkunft bei Ptolemaios sehr unbestimmt bleibt (siehe nächster Abschnitt), welches aber möglicherweise auf Apollonios zurückgeht.

Die Entwicklung, die die Astronomie zur Zeit der vier „Mathematikoi“ aus Alexandria genommen hat, ist sowohl hinsichtlich geographischer Angaben als auch der Planeten- und Mondbahntheorie bisher noch weitgehend unerforscht.

II.4 Finale

II.4.1 Hipparch von Nikaia

Neugebauer bemerkt zu Hipparch (~190–125BC):
Unsere Hauptquelle zur Auswertung der Leistungen des Hipparchs in der mathematischen Astronomie ist natürlich der ***Almagest****.*

Als nächstes von Bedeutung ist das einzige erhaltene [Jugend-] *Werk des Hipparchs, sein* ***Kommentar zu Aratus****.*

Eine vergleichsweise große Zahl an Angaben zu Hipparch [drei Bücher „Gegen Eratosthenes“] *findet man bei* ***Strabon****, aber hauptsächlich geographischer Art.*

Die verbleibenden Stellen bestehen aus verstreuten Referenzen, oft von zweifelhafter Glaubwürdigkeit und schwierig zu interpretieren.

Aratus hatte die „Phainomena“ des Eudoxos in Verse gefasst. Er war kein Astronom, sondern ein vielgelesener Schriftsteller, der Fixsterne, Planeten und Wetterzeichen beschreibt, aber auch Mythen über die Entstehung von Sternbildern.

Eindeutig ist, dass Hipparch ein sog. Kritikaster war. Im Aratus-Kommentar kritisiert er die Arbeiten von Eudoxos. In seinen drei Büchern „Gegen Eratosthenes“ kritisiert er dessen (im Altertum sehr gerühmte) Karte der Oikumene. Den Kommentaren des Ptolemaios im Almagest IX.2 zufolge kritisierte er auch die Methoden der „übrigen“ Astronomen zu seiner Zeit.

Das alles zu Recht oder zu Unrecht, das ist hier die Frage, die sich bereits Strabon stellte. Strabon bemerkt in seiner Geographika, Buch II, zu Hipparch im Hinblick auf dessen geographische Untersuchungen unter anderem:

Strabon [G II.1.11]**:** *Aber wer soll glauben, dass die frühen Geographen vertrauenswürdiger waren als die der späteren Zeiten, wenn in ihren Kartenzeichnungen die Alten alle die Fehler machten, derentwe-*

gen Eratosthenes sie zu Recht beschuldigt und Hipparch gegen keinen dieser Fehler etwas einwendet.

Strabon [G II.1.21]**:** *Ebenfalls in dem was folgt, legt Hipparch, bei dem Versuch Beweise zu den gleichen Fehlern zu erbringen,*

- *entweder die gleichen Dinge dar, die ich bereits widerlegt habe*
- *oder verwendet zusätzliche falsche Annahmen*
- *oder fügt Schlussfolgerungen hinzu, die nicht daraus folgen.*

Strabon [G II.1.22]**:** *Als nächstes, immer noch für die frühen Karten sich einsetzend, bringt Hipparch nicht die Worte des Eratosthenes hinsichtlich der Dritten Sektion (**Sphragide**) vor, sondern erfindet eine Annahme zur eigenen Befriedigung, die daher einfach zu widerlegen ist.*

Strabon [G II.1.23]**:** *Aber wenn Hipparch nicht einmal seine geometrischen Hypothesen von dem entnimmt, was Eratosthenes sagt, sondern sie nach eigener Berechnung fabriziert, dann verrät er seinen Geist der Eifersucht noch offener.*

Strabon [G II.1.27]**:** *In seinem* [Hipparchs] *Wunsch, seine Anfangsbehauptung zu etablieren, nämlich, dass wir Indien nicht weiter nach Süden verschieben müssen, wie Eratosthenes fordert, …*

Strabon [G II.1.38]**:** *Aber gegen Hipparch ist auch geltend zu machen, dass er, wenn er die Angaben des Eratosthenes kritisiert, dann auch eine Art Korrektion der Fehler des Eratosthenes hätte machen sollen – das, was ich machen werde.*

Aber Hipparch – wenn er wirklich jemals daran gedacht hatte – befiehlt uns nur, bei den alten Karten zu verharren, obgleich diese wesentlich mehr Korrektionen benötigen als die Karte des Eratosthenes.

Strabon [G II.1.41]**:** *Es wäre für Hipparch angemessen gewesen, wenn er denn ein Werk über Geographie geschrieben hätte, anstatt nur eine Rezension zu geben über das, was Eratosthenes in seiner Geographie gesagt hat, weiterzugehen, als er es tat durch eine detaillierte Berichtigung der* [angeblichen] *Fehler des Eratosthenes.*

Ich hingegen hielt es für richtig, eine geeignete Diskussion im Detail zu führen sowohl im Hinblick auf die Punkte, in denen Eratosthenes Recht hat als auch besonders darüber, in denen er Unrecht hat.

Und ich habe nicht lediglich seine Fehler korrigiert; wo ich ihn freispreche von den Beschuldigungen durch Hipparch, da habe ich auch Hipparch selbst kritisiert, wenn er irgendwas in kritteliger Gesinnung sagte.

Aber in den Fällen, in denen ich auf einen Blick sehe, dass Eratosthenes völlig irrt und dass Hipparch ihn zu Recht beschuldigt, dann nehme ich es als ausreichend an, dass ich Eratosthenes lediglich dadurch korrigiere, indem ich einfach die Tatsachen in meiner Geographie darlege.

Das macht die Rekonstruktion der Karte des Eratosthenes gemäß den Angaben des Strabon etwas schwierig. Tatsächlich sind Strabons Angaben über den Nullmeridian fehlerhaft und gehen sicherlich nicht auf Eratosthenes zurück. Ebenfalls kann die falsche Breitenangabe für Byzanz, die später von Ptolemaios übernommen wurde, unmöglich von Eratosthenes stammen; sie stammt von Hipparch. Strabon fährt fort.

Strabon: *In der Tat, wenn die Fehler kontinuierlich sind und an der Oberfläche liegen, dann ist es besser, sie gar nicht zu erwähnen, ausgenommen vereinzelt und in allgemeiner Weise; und das ist, was ich in meiner allgemeinen Darstellung versuchen werde zu tun.*

Hipparch kritisierte äußerst heftig offensichtlich nicht nur den Eudoxos/Aratus und den Eratosthenes, sondern auch die Methoden der „übrigen“ Astronomen zu seiner Zeit, wie wir von Ptolemaios (Almagest, IX.2) wissen.

Ptolemaios: *Hipparch … hat sich zwar gründlich mit der Theorie der Sonne und des Mondes beschäftigt, … dagegen zu einer Theorie der fünf Wandelsterne in den auf uns gekommenen Kommentaren*

- ***überhaupt gar nicht erst den Grund gelegt.***

Er hat lediglich die Beobachtungen der Planeten zu ersprießlicherer Verwendung geordnet und an ihnen den Beweis geführt, dass die Erscheinungen mit ***den Hypothesen der damaligen Astronomen*** *nicht in Einklang zu bringen sind.*

Denn allem Anschein nach glaubte er, nicht lediglich die Erklärung abgeben zu dürfen, dass

- *jeder Planet eine* ***doppelte Anomalie*** *zeige*
- *oder bei jedem* ***ungleiche Rückläufigkeitsstrecken*** *von so und so großer Länge eintreten.*

Dagegen führten die ***übrigen*** *Astronomen ihre Beweise auf den Weg*

geometrischer Konstruktionen

unter der Annahme ***ein und derselben*** *Anomalie und* ***Rückläufigkeitsstrecke****.*

Auch beschränkte er sich nicht auf die Erklärung, dass diese Erscheinungen bei Annahme

- *von Exzentern*
- *oder mit der Ekliptik konzentrischen Kreisen, welche Epizyklen in Umlauf versetzen*
- *oder wohl gar unter Kombination beider Kreisarten*

zum Ausdruck gelangen, wobei ausfalle

- *so und so groß die auf die Ekliptik* [Fixsternhimmel] *bezogene Anomalie,*
- *so und so groß die im Verhältnis zur Sonne eintretende Anomalie.*

Denn ***darauf haben sich*** *so ziemlich* ***alle*** [Astronomen] ***verlegt****, die an der Hand der sog.*

„Tafeln für ewige Zeiten“

die gleichförmige Bewegung auf Kreisen nachweisen wollten.

Sie stellten es aber grundfalsch an und blieben den Beweis dafür schuldig, so dass

- *die einen das gesteckte Ziel überhaupt nicht,*
- *die anderen nur einigermaßen erreichten.*

Abschließend sei angemerkt, was Neugebauer (1975, S. 277) zu Hipparch anmerkt.

Für uns besteht das Hauptproblem in der Klärung der Position von Hipparch im Hinblick auf seine Vorläufer und Nachfolger.

Er selbst nennt Archimedes als ihm vorangehend in der Erforschung der Länge des Jahres [aber interessanterweise **nicht** Kallippos].

Wir wissen, dass Apollonios volle Meisterschaft erreicht hat bezüglich der Kinematik der Exzenter und Epizykel-Bewegung.

Offensichtlich kann man nur hoffen, ***durch eine sorgfältige Analyse der technischen Details*** *ein richtiges Bild über die Astronomie des Hipparchs und seiner Zeit zu erhalten.*

Für ein Verständnis der naturwissenschaftlichen Methoden im Altertum ist es tatsächlich unverzichtbar, die Methoden der „übrigen“ Astronomen zur Zeit des Hipparchs zu rekonstruieren. Dazu bieten die kurzen Anmerkungen des Ptolemaios entscheidende Hinweise.

Zum einen erhielten diese gemäß ihrem Grundkonzept für jeden Planeten **ein und dieselbe Rückläufigkeitsstrecke**. Das ist genau **dann und nur dann der Fall**, wenn die Planeten konzentrische Kreise um die Sonne ausführen.

Zum anderen basiert ihre Theorie strikt auf **geometrischen Konstruktionen**, d.h. alle ihre Methoden müssen geometrisch anschaulich, auch unter Berücksichtigung der Entfernungen, rekonstruierbar sein.

II.4.2 Heron von Alexandria, der Geometer

Cantor (1894, S. 347–378) bemerkt in einem längeren Abschnitt über Heron (~1 Jh. BC) am Ende:
So haben wir mit steigender Achtung die Leistungen Herons von Alexandria durchmustert, des Mannes, der es reichlich verdiente, dass seine Schriften als Lehrgebäude der Geodäsie durch viele, viele Jahrhunderte unmittelbar oder mittelbar ihre Wirksamkeit behielten. Er ist und bleibt uns vorzugsweise der

Vertreter antiker Feldmesskunst und Feldmesswissenschaft,

wenn

- *ersteres Wort uns die Lehre von den eigentlichen feldmesserischen Operationen,*
- *letzteres Wort die von den anzuwendenden Formeln bedeuten soll.*

Er ist uns aber auch der Vertreter einer entwickelten ***Rechenkunst*** (Logistik) *bis zur Ausziehung von Quadratwurzeln.*

Und er ist der Vertreter einer eigentlichen Algebra, soweit von einer solchen ohne Anwendung symbolischer Zeichen die Rede sein kann, bis zur Auflösung unserer quadratischen Gleichungen einschließlich.

Was wir über Logistik bzw. „angewandte Mathematik" bei den Griechen wissen, verdanken wir im wesentlichen Heron. Vieles ist verloren gegangen. Cantor (1894, S. 305) bemerkt:
Unter den Schriften des ***Xenokrates*** *soll eine Logistik gewesen sein. Ein Rechenmeister* ***Apollodoros*** *wird uns genannt. Von der Logistik des* ***Magnus*** *erwähnt Eutokios Rühmendes am Schlusse seines Kommentars zur archimedischen Kreismessung. Es ist sehr wahrscheinlich, dass* ***Archimedes*** *selbst ein Buch* [ἀρχαί = Grundzüge (der Logistik)] *verfasst hat.* In diesem Buch, zugeeignet dem Zeuxippos, entwickelte er, wie von der damaligen Astronomie gefordert, ein Verfahren zur Beschreibung sehr großer Zahlen.

Im „Psammites" sagt Archimedes zu seinem König Gelon:

Archimedes: *Ich aber will mittels geometrischer Beweise, denen Du beipflichten wirst, zu zeigen versuchen, dass unter den* ***von mir benannten Zahlen****, welche sich in meiner Schrift an den Zeuxippos befinden,* *einige nicht nur die Zahl eines Sandhaufens übertreffen, dessen Größe der Erde gleichkommt, wenn sie nach meiner Erklärung damit ausgefüllt wäre, sondern auch die eines solchen, dessen Größe dem Weltall gleich ist.*

Die Logistik war sehr alt. Über Hippias von Elis (420 BC) wird gesagt: Hippias sei des Rechnens und der Rechenkunst kundig vor allen anderen und kundig auch der Messkunst.

Cantor (1894, S. 365) betont, dass die Form der Abhandlungen Herons der Form des Rechenbuches des Ägypters Ahmes (~1800 BC) sehr ähnlich sei. Man kann demnach davon ausgehen, dass es sich um altbekannte Verfahren der ägyptischen Geometer handelt, ergänzt durch neuere Verfahren der Griechen Thales, Hippias von Elis, Archimedes usw.

Die Schriften des Heron umfassen drei Teilgebiete, wie in folgender Tabelle II.4 aufgelistet:

Geometrie	Geodäsie	Mechanik
Geometria	μετρικα (Metrika)	Die Mechanik
Stereometria	Dioptra	Gewichtezieher
	Geodäsia	Geschütz-Anfertigung
	Ausmessungen	
	Landbau	

Tab. II.4: Die Schriften des Heron

Geometria wird eröffnet durch geometrische Definitionen einerseits sowie durch eine für uns sehr bedeutsame Maßtabelle (Längen-Maßeinheiten) andererseits.

Dann kommen Quadrate und Rechtecke, deren Fläche und Diagonale gesucht werden. Es folgen Dreiecke: rechtwinklige Dreiecke, aneinanderhängende (rechtwinklige) Dreiecke, gleichseitige Dreiecke, gleichschenklige Dreiecke und beliebige Dreiecke.

Beim beliebigen Dreieck wird die Senkrechte von der Spitze auf die Grundseite gefällt und dann unterschieden (siehe Abb. II.1):

- die Senkrechte trifft die Grundseite,
- die Senkrechte trifft die Verlängerung der Grundseite.

Sowohl in der Geometrie als auch in der Geodäsie behandelt Heron *τρίγωνα ὀρθογώνια ἡμμένα* (zusammenhängende orthogonale Dreiecke), die von wesentlicher Bedeutung für die Trigonometrie waren.

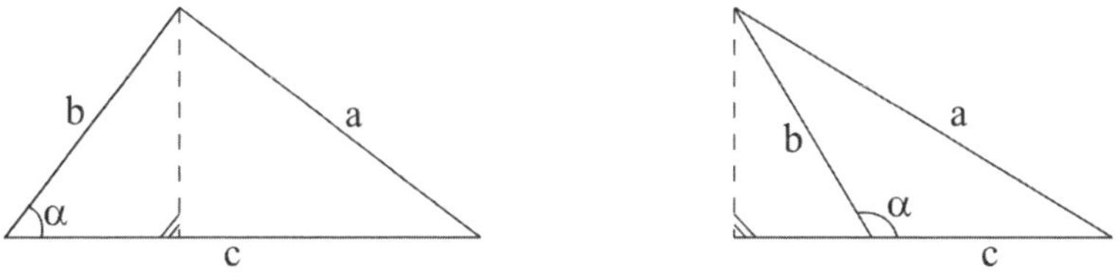

Abb. II.1: Zerlegung eines Dreiecks in zwei rechtwinklige

Die ἀποτομή (Abschnitt) x und die *ἐκβληθῖσα* (Überragung) y finden dabei häufige Anwendung. Heron gibt dafür folgende Formeln an (Cantor 1894, S. 369)

$$2cx = (c^2 + b^2 - a^2) \quad \text{bzw.} \quad -2cy = +(c^2 + b^2 - a^2).$$

Verglichen mit dem modernen Cosinus-Satz des Dreiecks,

$$2cb\cos(\alpha) = c^2 + b^2 - a^2,$$

erhält man unmittelbar

$$\cos(\alpha) = x/b \quad \text{bzw.} \quad \cos(\alpha) = -y/b.$$

Heron war sicherlich in der Lage die vier Grundaufgaben der Dreiecksbestimmung zu lösen, wenn also gegeben sind:

2 Winkel + 1 Seite	2 Seiten + 1 Winkel, der der größeren Seite gegenüberliegt
2 Seiten + 1 (eingeschlossener) Winkel	3 Seiten

In der Geometria folgen dann Vierecke und mannigfaltigste Zerlegungen einer ebenen Figur durch Hilfslinien: Quadrate in gleichschenklige Dreiecke eingezeichnet, Rhomben oder „verschobene“ Quadrate, Rechtecke und Parallelogramme, rechtwinklige Trapeze, gleichschenklige Trapeze sowie beliebige Vierecke.

Dann folgen Kreise und dessen Teile: Relationen zwischen Durchmesser, Umfang und Inhalt des Kreises ($U = \pi d$, $F = \pi(d/2)^2$). Fläche und Bogenlänge eines Kreisabschnittes werden berechnet aus Sehne s und Höhe h:

$$b = r\alpha^R,\ \alpha^R = (\pi/180)\alpha°,\ s = 2r\sin(\alpha/2),\ h = r(1-\cos(\alpha/2))$$

$$F = (r^2/2)(\alpha^R - \sin(\alpha))\ \text{usw.}$$

Der Ring zwischen zwei konzentrischen Kreisen wird berechnet zu

$$F = \pi(r_2^2 - r_1^2).$$

Die Flächen regelmäßiger Vielecke im Kreis, vom Dreieck bis zum Zwölfeck, werden aus ihrer Seitenlänge $s_n = 2r\sin(\alpha_n/2)$ berechnet. Zu der Behandlung regelmäßiger Vielecke (n = 3,12) bemerkt Cantor (1894, S. 369): Wir haben hier die ältesten auf uns gekommenen trigonometrischen Formeln vorliegen. Die Fläche F_n ergibt sich zu

$$F_n = (1/4) \cdot \cot(180°/n) \cdot n \cdot s_n^2 = c_n s_n^2.$$

Heron gibt für die c_n folgende Tabelle von Näherungsgrößen an (f_n = Approximationsfehler).

n	3	4	5	6	7	8	9	10	11	12
c_n	13/30	1	12/7	13/5	43/12	29/6	51/8	15/2	66/7	45/4
$10^{-3}f_n$	0	0	+6	–2	+51	–5	–193	–194	–63	–54

Die **Stereometria** umfasst Rauminhalte von Körpern und Körperoberflächen: Kugel, Kegel, Zylinder, abgestumpfter Kegel; Würfel, Parallelepipedon, Keil; ganze und abgestumpfte Pyramiden.

In der Abhandlung über die **Dioptra** geht Heron auf die wichtigsten geodätischen Aufgaben im Felde ein, die mit Hilfe der Dioptra und mit einem Lot (zum Senkrechtstellen) versehenen Signalstangen (Fluchtstäbe) gelöst werden können, also durch Verknüpfung von Längen- und Winkelmessungen:

- Nivellierungen (trig. Nivellement);
- Abstecken einer Geraden zwischen zwei Punkten, von denen keiner vom anderen aus gesehen werden kann;
- Bestimmung der Entfernung eines sichtbaren, aber unzugänglichen Punktes;
- Auffindung der Breite eines Flusses, ohne ihn zu überschreiten;
- Auffindung der Entfernung zweier Punkte, die beide sichtbar, aber beide unzugänglich sind;
- Absteckung einer Senkrechten zu einer unzugänglichen Geraden in einem unzugänglichen Punkt derselben;

- Bestimmung der Höhe eines entfernten Punktes über dem Standpunkt des Beobachters;
- Aufnahme eines Feldes;
- Wiederherstellung der (mit Ausnahme von zwei oder drei durch Grenzsteine gesicherten Punkte) verloren gegangenen Umfriedung eines Feldstückes unter Anwendung des vorhandenen Plans.

Die Dioptra war das, was wir heute Theodolit nennen; das Fernrohr wurde durch einen Diopter (Kimme und Korn) ersetzt. Die angegebenen Aufgaben erfordern Winkelmessungen, d.h. Vertikal- und Horizontalkreis trugen

- entweder eine Gradeinteilung
- oder waren seitlich als Zahnrad gestaltet,

sodass man mit Hilfe einer Schraube mittels deren Umdrehungen Winkel messen konnte.

Jedenfalls war die Verknüpfung von Winkel und Strecken ohne trigonometrische Funktionen, in welcher Form auch immer gegeben, nicht möglich.

II.4.3 Klaudios Ptolemaios

Wirklich, da schwelt, beim Pan,
da schwelt im Versteck doch,
tatsächlich, beim Dionysos,
Glut unter der Ascheschicht noch.
(Kallimachos von Alexandria)

Die wichtigsten Schriften aus dem Altertum über deren naturwissenschaftliche Methoden sind ohne Zweifel die des Ptolemaios: sein Werk über die mathematischen Methoden der Astronomie, dessen Originaltitel *κλαυδίου πτολεμαίου μαθηματικ ἡ σύνταξις* (Klaudios Ptolemaios mathematische Zusammenstellung) später zu Almagest abgekürzt wurde und sein Werk über Geographie (Geographike Hyphegesis).

Beide geben bis heute viele Fragen und Rätsel auf. Tatsächlich bemerkte bereits der maurische Astronom Geber ben Afflah aus Sevilla um 1100 AD in einem Kommentar zum Almagest, dieser sei

- ***unklar, schwer verständlich und ohne Not weitläufig.***

Andererseits behandle er manches Wichtige gar nicht oder zu kurz, enthalte überdies auch mehrere Unrichtigkeiten (Manitius, S. X der Einleitung).

Die Mathematike Syntaxis behandelt nach einer Einleitung:
Buch I: Mathematische Grundlagen
Buch II: Geographische Konzepte
Buch III: Die Sonne
Buch IV, V: Der Mond
Buch VI: Sonnen- und Mondfinsternis
Buch VII, VIII: Die Fixsterne
Buch IX, X, XI: Die Planeten
Buch XII: Rückläufigkeitsstrecken, maximale Elongationen
Buch XIII: Ekliptikale Breite bzw. Inklination der Planetenbahn.
Von besonderem Interesse sind natürlich die planetaren Methoden, basierend auf der von Ptolemaios propagierten geozentrischen Hypothese. Er bemerkt dazu einleitend in Buch XI.2: ***Schwierigkeiten des Vorhabens, eine Theorie der Planeten aufzustellen:***

Ptolemaios: *Wenn wir uns die Aufgabe gestellt haben, auch für die fünf Wandelsterne, wie für die Sonne und den Mond, den Nachweis zu führen, dass ihre scheinbaren Anomalien alle vermöge* ***gleichförmiger Bewegung auf Kreisen*** *zum Ausdruck gelangen, … , so darf man wohl das glückliche Vollbringen eines solchen Vorhabens als eine Großtat bezeichnen, ja in Wahrheit als das Endziel der auf philosophischer Grundlage beruhenden mathematischen Wissenschaft.*

Freilich ist dieses Vorhaben aus vielen Gründen mit großen Schwierigkeiten verbunden und begreiflicherweise noch von ***niemand vorher mit Erfolg*** *in Angriff genommen worden.*

Was die Feststellung der Anomalien anbelangt, so bringt keine geringe Erschwerung die Wahrnehmung mit sich, dass an jedem Planeten ***zwei*** *scheinbare Anomalien sich geltend machen, die nach Größe und Wiederkehrzeit ungleich sind:*
- *die eine wird in ursächliche Beziehung zur Sonne gesetzt,*
- *die andere in Beziehung zu den Teilen der Ekliptik.*

Ein weiterer Übelstand ist der, dass die Aufzeichnungen der ***alten*** *Beobachtungen größtenteils recht verständnislos und oberflächlich gehalten sind. Die* [alten] *mehr* ***zusammenhängenden Beobachtungsreihen*** *betreffen nämlich*
- ***Stillstände*** *und*
- ***Heliakische Auf- und Untergänge.***

Das sind natürlich genau die Beobachtungen, die dann zu tätigen sind, wenn man mittels Messkunst eine Entscheidung treffen will, ob die

Hypothese des Aristarchos korrekt ist oder nicht. Später bemerkt Ptolemaios noch explizit:

Ptolemaios: *Hipparch … hat sich war gründlich mit der Theorie der Sonne und des Mondes beschäftigt, … dagegen zu einer Theorie der fünf Wandelsterne in den auf uns gekommenen Kommentaren* ***überhaupt gar nicht erst den Grund gelegt****.*

Es ist unbedingt geboten, … die gesamten Phänomene mit der Eigenart der Kreishypothesen in Einklang zu bringen. Die Aufgabe, meine ich, ist auch ***ihm mit unüberwindlichen Schwierigkeiten verknüpft erschienen****.*

Eindeutig wird, dass eine Methodik zur geozentrischen Hypothese überhaupt erst durch Ptolemaios entwickelt worden ist; vor Ptolemaios gab es zwar eine geozentrische Hypothese, aber keine geozentrische Methodik. Welche Methodik nutzten die Griechen vor Ptolemaios?

Wie Ptolemaios etwas später ausführt, gehörten zu den Schwierigkeiten auch die Folgenden:

Ptolemaios: *Wenn wir von der Sache an sich irgendwo genötigt werden, ein mit der Logik nicht ganz in Einklang zu bringendes Mittelchen anzuwenden, wie z.B.*

- [wenn wir] *unsere Beweise unter der Annahme führen, dass die von der Bewegung an ihren Sphären beschriebenen Kreise* [rein geometrisch] *feine Linien seien und in derselben Ebene mit der Ekliptik liegen, weil diese Annahme zur Erleichterung des Beweisverfahrens dient*
- *oder* [wenn wir] *uns genötigt sehen, gewisse Axiome vorauszusetzen, welche ihre Feststellung nicht von einem vor Augen liegenden Anfang aus, sondern auf dem Wege zusammenhängender Erprobung und Anpassung* [durch wen?] *erlangt haben*
- *oder* [wenn wir] *genötigt sind, nicht für alle Planeten* [z.B. Merkur] *dieselbe unterschiedslos gleiche Bewegung oder der Neigung ihrer Kreise anzunehmen,*

dann machen wir diese Konzessionen mit gutem Gewissen, weil

- *erstens die nicht ganz zu billigende Anwendung eines derartigen Mittelchens, insofern sich keine wesentliche Differenz infolgedessen einzustellen droht, der Lösung unserer Aufgabe keinen Eintrag tun wird,*
- *zweitens die ohne Beweise herangezogenen Axiome, wenn sie einmal mit den Erscheinungen in Übereinstimmung gefunden werden,*

nicht ohne eine gewisse methodische Erwägung gefunden sein können, wenn auch die Art und Weise ihrer Feststellung schwer auseinanderzusetzen ist, zumal es überhaupt ***für die ersten Anfänge entweder gar keine oder nur eine ihrer Natur nach schwer zu definierende Urheberschaft gibt,***

- *drittens niemand die Möglichkeit eines Unterschiedes in der Art der Kreishypothese für verwunderlich und unwahrscheinlich halten dürfte, da auch die an den Planeten selbst festgestellten Erscheinungen ungleichartig gefunden werden.*

Nur müssen Hand in Hand mit dem Prinzip, für alle Planeten schlechthin die ***gleichförmige Bewegung auf Kreisen*** *aufrecht zu halten, auch alle Erscheinungen von dem höheren und allgemeineren Gesichtspunkt der Gleichartigkeit der Hypothesen aus* [welche?] *ihre Erklärung finden.*

Diese exakten Ausführungen legen die Frage nahe: Benutzten etwa die „übrigen" Astronomen eine Theorie der Planetenbahnen, bei der derartige Konzessionen **nicht** erforderlich waren?

Tatsächlich kann das durchaus der Fall gewesen sein. Wenn die „übrigen" Astronomen in der Hypothese des Aristarchos für alle Planeten einschließlich der Erde

- die konzentrischen Kreise durch ein Equant-Modell ersetzten
- sowie die Neigung ihrer Bahnebenen durch die Sonne führten,

dann wurden alle Phänomene durch ein simples geometrisches Konstrukt erklärbar; denn geometrisch betrachtet erweist sich das Equant-Modell bei näherer Analyse als eine – für die damalige Messgenauigkeit völlig ausreichende – Approximation einer Keplerellipse.

Das gleiche gilt auch für den Mond. Ptolemaios bemerkt dazu:

Ptolemaios [SM IV, 9]: *Neuerdings haben wir aber bei Anwendung gefälligerer Methoden, welche zur Erlangung der angestrebten Ergebnisse von* ***den früher gemachten Voraussetzungen unabhängig sind,*** *den mit Hilfe jener ersten Grundlagen berechneten Ort in* [ekliptikaler] *Breite fehlerhaft gefunden.*

Wir haben nach dem jetzt unabhängig davon festgestellten Ort die Hypothesen [des Hipparchs?] *berichtigt, die sich mit* ***den Größen und Entfernungen befassen****, nachdem wir den Beweis ihrer Haltlosigkeit geführt hatten.*

Das entsprechende [Equant-] *Verfahren haben wir angewendet bei* ***den Hypothesen des Saturn und des Merkurs*** *unter Berücksichtigung einiger früherer Ergebnisse, die nicht mit genügender Genauigkeit er-*

zielt worden sind, weil wir später in den Besitz von besser fundierten Beobachtungen gelangt waren.

Denn wer mit wirklichem Wahrheitssinn und unermüdlicher Gründlichkeit an die theoretische Behandlung dieser Verhältnisse herantritt, der soll sich nicht allein zur Berichtigung der alten Hypothesen [des Hipparchs?]

- *die von der Neuzeit gebotenen Mittel und Wege,*
- *die sicherer zum Ziel führen,*

zunutze machen, sondern auch zur ***Berichtigung der eigenen Hypothesen****, wenn diese verbesserungswürdig sind.*

Er soll es bei der Größe und Göttlichkeit der Lehre, zu deren Verkünder er sich berufen fühlt, für keine Schande halten, wenn ihm die zur größerer Genauigkeit führende Berichtigung

- ***auch von anderer Seite zu Teil wird***
- ***und nicht nur aus eigener Erfahrung.***

Offensichtlich stützte sich Ptolemaios auf Informationen, die ihm in der Bibliothek von Alexandria „von anderer Seite zu Teil“ wurden und verarbeitete diese in seinen Modellen.

Da er auch nur ein Mensch war, hat er dabei sicherlich Fehler begangen. Zum Verständnis des Almagest und der naturwissenschaftlichen Methoden des Altertums mag es daher von erheblicher Bedeutung sein, vor allem auch Fehler des Ptolemaios einzugrenzen.

Ptolemaios „einen der größten Wissenschaftler aller Zeiten“ zu nennen oder zu drohen „Wehe ihr krümmt dem Ptolemaios nur ein Haar“, löst das Problem nicht.

III Das antike System der Längen- und Winkelmaße

III.1 Längenmaßeinheiten

III.1.1 Ellen- und Fußmaße

III.1.1.1 Vorbemerkungen

Genesis der Mathematik war die Messkunst; diese wiederum bedarf der Messinstrumente und der Maßeinheiten.

Zur Messkunst führten höchst praktische Bedürfnisse, nicht zuletzt die Konstruktion von Großbauwerken wie beispielsweise die Pyramiden, der Bau der antiken Be- und Entwässerungsanlagen, die Bodenbewirtschaftung usw. Dazu wurden Längenmessungen benötigt.

Erforderlich für die Messkunst war die Festlegung genormter Maße, also zunächst von Längen-Maßeinheiten, die – wenn nicht bereits früher – spätestens im 3. Jahrtausend BC erfolgte. Aufgrund archäologischer Befunde sind aus dieser Zeit jedenfalls bekannt:

Nippur-Elle	NE	=		=	518,50	mm
Nippur Remen	NR	=	(20/28) NE	=	370,35	mm
Cheops-Elle	CE	=	$\sqrt{2}$ NR	=	523,75	mm
Gudea-Fuß	GF	=	(20/28) NR	=	264,55	mm
Pechys Histonikos	PH	=	2 GF	=	529,10	mm

Tab. III.1: Die ältesten Längen-Maßeinheiten

Die metrischen Längen der Nippur-Elle bzw. des Gudea-Fußes entsprechen den Maßen der sog. Nippur-Elle (Museum in Istanbul) bzw. dem Fußmaß auf der Statue des Gudea (im Louvre). Die Ägyptische Königselle bzw. Pechys Histonikos (Gewebe-Elle) als das Doppelte des Gudea-Fußes wurde seit ca. 2000 BC in Ägypten (aber, wie sich zeigen wird, auch in Mesopotamien) verwendet.

Nippur Remen und Cheops-Elle ergeben sich aus der Konstruktion der Cheops-Pyramide (Abb. III.1).

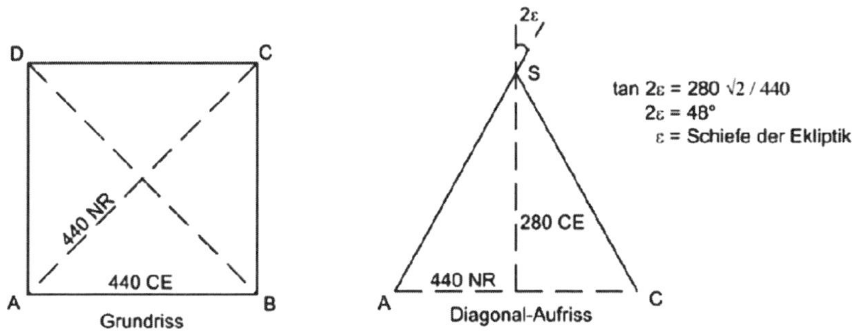

Abb. III.1: Grundriss/Diagonal-Aufriss der Cheops-Pyramide

Ohne Zweifel wurden bereits bei dem Bau der Cheops-Pyramide auch genaue astronomische Messungen benutzt; denn die Grundseiten sind mit einer Genauigkeit von wenigen Bogenminuten in Ost-West- bzw. Nord-Süd-Richtung ausgerichtet, was nur mittels astronomischer Methoden möglich war.

Bemerkenswert aus astronomischer Sicht ist ebenfalls die Zenitdistanz der Pyramidenkanten. Diese entspricht exakt dem Winkel, den die Sonne zur Zeit des Pyramidenbaus zwischen dem Sommer- und Wintersolstitium im Meridian zurücklegte.

War es dieses astronomische Phänomen, das den Architekten der Cheopspyramide bewog, bei einer Höhe von h = 280 CE als Grundseitenlänge ausgerechnet l = 440 CE zu wählen? Welche anderen Ursachen wären für diese spezielle Wahl der **Grundseitenlänge** eines Denkmals für den Sohn des Sonnengottes denkbar?

Archäologische Befunde von über 800 aufgefundenen Längen-Maßstäben ergaben, dass im Altertum ca. 40 verschiedene Ellen/Fuß-Maßeinheiten verwendet wurden (Rottländer 2008).Waren diese mehr oder weniger willkürlich festgelegt oder bildeten sie ein einheitliches Längen-Maßsystem? Können diese archäologischen Befunde mit den aus dem Altertum schriftlich überlieferten Informationen über die Relationen zwischen den verschiedenen antiken Längen-Maßeinheiten verknüpft werden?

Eine Antwort auf diese Frage ist von gleichgroßer Bedeutung sowohl für die Archäologie wie für die Geschichte der exakten Wissenschaften und der Technik.

In der Archäologie sollte bei der Rekonstruktion von antiken Gebäuden und Gebäudeanlagen zunächst festgestellt werden, welche Längen-Maßeinheit bei ihrer Konstruktion verwendet wurde. Archäologische Angaben sollten zweckmäßigerweise sodann nicht in Meter, sondern in der jeweils im Altertum verwendeten Längen-Maßeinheit erfolgen.

Gleichermaßen werden die geographischen Literaturangaben aus dem Altertum nur dann mit modernen Informationen vergleichbar, wenn es gelingt, die metrischen Längen der antiken geographischen Längen-Maßeinheiten zu identifizieren (aufgelistet in Tabelle III.2).

Römische Meile	Ägyptischer Schoinos
Persischer Parasange	Griechische Stadien

Tab. III.2: Geographische Längen-Maßeinheiten der Antike

Wegen der grundlegenden Definition

$$1 \text{ Stadion} = 600 \text{ Fuß}$$

ist dieses Problem eng verknüpft mit der Rekonstruktion des Ellen/Fuß-Maßsystems der Antike. Die Resultate unserer diesbezüglichen Forschungsarbeiten sind im Folgenden kurz zusammengefasst.

III.1.1.2 Antike literarische Angaben über Längen-Maßeinheiten

Als Anlage zu den Schriften des Heron (Heiberg 1972) findet man folgendes Schema, bezogen auf den Daktylos (Fingerbreit) als kleinste Maßeinheit.

1	Daktylos	Daktylos	Fingerbreit
4	Daktyloi	Palaiste	Handbreit
8	Daktyloi	–	–
12	Daktyloi	Spithame	Spanne/Zoll
16	Daktyloi	Pous	Fuß
20	Daktyloi	Pygon/Remen	–
24	Daktyloi	Pechys Euthymetrikos	Metrische Elle
28	Daktyloi	Pechys Neilos	Nil-Elle
32	Daktyloi	Pechys Histonikos	Gewebe-Elle

Tab. III.3: Längen-Maßeinheiten bei Heron von Alexandria

Für den Handel dürfte insbesondere die „Pechys Histonikos" (Gewebe-Elle) von großer Bedeutung gewesen sein. Mittels eines Fadens dieser Länge konnten durch einfaches Halbieren Fuß und Handbreit und damit schnell und einfach die restlichen Maßeinheiten erzeugt werden.

Neben dem gewöhnlichen Fuß wurde, wie wir von Heron wissen, noch ein kleines Fußmaß verwendet mit dcr Relation

1 Fuß : 1 Kleiner Fuß = 16 : 13 1/3 = 6 : 5.

Als veraltet galt bereits bei den Griechen die Maßeinheit

1 Pygme = 18 Daktylos.

Möglicherweise verdankt sie ihre Entstehung der mesopotamischen Einteilung der Elle in 30 „ubanu" und der – bereits lange vor Pythagoras bekannten – Relation zur Absteckung eines rechten Winkels, nämlich

$$3 : 4 : 5 = 12 : 16 : 20 = 18 : 24 : 30,$$

bei der ebenfalls die Pechys Euthymetrikos genannte Elle auftritt. Bemerkenswert ist auch die Relation:

Pygme	:	Pechys Metrios	:	Megalithische Historikos-Elle
355,6	:	474,1	:	592,6
3	:	4	:	5

Als äußerst seltsam erscheint zunächst die Einteilung der Elle in sieben Palaiste bzw. $4 \cdot 7 = 28$ Daktylos. Gab es andere als mystische Gründe dazu?

Von der Messkunst aus gesehen, erweist sich eine derartige Einteilung als zweckmäßig bei der Absteckung eines Quadrates z.B. als Grundriss der Pyramiden; denn einerseits verhalten sich in einem Quadrat

$$\text{Seite} : \text{Diagonale} = 1 : \sqrt{2},$$

andererseits erhält man

$$\sqrt{2} = (1 + 1/100)(28/20) = 1{,}414.$$

Die Größe (5/7) = (20/28) mag daher als eine für viele praktische Zwecke ausreichende Approximation für $\sqrt{2}$ eingeführt worden sein.

In Mesopotamien wurden gemäß der „Tabelle von Senkereh" (Lepsius 1877)

1 ammat (Elle) = 6 quat (Handbreit) = 30 ubanu (Fingerbreit)

als Maßeinheiten verwendet.

Für die Rekonstruktion der geographischen Längen-Maßeinheiten ist folgende Angabe in dieser Tabelle von größter Bedeutung:

1 Parasange = (9/10) 12 000 Ellen = 10 800 Ellen.

Da diese für die antike Messkunst mutmaßlich zu den wichtigsten gehörten, sind bei der Rekonstruktion des antiken Längen-Maßsystems die sechs Fußmaße besonders zu beachten, die Heron zusammen mit der Relation

Pous Philetairikos : Pous Italikos = 16 : 13 1/3 = 6 : 5

angibt:

- Pous Basilikos und Pous Romaikos,
- Pous Philetairikos und Pous Italikos (zu 13 1/3 Daktyloi),
- Pous Ptolemaikos und Pous Nikomedesios (zu 13 1/3 Daktyloi).

Die Relation 6:5 ergibt sich ebenfalls für

Pous Basilikos : Pes Romanus = 6 : 5.

Ptolemaios I. führte erstmalig in Ägypten das dort bis dahin nicht verwendete Fußmaß ein, den Pous Ptolemaikos; mutmaßlich hatte er ihn am inneren Wall von Babylon vorgefunden (siehe Abschnitt II1.2.3). Jedenfalls war diese Maßeinheit mit dem alten ägyptischen Maßsystem kompatibel:

Pous Ptolemaikos = (20/30) Pechys Histonikos = 352,7 mm.

Falls der Pous Nikomedesios zu dem Pous Ptolemaikos ebenfalls in dem Verhältnis 5:6 gestanden hat, erhält man:

Pous Nikomedesios = (5/6) 352,7 mm = 294,0 mm.

Tatsächlich wurde ein derartiges Fußmaß von den Römern beim Wiederaufbau von Karthago verwendet; es wird daher oft als „Punischer Fuß" bezeichnet. Andererseits scheint der „Punische Fuß" zu groß, um in 13 1/3 Daktylos eingeteilt zu werden.

Bestand zwischen dem Pous Ptolemaikos und dem Pous Nikodemesios hingegen nicht die Relation 6:5 sondern 4:3, dann würde es sich bei dem Pous Nikodemesios um das Fußmaß auf der Gudeastatue handeln, welches wiederum zu dem Palmipes Romanus in der Relation 5:6 stand.

Die Pechys Basilikos = 533,3 mm wurde in Ägypten erst zur römischen Zeit eingeführt, mutmaßlich, weil sie mit dem römischen Maßsystem unmittelbar kompatibel war und von der Pechys Historikos nur unwesentlich abweicht.

III.1.1.3 Das Ellen-/Fuß-Maßsystem des Altertums

Die vielfältigen Fuß-Maßeinheiten des Altertums lassen sich den relativ wenigen Ellen-Maßeinheiten zuordnen, die in Tabelle III.4 aufgelistet sind. Basierend auf den angegebenen Ellen-Maßeinheiten (wobei 1 Gudea-Fuß = (20/28)(20/28) Nippur-Elle) lassen sich alle die vielfältigen antiken Fuß-Maßeinheiten mittels den von Heron angegebenen Relationen auf die Nippur-Elle bzw. den Gudea-Fuß zurückführen (siehe Tabellen III.5a, b, c, d).

Nippur-E.	NE	–	518,5 mm	Nippur Syst.
Cheops-E.	CE	$\sqrt{2}$ (20/28) NE	523,75 mm	Cheops Syst.
Megalitische Histonikos-E.	MHE	(32/28) NE = 2 per Romanus	592,6 mm	Megalitische Syst.
Pechys Basilikos	PB	(9/10) (32/28) NE	533,3 mm	Basilikos Syst.
Cubitus Romanus	CR	(24/28) NE	444,4 mm	Römisches Syst.
Pechys Histonikos	PH	(32/16) Gudea-Fuß	529,1 mm	Ägyptisches Syst.
Bab.-ionische E.	BIE	(30/16) Gudea-Fuß	496,0 mm	Bab.-ionische Syst.

Tab. III.4: Antike Ellen-Maßeinheiten

Nippur System:	Nippur-Elle NE = 518,5 mm	
Salamis-Elle	(28/30) NE	483,9 mm
Indus-Fuß (Mohenjo Daro)	(20/30) NE	345,7 mm
Attisch-olympischer Fuß	(18/30) NE	311,1 mm
Chinesischer Wasserfuß	(16/30) NE	276,5 mm
Chinesischer „Chi“	(13 1/3/30) NE	230,4 mm
Nippur Remen NR	(20/28) NE	370,35 mm
Cheops System:	Cheops-Elle CE = $\sqrt{2}$ NR = 523,75 mm	
Fuß von Ägina	(18/30) CE	314,3 mm
Kleine Cheops-Elle KCE	(24/28) CE	448,9 mm
Herakles-Fuß (Stadion in Olympia)	(20/28) KCE	320,7 mm

Tab. III.5a: Nippur/Cheops-System

Basilikos System:	Meg. Historikos-Elle MHE = (32/28) NE = 592,6 mm	
Megalithisches Yard (= 3 chin. Wasserfuß)	(28/20) MHE	829,6 mm
Pechys Basilikos PB	(27/30) MHE	533,3 mm
Pechys Metrios	(24/30) MHE	474,1 mm
Pous Basilikos	(18/30) MHE	355,5 mm
Pous Metrios	(16/30) MHE	316,0 mm
Englischer Fuß	(16/28) PB	304,8 mm
Römisches System:	Cubitus Romanus = (24/32) = 444,4 mm	
Cubitus Romanus CR	(24/28) NE	444,4 mm
Pes Drusianus	(18/28) NE	333,3 mm
Pes Romanus = 1/2 MHE	(16/28) NE	296,3 mm
Dodrans	(12/28) NE	222,2 mm
Palmipes Romanus PR (6/5 Gudea-Fuß)	(24/28) NR	317,45 mm

Tab. III.5b: Basilikos/Römisches System

Pechys Histonikos System:	Pechys Histonikos PH = 2 Gudea Fuß = 529,1 mm	
Pous Ptolemaikos PP	(20/30) PH	352,7 mm
Palmipes Romanus PR	(18/30) PH	317,45 mm
Pous Nikomedesios (Punischer Fuß)	(20/24) PP	294,0 mm
Gudea-Fuß	(18/24) PP	264,55 mm
Nippur Remen	(21/20) PP	370,4 mm
Attischer Fuß (= 5/6 Nippur Remen)	(21/24) PP	308,6 mm
Jap. „Shakū“ (9/10 Shakū)	(24/28) PP	302,3 mm
Persischer Vitasti	(24/28) PR	272,1 mm

Tab. III.5c: Pechys Histonikos System

Babylonisch-ionisches System:	Bab.-ionische Elle BIE = (30/32) PH = 496,0 mm	
Pous Philetairikos PPh (Zeustempel Olympia)	(20/30) BIE	330,7 mm
Heraion-Fuß (Heratempel Olympia)	(18/30) BIE	297,6 mm
Gudea-Fuß	(16/30) BIE	264,55 mm
Pous Italikon	(5/6) PPh	275,6 mm
Ionische Elle	(21/20) BIE	520,8 mm
Ionischer Fuß IF	(21/30) BIE	347,2 mm
Fuß von Abydos (Stadion in Priene)	(18/28) BIE	318,9 mm
Byzantinischer Fuß	(9/10) IF	312,5 mm

Tab. III.5d: Babylonisch-ionisches System

Man beachte das hierbei auftretende, einfache Verhältnis

$$16 : 12 = 24 : 18 = 28 : 21 = 32 : 24 = 4 : 3.$$

III.1.2 Das geographische Längen-Maßsystem der Antike

III.1.2.1 Römische Meile und korrespondierende Stadien

Bekanntlich betrug die römische Meile (mille passus)

- 1 Meile = 1000 Doppelschritt = 5000 pes Romanus
  = 1481,5 m.

Zu den bei den Römern verwendeten Stadien bemerkt Censorinus (XIII): *Stadium in hac mundi mensura id potissimum intelligendum est quod* ***Italicum*** *vocant, pedum 625; nam sunt praeterea et alia longitudine discrepantia, ut* ***Olympicum****, quod est pedum 600.*

Danach ergeben sich

- 1 Stadium Olympicum = 600 pes Romanus = 177,8 m
  = 1/(8 1/3) Meile,
- 1 Stadium Italicum = 600 attische Fuß = 185,2 m
  = 1/8 Meile.

Tatsächlich beträgt die Länge der Rennbahn von Milet bzw. Delphi 177,36 m bzw. 177,55 m, die Länge der Rennbahn in Athen 184,96 m.

In der Geographie benutzten die Römer offensichtlich gemäß Censorinus das Stadion Italicum basierend auf dem attischen Fuß.

Ferner findet man mehrere Male in der antiken Literatur die Anmerkung (Lehmann-Haupt 1958):

- 1 Meile = 7 Stadien = 4200 Fuß.

Dem entspricht

- 1 Stadium I = 600 Pous Ptolemaikos = 211,6 m
  = 1/7 römische Meile.

III.1.2.2 Ägyptischer Schoinos und korrespondierende Stadien

Plinius (XII) bemerkt dazu: *Ein Schoinos beträgt nach der* ***Zählung des Eratosthenes*** *40 Stadien. Andere geben dem Schoinos 32 Stadien.*

Bei Heron findet man andererseits: *Der Schoinos hat vier Meilen, 30 Stadien.* Gemäß diesen Informationen ergibt sich als Bedingungsgleichung

- 1 Schoinos = 30 Stadien I = 32 Stadien II = 40 Stadien III, wobei alle metrischen Längen zunächst unbekannt sind. Beachtet man die Relation 1 Stadion = 600 Fuß sowie **alle** in Abschnitt 3 aufgeführten Fuß-Maßeinheiten, so ergibt sich genau eine und nur eine Lösung für diese Bedingungsgleichung:

1	Schoinos	=	1200	Pechys Historikos	=	6349 m
1	Stadion I	=	600	Pous Ptolemaikos	=	211,6 m
1	Stadion II	=	600	Pous Philetairikos	=	198,4 m
1	Stadion III	=	600	Gudea-Fuß	=	158,73 m
1	Schoinos Meile	=	5000	Palmipes Romanus	=	1587,3 m

Die Festlegung des Schoinos nach dieser Bedingungsgleichung korrespondiert wiederum gut mit dem traditionellen ägyptischen Maßsystem:

1 Itr	=	20000	Ellen	=	10582 m
1 Halb Itr	=	10000	Ellen	=	5291 m
2 Khet	=	200	Ellen	=	105,8 m
1 Khet	=	100	Ellen	=	52,9 m
1 Schoinos	=	12000	Ellen	=	6349 m

Tatsächlich teilten die Ägypter nach Angaben des Artimedoros (Strabon XVII) den Schoinos ein:

- zwischen Theben und Syene in 60 Teile = 2 Khet,
- zwischen Memphis und Theben in 120 Teile = 1 Khet.

III.1.2.3 Mauer von Babylon und korrespondierende Stadien

Lehmann-Haupt (1957) bemerkt: *Die zu Alexanders des Großen Zeiten allein noch bestehenden inneren Mauern Babylons maßen, so hieß es,* ***360 Stadien im Gesamtumfang und waren 30 Fuß breit****. Statt der 360 erscheint bei den* ***Alexander-Historikern*** *die 385* (Schreibfehler für 384?) *Stadien, statt der 30 die 32 Fuß.*

Sowohl Stadion- als auch Fußangaben verhalten sich wie 30 : 32 = Pous Ptolemaikos: Pous Philetairikos = 352,7 mm: 330,7 mm. Die einfacheren Größen 4·90 = 360 Stadien und 30 Fuß lassen vermuten, dass zum Design der Mauern der Pous Ptolemaikos basierend auf der Gewebe-Elle = 529,1 mm benutzt wurde. Das würde bedeuten, dass die Pechys Historikos nicht nur in Ägypten, wo sie vielfach für diese Zeit nachgewiesen ist, sondern auch in Mesopotamien verwendet wurde.

Lehmann-Haupt (1957) bemerkt ferner: ***Hekataios*** *hatte diesen Umfang auf 480 Stadien angegeben, danach Herodot.*

Das Verhältnis 480:360 = 4:3 lässt darauf schließen, dass bereits Hekataios/Herodot 1 Stadion = 600 Gudea-Fuß benutzt haben, wie später Eratosthenes.

Der Leser beachte, dass die Mauern von Babylon einen Umfang von ca. 4 · 20 km aufwiesen; Babylon war sicherlich eine riesige Stadt, selbst für moderne Verhältnisse.

III.1.2.4 Persischer Parasange und korrespondierende Stadien

Nach der Tabelle von Senkereh betrug die Länge des Parasange

- 1 Parasange = (9/10) 12 000 Ellen = 10 800 Ellen,

wonach sich als Verhältnis ergibt

- 1 Parasange : 1 Schoinos = 9:10

bzw.

- 1 Parasange = (9/10) 6349 m = 5714 m.

Nach Herodot wurde der Parasange in 30 Stadien IV geteilt, zu dessen Definition dann der Palmipes Romanus als Fußmaß korrespondiert:

- 1 Stadion IV = 600 Palmipes Romanus = 190,5 m.

III.1.3 Nautische Längenmaßeinheiten

Neben den geographischen Längenmaßeinheiten Meile, Schoinos, Parasange und Stadien wurden von Seefahrern/Bematisten offensichtlich noch andere Längenmaßeinheiten benutzt, die mutmaßlich genormt waren:

1	Tagesreise	=	200	Stadien III	=	31,75 km
1	Tag/Nacht-Segelfahrt	=	1000	Stadien III	=	158,7 km
1	Tag-Segelfahrt	=	500	Stadien III	=	79,4 km

[G II.1.39] ... *er* [Eratosthenes] *gibt von Dioskurias am Kaspios eine Passage von fünf Tagen an, die, wie Hipparch selbst vermutet, etwa 1000 Stadien entsprechen soll.*

Strabon 10.4.5: *Die Reise von Kyrenaika* [Afrika] *nach Kriumetopon* [Akron Krios in Kreta] *dauert zwei Tage und Nächte. Eratosthenes sagt, die Entfernung von Cyrenaea zu Kriumetopon ist 2000* [Stadien].

Keine derartigen Angaben findet man in der Literatur über die Einheit 1 Tag-Segelfahrt, jedoch lassen Vergleiche von antiken numerischen Angaben mit der realen Situation darauf schließen, dass damit die Hälfte einer 1 Tag/Nacht-Segelfahrt angegeben wurde. Es besteht Grund anzunehmen, dass diese Maßeinheit auch „Dromos“ genannt wurde.

III.2 Winkelmaßeinheiten

III.2.1 Das alte System der Winkelmaßeinheiten

Die Entstehung der alten Winkelmaßeinheiten liegt im Dunklen. Fest steht, dass der rechte Winkel $\alpha = 90°$ eine gravierende Rolle spielte; er verknüpfte

- die Vierteilung des Kreises einerseits
- mit dem rechtwinkligen Dreieck andererseits.

Noch Archimedes und Aristarchos maßen Winkel in Bruchteilen

- der Kreisperipherie ($\alpha = 360°$),
- des rechten Winkels ($\alpha = 90°$),
- des halben rechten Winkels ($\alpha = 45°$),
- und der Tierkreiszeichen bzw. des Zodiaks ($\alpha = 30°$).

Die Einführung der Zodiakeinheit erfolgte mutmaßlich im Rahmen der Astronomie. Aus geometrischer Sicht hingegen ist der Zodiak eng verknüpft mit der Sechsteilung des Kreises mittels des Radius als Sehne ($\alpha = 60°$) und dem rechtwinkligen Thalesdreieck gebildet durch den korrespondierenden Peripheriewinkel $\alpha = 30°$ (Abb. III.2).

Zu weiteren Einheiten führen stetige Halbierungen des Zodiaks:

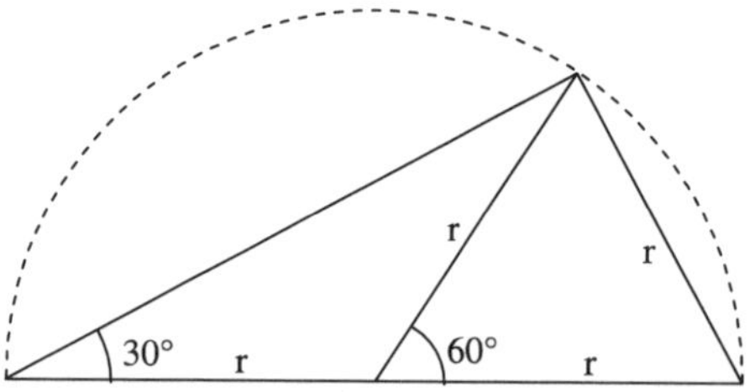

$\alpha = 30°$ = Zodiak (Tierkreiszeichen)
$\alpha = 15°$ = Bathmoi ($\beta\alpha\vartheta\mu o\iota$)
= Stundenwinkel
$\alpha = 7°30'$ = Mere ($\mu\acute{\varepsilon}\varrho\eta$)
$\alpha = 3°45'$ = –

Abb. III.2: Zodiak ($\alpha = 30°$) und Sechsteilung des Kreises ($\alpha = 60°$)

Es ist beachtenswert, dass sich eine entsprechende Untergliederung des rechten Winkels in der Sinustabelle der Inder wiederfindet. Cantor (1894, S. 598) bemerkt zu den Zusammenhängen:

Varahamira, ein junger Zeitgenosse des Aryabhatta, gibt übrigens den Ursprung mancher seiner Kenntnisse mit ehrlicherer Gewissenhaftigkeit an, als es sonst bei Indern [und sicherlich bei Ptolemaios] *der Fall zu sein pflegt.*

Er bezieht sich für die Namen der Sternbilder, welche er benutzt, geradezu auf

- *den Yavanecvaracarya*

d.h. auf den ionischen oder griechischen Meister, indem die Yavana sicherlich Griechen bedeuten.

Bei ihm und anderen Astronomen und Astrologen ist sodann die Rede

- *von Romaka Pura, d.h. von Rom und*
- *von Yavana Pura, d.h. der Stadt der Ioner, nämlich von Alexandria,*

lauter Momente, welcher den alexandrinisch-indischen Beziehungen entstammen und die Abhängigkeit indischer Astronomie auch von alexandrinischem Wissen bestätigen.

Wir fügen hinzu, dass eine indische astronomische Handschrift den Ursprung ihrer Wissenschaft nicht bloß auf einen ionischen Meister Yavanecvaracarya zurückführt, sondern neben diesen eine Persönlichkeit des Namens Minaraja anführt, ein Name, der täuschend an den König Minos zu erinnern geeignet ist.

Eine Dreiteilung der Mere ergibt wiederum

$$\alpha = 2°30' = \text{Große Winkelelle} = 30 \text{ Daktyloi} = 30 \cdot 5'.$$

Unter Benutzung derselben Untergliederung wie bei den Längenmaßen erhält man ferner

$$\alpha = 2° = \text{Kleine Winkelelle} = 24 \text{ Daktyloi} = 24 \cdot 5',$$
$$\alpha = 5' = \text{Daktylos}.$$

Dazu bemerkt Neugebauer (1975, S. 591):

In der babylonischen Astronomie sind zwei Normen für diese Einheiten bezeugt:

- *eine ältere (zur persischen Periode und vorher) nach der*

  1Elle = 30 Daktylos = 2°30',
- *eine jüngere in Gebrauch in der hellenistischen Periode (~ab 300 BC)*

  1 Elle = 24 Daktylos = 2°.

Es ist bemerkenswert, dass Ptolemaios in der „Geographike Hyphegesis“ alle geographischen Längen- und Breitenangaben sowie im Fixsternkatalog des Almagest alle ekliptikalen Längen- und Breitenangaben mit einer Genauigkeit von $1/12° = 5' = 1$ Daktylos bzw. $10' = 2$ Daktyloi angibt. Folgte er hierbei einer alten Tradition?

Hipparchs geographische Breitenangaben für die Gegend von England/ Thule, die wahrscheinlich auf Pytheas zurückgehen, basieren sicherlich auf der kleinen Winkelelle.

Hipparchs astronomische Angaben basieren dagegen mutmaßlich auf der großen Winkelelle (Neugebauer 1975, S. 592).

III.2.2 Das natürliche Bogenmaß (Radian) im Altertum

Mittels des natürlichen Bogenmaßes, auch Radian genannt, wird ein Winkel durch seinen Bogen auf einem Einheitskreis beschrieben; eine derartige Winkelmaßeinheit war den alten Griechen bereits geläufig. So geben beispielsweise Archimedes und Aristarchos, ohne weitere Erläuterungen als offensichtlich wohlbekannt, Beziehungen zwischen Bogen $\propto$ und den Winkelfunktionen an, die der modernen Formel

$$\frac{\sin(\alpha)}{\sin(\alpha')} < \frac{\alpha}{\alpha'} < \frac{\tan(\alpha}{\tan(\alpha')}, \alpha < \alpha'$$

entsprechen.

Um bei der Verknüpfung von Bögen und Winkelfunktionen möglichst Brüche zu vermeiden, also die Logistik bzw. die numerischen Rechnungen zu vereinfachen, hat man zwei Möglichkeiten:

1. Man wählt als Winkeleinheit einen möglichst kleinen Winkel, z.B. $\alpha = 1'$.
2. Man bezieht das Bogenmaß ebenso wie die trigonometrischen Funktionen auf einen Kreis, dessen Radius R größer ist als 1 und erhält

$$x = R \cdot sin\alpha,\ y = R \cdot \alpha,\ z = R \cdot tan\alpha.$$

Ptolemaios wählte im Almagest die zweite Möglichkeit, nämlich als Durchmesser $D = 120^p$. Er erhält somit z.B. für

$$\sin(\alpha = 1°) = 1^P, 047144385 = 1^P;02;49,7 \sim 1^P;02;50.$$

Bei den indischen Sinustabellen, die bereits auch Hipparch benutzte, wurde die erste Möglichkeit gewählt; der Kreis wurde in $360 \cdot 60 = 21\,600'$ eingeteilt.

Zur Umrechnung des Bogenmaßes α (bei einem Radius r = 1) in die Grad- bzw. Minuteneinteilung des Kreises benötigt man die Proportionen

$$\frac{\alpha}{1} = \frac{\alpha^\circ}{\rho^\circ} = \frac{\alpha'}{\rho'}$$

mit den bereits im Altertum verwendeten Transformationskonstanten

$$\rho^\circ = 180^\circ/\pi = 57{,}295\,779\,...$$

$$\rho' = (180^\circ \cdot 60)/\pi = 10\,800'/\pi = 3437{,}75' \sim 3438'.$$

Zur Berechnung dieser Konstanten benötigt man das Verhältnis π des Kreisumfanges zum Kreisdurchmesser, für das Ptolemaios im Almagest VI.5 folgende Größe angibt:

Das *Verhältnis von Kreisumfang zu Durchmesser ist 3;08'30'':1*, also 3,141660:1.

Dieses Verhältnis liegt nämlich ohne beträchtlichen Fehler in der Mitte zwischen den Werten 3 1/7 (= 3 10/70) *und 3 10/71* [also zwischen den von Archimedes angegebenen Werten 3,142857… und 3,140845…]. Tatsächlich ergibt sich als Mittelwert, der allerdings nirgendwo in der antiken Literatur auftritt, $\pi = 3{,}14851 = 3;08'30\ 2/3''$.

Zu den aus der indischen Literatur bekannten Werten für π bemerkt Cantor (1894, S. 612):

Archimedes, wir erinnern uns, ließ vom Sechseck ausgehend die Seitenzahl des eingeschriebenen Vielecks sich immer [viermalig] *verdoppeln, bis er zum 96-Eck gelangte.*

Ganeca, der Kommentator Bhaskaras, berichtet uns, man sei vom Sechseck durch stete [sechsmalige] *Verdoppelung der Seitenzahl bis zum 384-Eck vorgeschritten und habe so* π = *3927/1250* (= 3,1416) *gefunden.*

Bhaskara bedient sich übrigens auch noch einer anderen Annäherung, nämlich π = *754/240,* [also eine Angabe von $\pi = 754/240 = 3{,}141666\ldots = 3^\circ 08'30''$, die sonst nur noch bei Ptolemaios auftritt].

Wie hat man sich die Konstruktionen von im Kreis eingezeichneten regelmäßigen Vielecken vorzustellen? Ausgehend von $sin30^\circ = 0{,}5$ erhält man mittels der bereits Archimedes bekannten Formeln

$$cos^2\alpha = 1 - sin^2\alpha \ und \ 2sin^2(\alpha/2) = 1 - cos\alpha = \boldsymbol{sinusversus}$$

die Sinuswerte für die stetig halbierten Winkel $\alpha = 15^\circ$, 7,5°, 3,5°, 1,875°, 0,9375° usw. Geometrisch ergibt sich dabei stets die in Abb. III.3 für $\alpha = 30^\circ$ dargestellte Figur, in der (für n = 2) Punkte eines $N = 6 \cdot 2^1 =$ Zwölfecks eingezeichnet sind.

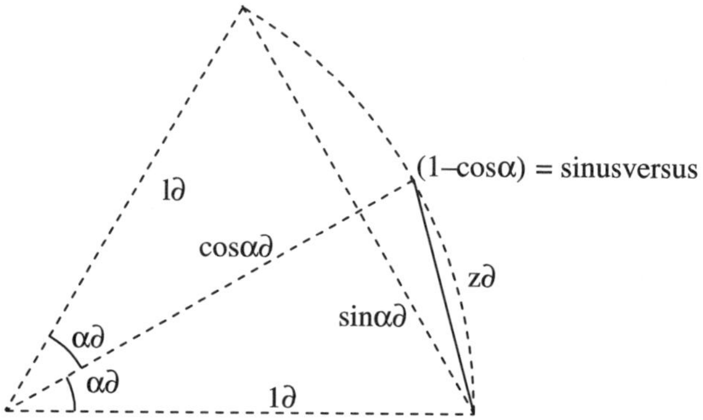

Abb. III.3: Regelmäßiges Vieleck im Kreis durch stete Winkelteilung

Man erhält

- für n = 4: $\alpha = 60°/2^4 = 60°/16 = 3{,}75°$; $N = 6 \cdot 2^4 = 96$;
  $z = 0{,}065438166$; $\pi = (96/2) \cdot z = 3{,}141032 \sim 3\ (10/71)$
- für n = 6: $\alpha = 60°/2^6 = 60°/64 = 0{,}9375°$; $N = 6 \cdot 2^6 = 384$;
  $z = 0{,}016362279$; $\pi = (384/2) \cdot z = 3{,}141156 \sim 3927/1250$.

Wer den von Ganeca angegebenen Wert

$$\pi = 3927/1250 = 3{,}1416$$

berechnet hat, wissen wir nicht. War es tatsächlich Apollonios? Viele seiner Schriften sind verloren gegangen, unter anderem die Schrift „Okytokion". Zu dieser bemerkt Eutokios von Askalon (2. Hälfte VI. Jh. AD) in einem Kommentar zur archimedischen Kreismessung (Cantor 1894, S. 329):

So viel in meinen Kräften stand, habe ich nun die von Archimedes angegebenen Zahlen einigermaßen erläutert.

Wissenswert ist aber noch, dass auch Apollonios von Perge in seinem Okytokion dasselbe durch ***andere*** *Zahlen bewiesen hat, wodurch er sich* ***der Sache noch mehr näherte****.*

Dem Wortlaute nach übersetzt sich dieser Titel (Okytokion) als „Mittel zur Schnellgeburt", es handelte sich höchstwahrscheinlich um raschere Rechenverfahren.

Kann es sein, dass Apollonios die Zahlen $\pi = 3927/1250$ und dazu korrespondierend $\rho' = 3484'$ mit dem oben gezeigten Verfahren, bei dem nur Quadratwurzeln zu ziehen sind, im Okytokion bestimmt hat? Die Frage ist für die Wissenschaftshistoriker deshalb von Bedeutung, weil auf ihnen die sog. Sinustafel der Inder basiert, die allerdings schon um 130 BC von Hipparch benutzt worden ist, wie in Toomer (1973) gezeigt wurde.

III.2.3 Hexakontaden und Gradmaß

Die Unterteilung des Kreises in 360° bzw. 21 600′ ist über die Konstante $\rho°$ bzw. ρ' eng verknüpft mit dem natürlichen Bogenmaß. Wurden beide zur gleichen Zeit eingeführt?

Erstmalig in der griechischen Literatur verbürgt ist das Gradmaß in der Abhandlung „Anaphorikos" des alexandrinischen Astronomen Hypsikles (~175 BC) über die Aufgangs- und Untergangszeiten der einzelnen Tierkreiszeichen und der Grade der Ekliptik am Horizont.

Die Gradeinteilung des Kreises dürfte also erstmalig zur Lebenszeit des Apollonios von Perge (~262–190 BC) in die griechischen Naturwissenschaften eingeführt worden sein. Hipparch verwendet jedenfalls etwas später, neben den alten Winkelmaßeinheiten, auch das Gradmaß.

Zur Einteilung des Kreises in 360° teilt man diesen zunächst ein in „Hexakontaden", d.h. in 6°-Abschnitte. Dazu geht man zweckmäßigerweise von einer Einteilung des Kreises durch ein regelmäßiges Zehneck mit Zentriwinkel 360°/10 = 36° aus. Zu Hilfe nimmt man noch den Zodiak = 5·6° = 30°. Mit den korrespondierenden Sehnen erhält man durch Bogenschlag um A die Punkte B und C und durch Bogenschlag um B den Punkt D (Abb. III.4).

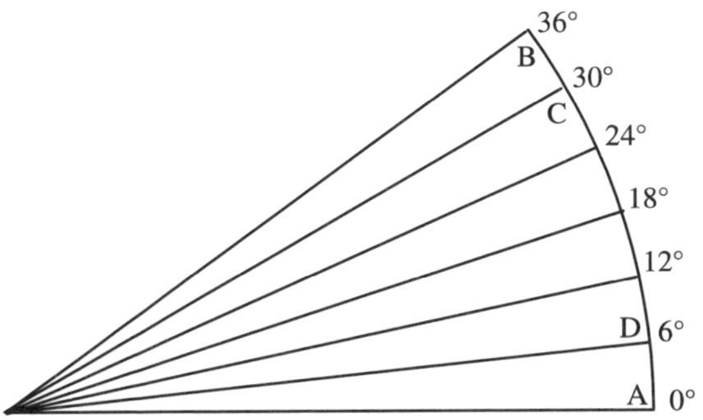

Abb. III.4: Einteilung des Kreises in „Hexakontaden"

Die Einteilung des Bogens (CD) geschieht dann durch zweimalige Halbierung. Man erhält so eine Kreisteilung in 3° Intervallen. Da der Abstand h zwischen Sehne und Bögen bei derart kleinen Winkeln nur

$h = r(1-\cos(3/2)^\circ) = 0{,}00035r$ beträgt, kann die weitere Einteilung in 1° bzw. $5'$ ohne merklichen Genauigkeitsverlust längs der Sehne erfolgen.

Strabon bemerkt, dass Eratosthenes Hexakontaden benutzte; möglicherweise geht diese Kreisteilung also auf Eratosthenes zurück. Jedenfalls scheint die Kreisteilung in 360° nicht auf der babylonischen Sexagesimalteilung zu beruhen, wie oft angenommen, sondern hatte zunächst rein geometrische Gründe. Naheliegend war dann allerdings, für die numerischen Rechnungen am Kreis die babylonische Sexagesimalzählung zu verwenden.

Anwendung dürfte die Hexakontaden-Konstruktion vor allem auch bei der **Herstellung von Winkelmessinstrumenten** gefunden haben.

IV Verknüpfung von Längen und Winkelmessungen

Im zentralen Mittelpunkt der Geodäsie steht die Verknüpfung von Längen- und Winkelmessungen. Aber das ist auch dann in der Astronomie der Fall, wenn man nach der kategorischen Forderung Platons, die Stereometrie in die Astronomie einzubeziehen, die Abstände zu bzw. zwischen den Himmelskörpern berechnen will.

Die Astronomie kann sich zunächst nur auf Winkel- bzw. Zeitmessungen stützen. Ptolemaios weist im Almagest eindrücklich darauf hin, dass die Berechnung von astronomischen Entfernungen nur mittels der Messung von sog. topozentrischen Parallaxen möglich sei. Dazu ist es allerdings unumgänglich, den Umfang U bzw. den Durchmesser D der Erdkugel zu bestimmen.

Prinzipiell kann das nur folgendermaßen geschehen:

1. Man misst mittels der Methoden der Landesvermessung die **Meridianbogenlänge** $\Delta U = (U_B - U_A)$ zwischen den **Breitenkreisen** zweier Orte, z.B. A = Syene/Aswan und B = Alexandria (**nicht** deren Entfernung).
2. Man misst in beiden Orte deren geographische Breite Φ (bzw. die Breitendifferenz $\Delta\Phi = \Phi_B + \Phi_A$) mittels astronomischer Methoden.
3. Man erhält den Umfang U der Erdkugel dann mittels der simplen Proportion
$$\frac{U}{360°} = \frac{\Delta U}{\Delta\phi°} \quad .$$
4. Man erhält den Durchmesser D der Erde mittels der Relation
$$D = \frac{U}{\pi} \quad .$$

Der Durchmesser D der Erde bildet die fundamentale Größe, um mittels astronomischen Winkelmessungen die Entfernung zu den Gestirnen, zu Sonne, Mond und den Planeten zu berechnen.

Unumgänglich ist hierbei die Verwendung trigonometrischer Funktionen. Insofern kommt der antiken Genesis der Trigonometrie eine fundamentale Bedeutung zum Verständnis der Genesis der antiken Naturwissenschaften zu, soweit diese bereits auf Messkunst und nicht auf mystischen Spekulationen über Ursachen beruhten.

IV.1 Trigonometrische Funktionen und Geometrie im Altertum

IV.1.1 Geometrie der trig. Funktionen: Thalesdreieck

Von zentraler Bedeutung für das Verständnis der antiken Trigonometrie ist das sog. Thalesdreieck, gebildet durch ein Rechteck in einem Kreis. Wählt man als Durchmesser des Kreises d = 1, dann

- ergeben die Sehnen das, was wir heute Sinus nennen,
- ergeben die Tangenten das, was wir heute Tangens nennen.

Sogar die inversen Funktionen $\sec \alpha = 1/\cos \alpha$ und $\text{cosec}\, \alpha = 1/\sin \alpha$ sind durch das Thalesdreieck geometrisch anschaulich dargestellt.

Mutmaßlich teilten die Griechen den Durchmesser des Thaleskreises in 120 Teile oder „tmemata". Jedenfalls bemerkt Strabon, dass Pytheas für die Beschreibung der Schattenmessung zur Angabe der geographischen Breite von Massilia folgendes Verhältnis („logos") benutzte:

$$\text{Schattenlänge} : \text{Gnomon} = x : 120 = \tan z.$$

Ptolemaios wiederum bemerkt in der Mathematike Syntaxis I.10:

Wir wollen feststellen, wie viel „tmemata" [lat. Partes] *vom Durchmesser auf diese Sehnen entfallen, wenn derselbe in 120 Teile geteilt ist; denn diese Teilung wird sich in den Zahlen bei Ausführung der Rechnungen selbst als praktisch erweisen.*

Der Radius des Kreises ist dazu in 60 Partes ($= 60^p$) zu teilen.

Das Thalesdreieck ist die bei weitem anschaulichste und damit verständlichste Art, Schülern die Grundlage der Trigonometrie verständlich zu machen; denn die fundamentalen goniometrischen Formeln sind unmittelbar anhand des Satzes des Pythagoras bzw. einfacher Proportionen in ähnlichen rechtwinkligen Dreiecken abzuleiten.

Formeln in der heutigen Form kannten die Griechen allerdings noch nicht; das ist eine Errungenschaft der Neuzeit.

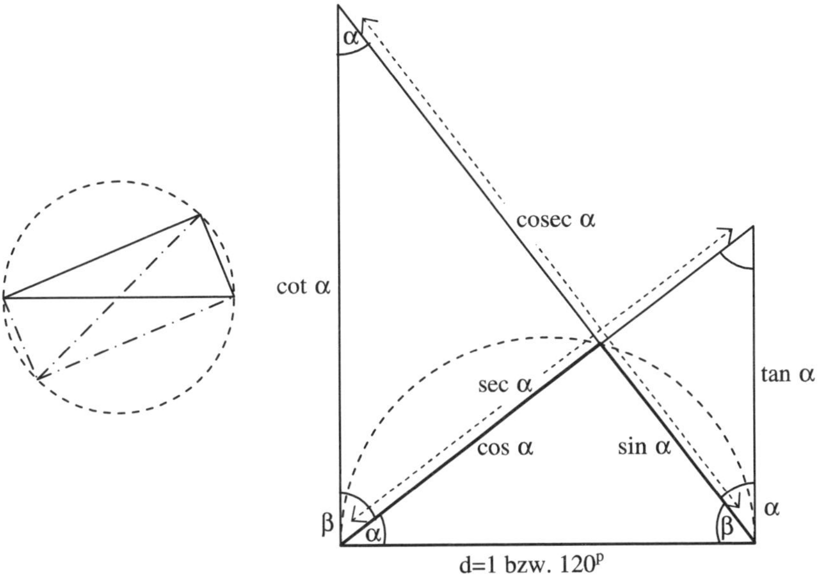

Abb. IV.1: Thalesdreieck und die trigonometrischen Funktionen

1. $sin\alpha = cos\beta = \cos(90° - \alpha)$
   $cos\alpha = sin\beta = sin\,(90° - \alpha)$
   $tan\alpha = cot\beta = \cot(90° - \beta)$
   $cot\alpha = tan\beta = tan\,(90° - \alpha)$
2. $sin^2\alpha + cos^2\alpha = 1$
   $1 + tan^2\alpha = sec^2\alpha,\ 1 + tan^2\alpha = 1/cos^2\alpha$
   $1 + cot^2\alpha = cosec^2\alpha,\ 1 + cot^2\alpha = 1/sin^2\alpha$
   $tan\alpha : 1 = 1 : cot\alpha\ ,\ \ tan\alpha \cdot cot\alpha = 1$
   $tan\alpha : 1 = sin\alpha : cos\alpha,\ \ tan\alpha = sin\alpha/cos\alpha$
   $cot\alpha : 1 = cos\alpha : sin\alpha,\ \ cot\alpha = cos\alpha/sin\alpha$

Es ist natürlich simpel, von dem Halbkreis des Thales auf einen Viertelkreis überzugehen (Abb. IV.2). Es scheint vor allem die äußerst ungeschickte Handhabung der numerischen Rechnungen im Almagest des Klaudios Ptolemaios zu sein, die zu dem modernen Mythos führten, die Griechen hätten den Begriff des Sinus nicht gekannt.

Braunmühl (1900, Kap. 3) bemerkt zur Trigonometrie der Inder, dass diese durch in Versen beschriebene Regeln, ohne Beweise, angegeben ist. Speziell zum Sinus bemerkt er:

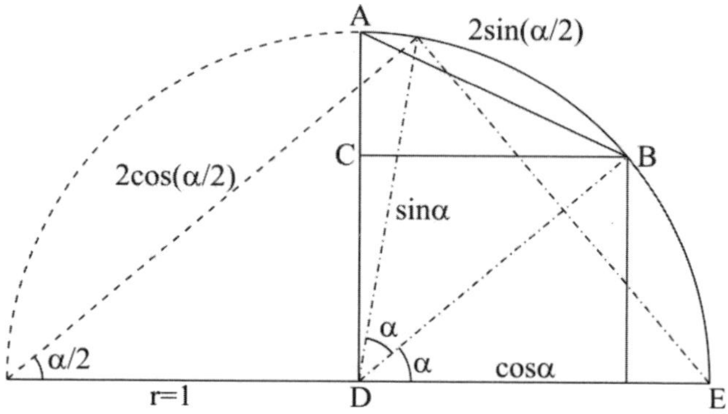

Abb. IV.2: Trigonometrische Funktionen im Viertelkreis

Wir finden zunächst in dem noch nicht genannten Werke Aryabhati des 476 AD geborenen Aryabhata im dritten Abschnitte folgende Entstehung des Sinus angegeben.

„Teile den vierten Teil des Kreises mittels eines Dreiecks (ABC) *und eines Vierecks* (BCDE)*; dann hast du auf dem Radius* (AD bzw. DE) *alle gewünschten Halbsehnen (djya-ardha) der Bögen (capa).“*

Es ist aufschlussreich, dass Aryabhata hier von Halbsehnen spricht, nämlich den halben Sehnen, wie sie im Rahmen des Thalesdreiecks auftreten. Im Übrigen lässt sich die indische Regel unmittelbar anhand der Abb. IV.2 beweisen.

IV.1.2 Die Mathematiker des V. Jh. BC und der Gnomon

Ein von Proklos (V. Jh. AD) überliefertes Fragment, wahrscheinlich des Eudemos von Rhodos, Schüler des Aristoteles, berichtet über die Arbeiten der Mathematiker vor seiner Lebenszeit; Cantor (1894) nennt das Fragment daher „Altes Mathematikerverzeichnis“. Aufgeführt werden dort

- Anaxagoras von Klazomene (~500–428 BC);
- Oinopides von Chios, ein Zeitgenosse des Anaxagoras;
- Demokritos von Abdera (~460–370 BC), von dem die stolze Behauptung überliefert ist: *Im Konstruieren von Linien nach Maßgabe der* ***aus den Voraussetzungen zu ziehenden Schlüsse*** *hat mich keiner je übertroffen, selbst nicht die sog. Harpedonapten* [d.h. Seilspanner; ägypt. Landmesser] *der Ägypter;*

- Hippias von Elis (um 420 BC);
- Hippokrates von Chios (~460–370);
- Theodoros von Kyrene, mathematischer Lehrer des Platon, der die Irrationalität der Quadratwurzeln von Zahlen zwischen 3 und 17 bewies.

Demokritos hat eine Abhandlung „Über den Unterschied ($\delta\iota\alpha\varphi o\rho\eta\varsigma$) des Gnomon oder über die Berührung des Kreises und der Kugel" geschrieben.

Bereits Allman hat hierzu als mögliche Erklärung vorgeschlagen, Demokritos habe einen rechten Winkel derart mit dem Kreis (bzw. einem Großkreis der Kugel) in Verbindung gesetzt, dass

- der eine Schenkel durch den Mittelpunkt geht,
- die Spitze des Winkels auf die Kreislinie fiel und
- der andere Schenkel eine Tangente bildete.

Mit anderen Worten, bei dem zweiten Schenkel handelte es sich um $tan\alpha$ in Abb. IV.1.

Was verstand Demokritos unter einem Gnomon? Bei Aristoteles findet man die einfache Definition: Ein Gnomon entsteht, wenn man von einem Quadrat ein kleineres Quadrat abzieht (siehe Abb. IV.3).

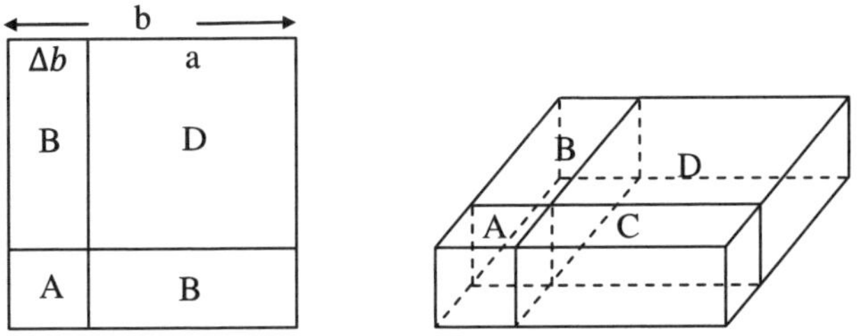

Abb. IV.3: Zerlegung eines Quadrats/Kubus mittels eines Gnomons

Es ist anschaulich leicht einzusehen, dass sich mit $D = a^2$ ergibt

$$b^2 = A + 2B + D = \Delta b^2 + 2a\Delta b + a^2$$

und mit $D = a^3$

$$b^3 = A + 3B + 3C + D = \Delta b^3 + 3a\Delta b^2 + 3a^2\Delta b + a^3,$$

also Relationen, die heute bi- oder trinomische Formeln genannt werden. Es ergibt sich ferner für kleine Δb

$$f_1 = b^2 - a^2 = \Delta b^2 + 2a\Delta b \sim 2a\Delta b$$

$$f_2 = b^3 - a^3 = 3a^2\Delta b + (3a\Delta b^2 + \Delta b^3) \sim 3a^2\Delta b.$$

Die Relationen $\Delta b = 1/2 \cdot f_1/a$ bzw. $\Delta b = 1/3 \cdot f_2/a^2$ konnten die Logistiker nutzen, um in einem iterativen Prozess Quadrat- bzw. Kubikwurzeln mit jeder für die Praxis benötigten Genauigkeit zu berechnen. In dieser Hinsicht war der geometrische Begriff des Gnomons von gravierender Bedeutung für eine mathematische Kultur, die noch nicht abstrakte Formeldarstellungen entwickelt hatte. Auf die Rolle des Gnomons in der Messkunst wird später eingegangen.

Eudemos berichtet, Hippokrates habe das erste Elementarlehrbuch der Mathematik verfasst. Hippokrates beschäftigt sich sehr intensiv mit den Sehnen in einem Halbkreis; Beachtung fanden vor allem seine sog. *μηνίσκοι*, seine Möndchen oder lateinisch „lunulae" (siehe Abb. IV.4).

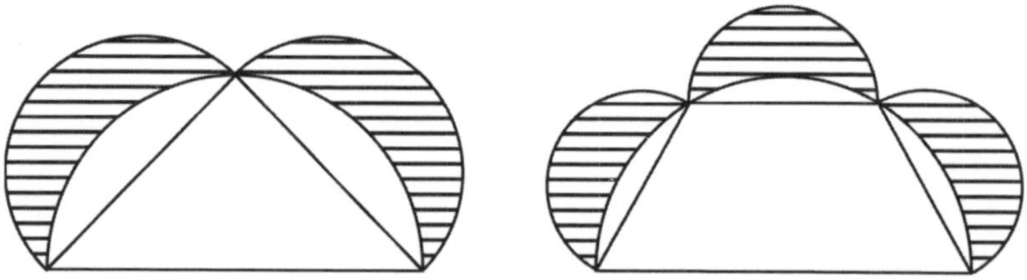

Abb. IV.4: Die Meniskoi (Möndchen) des Hippokrates

Eudemos hebt weiter hervor, Hippokrates habe am Anfang seines Lehrbuches bewiesen:

- Halbkreise umfassen rechte Winkel (Satz des Thales);
- Segmente, welche größer bzw. kleiner als Halbkreise sind, umfassen spitze bzw. stumpfe Winkel;
- Kreisflächen verhalten sich wie die Quadrate ihrer Durchmesser (mal der Konstanten $\pi/4$);
- ähnliche Kreissegmente, also solche, welche gleichviele Teile ihrer betreffenden Kreise bilden, verhalten sich wie die Quadrate ihrer Sehnen (Proportionen des Menelaos).

Von größter Bedeutung für die Entwicklung der griechischen Mathematik war die Entdeckung des Hippokrates, wie das Problem der Würfelverdoppelung **geometrisch** beschrieben werden kann.

Bemerkenswert ist zunächst, dass es für einen Logistiker, der sich auf Zahlenrechnungen stützte, kein Problem war, mittels der Gnomon-Methode die dazu notwendige Kubikwurzel c = 1,259 921 050 aus 2 iterativ zu berechnen. Man erhält derart in

1. Näherung: $c = 5/4$; $c^3 = 1{,}95$ ...,
2. Näherung: $c = 63/50$; $c^3 = 2{,}000$ ...,

Das löste die Aufgabe für alle praktischen Bedürfnisse von Architekten und Händlern. Äußerst kompliziert wird das Problem erst dann, wenn man die Kubikwurzel mittels einer **geometrischen Konstruktion** bestimmen will.

IV.1.3 Geometrie und das Problem der Würfelverdoppelung

IV.1.3.1 Vorbemerkungen

Cantor (1984) bezeichnet als die *„drei großen Aufgaben der griechischen Mathematiker, welche ihnen Gelegenheit gaben, ihre Kräfte zu üben und das zu erfinden, was man* ***die höhere Mathematik*** *jenes Zeitraumes zu nennen berechtigt ist*“, folgende Aufgaben:

1. die Quadratur des Kreises, also das Verhältnis F/d = π von Flächeninhalt F und Durchmesser d,
2. die Dreiteilung eines beliebigen Winkels,
3. die Würfelverdopplung bzw. das Delische Problem.

Alle drei Aufgaben waren von erheblicher praktischer Bedeutung für die Messkunst.

Die Zahl π wurde benötigt, um zu berechnen:

1. zu einer beliebigen Kreisteilung die korrespondierenden Bogenlängen;
2. aus gegebenen Sehnen/Tangenten die korrespondierenden Winkelgrößen in Radian.

Wie gezeigt, konnte die Berechnung des Verhältnisses von Umfang und Durchmesser des Kreises durch simple, stetige Zweiteilung von Winkeln mit einer für alle praktischen Messzwecke ausreichenden Genauigkeit durchgeführt werden.

Wenn man andererseits zur Herstellung eines Messgeräts den Kreis z.B. in 360° teilen will, so ist das nicht ohne die Dreiteilung eines Winkels möglich. Dieses geometrische Problem ist also eng mit dem technischen Problem der Herstellung von Kreisringen für Messzwecke verknüpft, wie sie beispielsweise in von Ptolemaios beschriebenen astronomischen Messgeräten verwendet wurden.

Delisches Problem nannten die alten Griechen das Problem der Würfelverdopplung, d.h. der Berechnung der Kubikwurzel aus zwei entsprechend der Seitenlängen c und d zweier Würfel mit dem Volumen $V = d^3 = \sqrt[3]{2}c^3$. Das Problem spielte in der Entwicklung der Mathematik eine nicht unbeträchtliche Rolle; Eutokios von Askalon zählt zwölf verschiedene Lösungen auf, die u.a. zur Entdeckung der Kegelschnitte (später durch Apollonios Parabel, Hyperbel, Ellipse genannt) und etwas später der Konchoide (Muschellinie) und der Kissoide (Epheulinie) führten.

Eratosthenes erfand einen Analogrechner, Mesolabium genannt, zur Lösung des Delischen Problems. In einem Brief an seinen König Ptolemaios bemerkt er dazu folgendes:

Als Erster entdeckte Hippokrates von Chios [2. Hälfte V. Jh. BC, zur Lebzeit des Sokrates], *dass der Würfel verdoppelt werden könnte, wenn zwischen zwei Strecken* [a und b], ***wobei die Größere das Doppelte der Kleineren ist****, zwei mittlere Proportionale gefunden werden könnten* [d.h. wenn eine Proportion $a/x = x/y = y/b$ gelöst werden konnte].

Die Geometer [zur Zeit des Platon: Archytas, Eudoxos und sein Schüler Menaichmos] *gaben sich nun mit Eifer dem Problem hin, zwischen zwei gegebenen Größen* [a und $b = 2a$] *zwei mittlere Proportionale* [x und y] *zu finden. Dem Archytas von Tarent wird nachgesagt, eine Lösung mittels* [des Schnittes eines Kegels mit einem] *Halbzylinder gefunden zu haben. Der Eudoxos hat dazu sog. „gebogene Linien" benutzt.*

Allen, die das Problem lösten, gelang es durch Auffinden eines deduktiven Beweises. Aber sie waren nicht fähig, es anhand einer ***Konstruktion*** *in einer praktischen und nützlichen Weise zu demonstrieren.*

Eine Ausnahme bildete Menaichmos, der es jedoch nur ziemlich mühsam und mit Schwierigkeiten vollendete.

Zur praktischen Verwendung des Mesolabiums bemerkt Eratosthenes:

Mit dieser Entdeckung werden wir fähig sein, jeden beliebigen Körper, dessen Flächen Parallelogramme sind, in einen Würfel zu transformieren oder ihn zu verwandeln von einer Form in die andere.

Wir können darüberhinaus einen Körper der gleichen Form wie ein gegebener Körper konstruieren, das ist, unter Erhaltung der Ähnlichkeit, aber größer. Und wir werden fähig sein, diese Methoden zur Konstruktion von Altären und Tempel anzuwenden [bei der Übertragung eines Modellentwurfes in die Realität].

Wir werden ferner fähig sein, unsere Messbehälter für flüssige und feste Stoffe, also „metreta" und „medimnos," in einen Würfel zu transformieren und von der Seitenlänge dieses Würfels die Kapazität von anderen Behältern im Verhältnis zu diesen Volumenmaßeinheiten zu messen.

Meine Methode wird auch für diejenigen nützlich sein, welche die Ausmaße von Katapulten und Wurfmaschinen vergrößern wollen; dann müssen alle Elemente dieser Maschinen in Proportion vergrößert werden.

Es wird deutlich, dass Eratosthenes an den praktischen „Anwendungen von mathematischen Methoden" nach dem Motto interessiert war: Nichts ist so praktisch wie eine gute Theorie. Und er wird sicherlich Archimedes von seiner Entdeckung berichtet haben, der im Altertum nicht zuletzt wegen seiner effizienten Konstrukte von Wurfmaschinen berühmt war.

Die Griechen maßen den anwendungsorientierten Aspekten der Mathematik im Rahmen der Messkunst sicherlich ebenso viel, wenn nicht größere, Bedeutung bei als ihren erkenntnisorientierten Aspekten, was man nicht vergessen sollte, wenn man die Entwicklungsgeschichte der Mathematik studiert.

IV.1.3.2 Eine seltsame Bedingung des Hippokrates

Gesichert ist gemäß dem Bericht des Eratosthenes, dass Hippokrates entdeckte, dass sich die Lösung des Problems der Würfelverdopplung durch eine fortlaufende Proportion

$$\frac{a}{x} = \frac{x}{y} = \frac{y}{b} \quad \left(= \frac{1}{c} \ \textit{für}\ b = 2a, c = \sqrt[3]{2} \right)$$

dann ergibt, wenn die Größen a und b die Proportion a:b = 1:2 erfüllen.

Wegen der Ähnlichkeit der drei (bzw. vier) rechtwinkligen Dreiecke ist diese Proportion unmittelbar aus der in Abb. IV.5 angegebenen Konstruktion abzuleiten, die Eutokios dem Platon zugesprochen hat. Der Leser vergleiche sie mit der Abb. IV.1, um den Zusammenhang mit den trigonometrischen Funktionen und dem Thalesdreieck herzustellen.

Für b = 2a erhält man die Proportion

$$\frac{a}{x} = \frac{x}{y} = \frac{y}{2a}$$

und damit unmittelbar

$$x^2 = ay, \quad y^2 = 2ax; \quad x^4 = 2a^3x; \quad (x/a)^3 = 2 = (1/c)^2 = tan^3\varphi.$$

Kann man eine Antwort darauf geben, wie Hippokrates die seltsame Bedingung a : b = 1 : 2 gefunden hat? Eine Möglichkeit wäre, dass er von einem Resultat der Logistiker, nämlich c = 63/50 ausgegangen ist, mittels e = 50 und c = 63 die Figur des Platon konstruierte und dann bemerkte, dass für diesen speziellen Fall die Bedingung a : b = 1 : 2 galt.

Für eine numerische Überprüfung hätte er jedenfalls bereits die drei nach Euklid benannten Proportionen $((x+b)^2 = e^2 + c^2 = 80{,}43)$

$$\frac{x}{e} = \frac{e}{z}, \quad \frac{b}{c} = \frac{c}{z}, \quad \frac{x}{h} = \frac{h}{b}$$

kennen müssen. Waren diese den Griechen zur Zeit des Hippokrates schon bekannt, wurden sie etwa im Rahmen dieser Problemstellung erkannt?

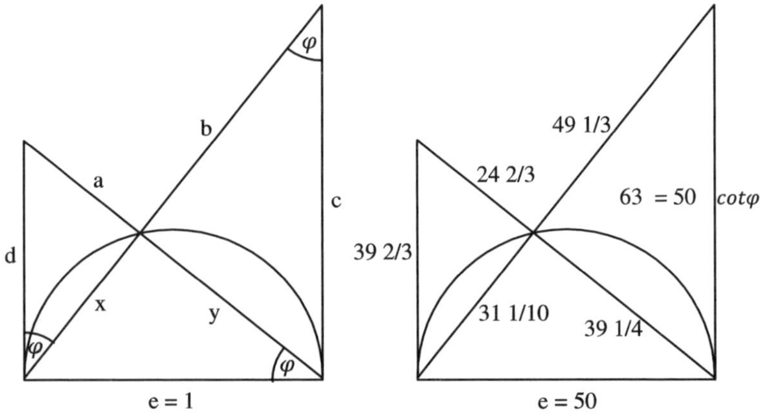

Abb. IV.5: Das dem Platon zugeschriebene Konstrukt

Ist eine andere Methode denkbar, mittels der Hippokrates die Bedingung b = 2a hätte entdecken und dann gegebenenfalls numerisch hätte überprüfen können? Die seltsame Bedingung des Hippokrates gibt jedenfalls zu Fragen Anlass, die für unser Verständnis der Entwicklung der griechischen Mathematik von gravierender Bedeutung sind.

IV.1.3.3 Die Methoden des Archytas, Menelaos und Eudoxos

Da die von Archytas und Menelaos angewendeten Methoden nicht von Interesse für die Messkunst und die Naturwissenschaften sind, soll hier nur auf die dazu vorhandene Literatur hingewiesen werden, das sind Cantor (1894) und Gericke (1984).

Angemerkt sei nur, dass Archytas (erstmalig?) Methoden der Stereometrie, also der Darstellenden Geometrie benutzt, die im Rahmen der sog. Analemma-Methoden eine wichtige Rolle sowohl für die Messkunst als auch für die Naturwissenschaften in der Antike gespielt haben.

Zu der Methode des Eudoxos liegen nur sehr spärliche Informationen vor, sodass ihre Rekonstruktion bisher noch nicht erfolgen konnte.

Jedenfalls beruhen alle späteren Lösungen auf der von Hippokrates angegebenen Proportion und der seltsamen Bedingungsgleichung b = 2a.

IV.1.4 Quadratrix des Hippias und Spirale des Archimedes

Pappos hat die sog. Quadratrix des Hippias folgendermaßen beschrieben (siehe Abb. IV.6):

In einem Quadrat ABCD wird um A als Mittelpunkt und mit der Quadratseite AB als Halbmesser ein Kreisquadrant BD beschrieben.

Die Gerade AB bewegt sich hierbei so, dass ihr einer Endpunkt A fest bleibt, während der andere Endpunkt B längs der Kreislinie fortschreitet.

Gleichzeitig soll andererseits die obere Quadratseite BC, immer zur Quadratseite AD parallel bleibend, mit dem Endpunkt B auf der Quadratseite BA fortrücken.

Die gleichmäßigen Bewegungen der beiden Seiten AB und BC sollen so erfolgen, dass sie zugleich beginnen und enden, dass also die Seite AB in ihrer Drehung und die Seite BC in ihrem Fortschreiten in dem selben Moment in der Endlage AD eintreffen.

Die beiden bewegten Geraden werden in jedem Augenblick einen Durchschnittspunkt gemein haben. Dieser selbst im Fortrücken begriffene Durchschnittspunkt erzeugt eine gegen den Kreisbogen BD hin gewölbte gekrümmte Linie [nämlich die Quadratrix].

Diese erscheint geeignet, ein der gegebenen Kreisfläche gleiches Quadrat auffinden zu lassen.

***Die beherrschende Eigenschaft dieser gewölbten Linie** besteht jedoch darin: Zieht man eine beliebige Gerade AZ′E bis zum Kreisquadranten, dann macht sie zueinander gleich*

- *das Verhältnis des Kreisquadranten BD zu dem Kreisbogen ED und*
- *das Verhältnis der Strecke BA zu der Strecke ZA*

[wobei Z auf AB und Z′ auf der Quadratrix liegt sowie ZZ′ parallel zu BC ist]. Mit anderen Worten, der Kreisquadrant BD wird rektifiziert durch die Strecke BA.

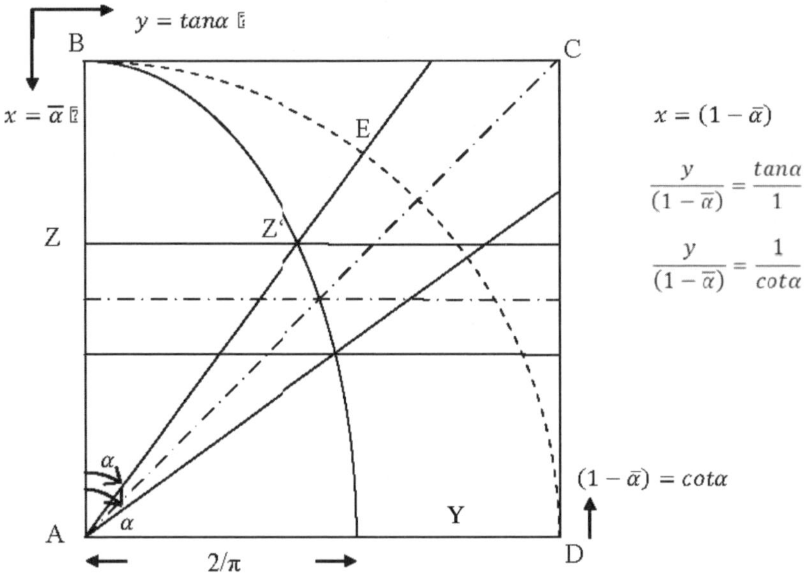

Abb. IV.6

Gemäß den Anweisungen des Pappos wurde in Abb. IV.6 die Quadratrix konstruiert. In der Abbildung sei r = 1 sowie dementsprechend $\overline{\alpha} = \alpha/p$, beispielsweise $\overline{\alpha} = \alpha/90$ (für α in Grad) bzw. $\overline{\alpha} = \alpha/(\pi/2)$ (für α in Radian). Derartige Faktoren p = 90° bzw. $p = \pi/2$ treten auf, weil die Bögen α des Viertelkreises auf korrespondierende Längen $\overline{\alpha}$ des Radius abgebildet werden.

Mittels der angegebenen, aus der Abbildung leicht abzuleitenden Proportionen ergeben sich für die Punkte der Quadratrix die kartesischen Koordinaten

$$x = (1 - \overline{\alpha}),\quad y = (1 - \overline{\alpha})\tan\alpha.$$

Die Quadratrix ist demnach die graphische Darstellung einer Tangens/Arcustangens-Tabelle, von größter Bedeutung für die Messkunst basierend auf einem Skiotherikos Gnomon (schattenfangendes Gnomon, siehe Kap. IV.1).

Die Quadratrix ist leicht zu konstruieren, wenn man zunächst den rechten Winkel in 3 Zodiak (α = 30°) teilt und diese dann stetig halbiert. Zur Dreiteilung eines beliebigen Winkels α teilt man zunächst das korrespondierende $\overline{\alpha}$ in drei Teile und sodann mit Hilfe der Quadratrix den Kreisbogen.

Pappos berichtet, dass Dinostratos, ein Bruder des Menaichmos, durch einen sog. apagogischen Beweis (Widerspruchsbeweis) nachgewiesen hat, dass der zweite Endpunkt Y der Quadratrix vom Punkt A des Vierecks eine Distanz von $y = BY = 2/\pi$ aufweist, wodurch eine Quadrierung der Kreisfläche $F = r^2\pi$ ermöglicht wurde.

Wir können das mittels moderner Methoden relativ leicht überprüfen. Ausgehend von

$$y = \frac{1 - \overline{\alpha}}{\cot(\alpha)} = \frac{f(\alpha)}{g(\alpha)} = \frac{0}{0} \qquad \text{für } \alpha = 90°$$

ergibt die moderne Regel von L'Hospital tatsächlich

$$\lim_{\alpha \to 90°} \frac{f(\alpha)}{g(\alpha)} = \lim_{\alpha \to 90°} \frac{f(\alpha)/d\alpha}{g(\alpha)/d\alpha} = \frac{-(2/\pi)}{-(1/(\sin^2(\alpha)))} = \frac{2}{\pi}$$

Proklos bringt die Quadratrix und die Spirale des Archimedes in folgenden Zusammenhang:

Nikomedes hat jeden geradlinigen Winkel gedrittelt mittels der konchoidischen Linien, deren eigentümliche Natur er entdeckt hat.

Andere haben dieselbe Aufgabe mittels der Quadraticen des Hippias und Nikomedes gelöst. Wieder andere teilten einen Winkel nach gegebenen Verhältnissen, indem sie von den archimedischen Spiralen ausgingen.

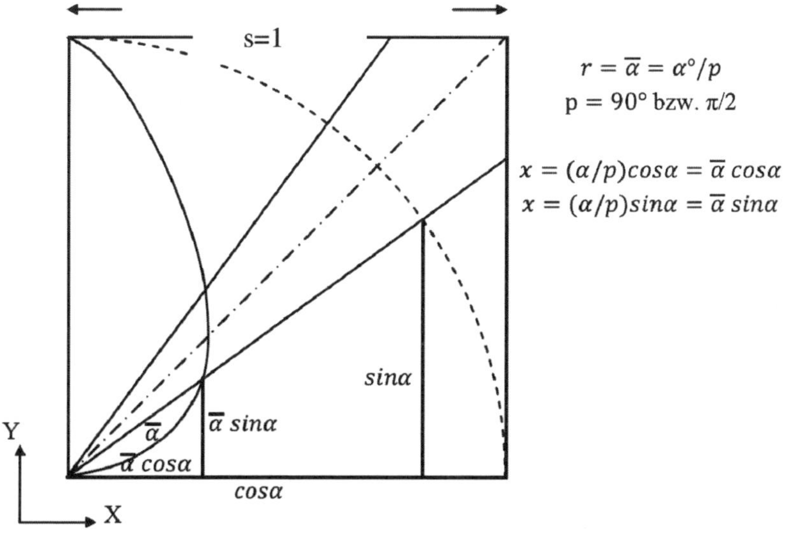

Abb. IV.7: Die Spirale des Archimedes (p = 90mm/90° = 1[mm/°])

Grundsätzlich kann man die Quadratrix des Hippias bzw. die Spirale des Archimedes zur

- Quadrierung des Kreises, d.h. zur Bestimmung von π,
- beliebigen Teilung eines beliebigen Winkels, z.B. Drittelung und
- graphischen Bestimmung von $arctan$ bzw. $arcsin$

benutzen.

Welche Ziele Hippias bzw. Archimedes bei der Konstruktion der Quadratrix bzw. der Spirale verfolgten, wissen wir nicht. Aber hinsichtlich der Messkunst war das dritte Ziel von überragender Bedeutung; es erlaubte die $arctan$-bzw. $arcsin$-Werte bei gegebenen tan- bzw. sin-Werten zu bestimmen und vice versa.

Mittels Analogverfahren (graphische Rechnungen) war es nunmehr simpel, Tabellen der trigonometrischen Funktionen zu erstellen. Stiegen jedoch die Genauigkeitsansprüche, dann mussten Digitalverfahren (numerische Rechnungen) zur Aufstellung einer derartigen Tabelle verwendet werden, wozu goniometrische Relationen benötigt wurden. Diese dazu notwendigen wurden bereits von Archimedes abgeleitet, sodass einer digitalen Aufstellung einer sin/cos-Tafel seit der Zeit des Archimedes nichts mehr im Wege stand.

IV.1.5 Zur Goniometrie des Archimedes: Thalesdreieck

IV.1.5.1 Zentrumswinkel und Peripheriewinkel

Die Genauigkeit einer graphischen Erstellung einer Sinus/Cosinus-Wertetabelle mittels der stetigen Halbierung von Winkeln war für die genauen astronomischen Messdaten zur Zeit des Archimedes nicht ausreichend. Die digitale Erstellung einer derartigen Tabelle erforderte allerdings, neben den in Abschnitt IV.1.1 angegebenen goniometrischen Fundamentalrelationen, die sich unmittelbar am Thalesdreieck ergeben, weitere goniometrische Relationen. Archimedes entwickelte mittels geometrischer Konstrukte, die sich auf das Thalesdreieck stützten, Beschreibungen der Relationen, die in moderner Zeit bezeichnet werden als:

- Goniometrische Funktionen des halben und doppelten Winkels,
- Goniometrische Funktionen der Summe/Differenz zweier Winkel.

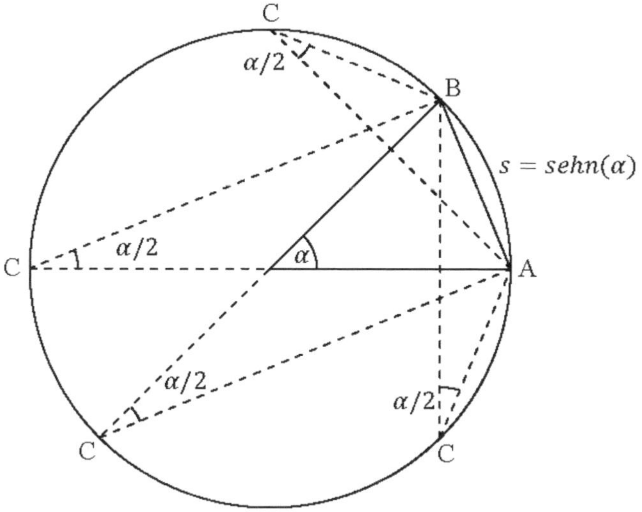

Abb. IV.8: Zentrumswinkel α und Peripheriewinkel α/2

Wiederholten Gebrauch macht Archimedes (wie später auch Ptolemaios) dabei von folgender Tatsache: Eine Sehne $AB = s = sehn(\alpha)$ wird von allen Punkten C auf dem Kreis unter demselben Peripheriewinkel $\beta = \alpha/2$ gesehen.

Alle Peripheriewinkel bezüglich einer Sehne/eines Bogens sind halb so groß wie der Zentrumswinkel. Das ist der fundamentale Satz der antiken Trigonometrie/Goniometrie.

IV.1.5.2 Funktionen des halben Winkels

Die Funktionen des doppelten/halben Winkels sind bekanntlich:

$sin2\alpha = 2sin\alpha cos\alpha$	$2\sin^2(\alpha/2) = 1 - cos\alpha$
$cos2\alpha = cos^2\alpha - sin^2\alpha$	$2\cos^2(\alpha/2) = 1 + cos\alpha$

Neugebauer (1975, S. 23) bemerkt über die Prozedur des Archimedes: *Wir kennen durch einen Abschnitt in der Übersetzung der Abhandlung des Archimedes über das Siebeneck die Prozedur des Archimedes.*

Für die Peripheriewinkel gilt $\beta_1 = \beta_2 = \alpha/2$; deshalb muss auch gelten $BC = CD$.

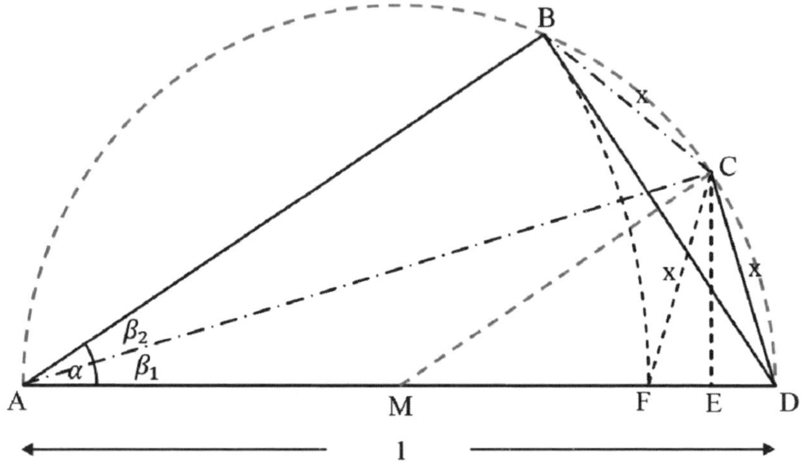

Abb. IV.9: Thalesdreieck und die Prozedur des Archimedes

Den Punkt F definierte Archimedes durch $AF = AB = cos\alpha$; damit ergibt sich $x = CF = CB = CD = sin\beta_1 = \sin(\alpha/2)$. Das Dreieck FDC ist also ein gleichschenkliges Dreieck.

Archimedes definierte ferner einen Punkt E durch die Höhe CE in dem gleichschenkligen Dreieck ACD, die die Grundseite halbiert: FE = ED.

In dem rechtwinkligen Dreieck ACD ergibt der Kathetensatz des Euklid

$$ED \cdot 1 = ED = x^2 = sin^2\beta_1 = sin^2(\alpha/2)$$

und damit die Relation AF + FD = 1 bzw. $cos\alpha + 2sin^2(\alpha/2) = 1$ sowie als Ergebnis

$$2sin^2(\alpha/2) = 1 - cos\alpha.$$

Als sog. **Sinusversus** wird in der „Indischen Sinustabelle" die Größe $(1 - cos\alpha)$ mit aufgeführt. Ebenfalls erhält man dann unmittelbar

$$(2 - 2cos^2(\alpha/2)) = (1 - cos\alpha)$$

oder

$$2cos^2(\alpha/2) = (1 + cos\alpha).$$

Da Archimedes von dem Thalesdreieck ausging, kann wenig Zweifel daran bestehen, dass ihm auch die in Abschnitt IV.1.1 aufgeführten goniometrischen Grundbeziehungen bekannt waren.

IV.1.5.3 Funktion der Summe zweier Winkel

Die folgende Darstellung folgt der von Neugebauer (1975, S. 776) mit einer Abweichung: Des besseren Verständnisses halber wird als eine der Sehnen der Kreisdurchmesser AD des Sehnenvierecks ABCD gewählt.

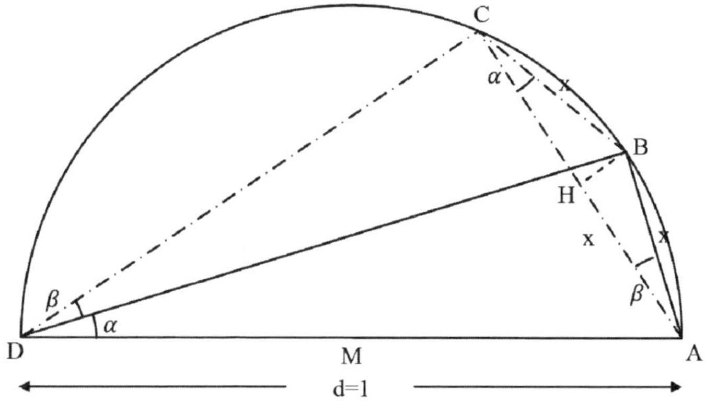

Abb. IV.10: Thalesdreieck: Konstruktion zur Summe zweier Winkel

Die Sehne AB hat den Zentrumswinkel 2α und in den **beiden** Peripheriepunkten C **und** D den Peripheriewinkel α.

Die Sehne BC hat den Zentrumswinkel 2β und in den **beiden** Peripheriepunkten A **und** D den Peripheriewinkel β.

Unmittelbar erhält man im Thaleskreis

$$AB = sin\alpha \quad \text{sowie} \quad AC = \sin(\alpha + \beta).$$

Fällt man in dem Dreieck ABC die Höhe auf die Seite AC, dann erhält man den Punkt H. In dem rechtwinkligen Dreieck ABH erhält man

$$sin\beta = HB/AB \quad \text{sowie} \quad HB = sin\alpha\sin\beta\ ,$$

$$cos\beta = AH/AB \quad \text{sowie} \quad \boldsymbol{AH = sin\alpha cos\beta}\ .$$

In dem rechtwinkligen Dreieck BCH erhält man

$$sin\alpha = HB/CB \quad \text{sowie} \quad CB = \sin\beta,$$

$$cos\alpha = CH/CB \quad \text{sowie} \quad \boldsymbol{CH = \sin\beta\ cos\alpha}.$$

Damit ergibt sich $\sin(\alpha + \beta) = AC = AH + CH$

$$\boldsymbol{\sin(\alpha + \beta) = sin\alpha\ cos\beta + cos\alpha\ \sin\beta}$$

sowie unmittelbar für $\alpha = \beta$

$$\boldsymbol{\sin 2\alpha = 2 sin\alpha\ cos\alpha.}$$

IV.1.5.4 Funktion der Differenz zweier Winkel

Neugebauer (1975, S. 775) merkt hierzu an:

Wie wir gesehen haben, erlaubt das „Theorem des Ptolemaios" für die Seiten und Diagonalen eines Vierecks eingeschrieben in einem Kreis, $\sin(\alpha \pm \beta)$ *aus den Werten für* $\sin\alpha$ *und* $\sin\beta$ *zu berechnen.*

Biruni jedoch berichtet von einem ***„Lemma des Archimedes"****, welches benutzt werden kann, dasselbe Problem in einer sehr eleganten und einfachen Weise zu lösen.*

Für unsere vorliegenden Zwecke genügt es, die mathematischen Schritte darzustellen, auf denen das archimedische Lemma beruht, ohne die tatsächlichen historischen Versionen und alternativen Beweise zu beschreiben.

Tatsächlich ist der Schlüssel zur geometrischen Ableitung der Funktion der Differenz zweier Winkel das sog. „Lemma des Archimedes".

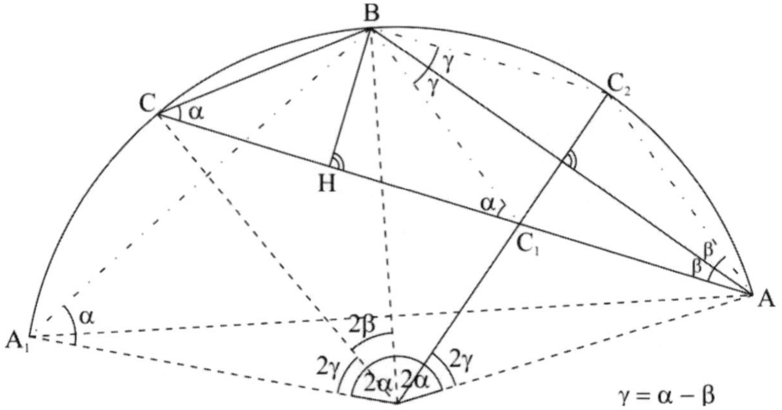

Abb. IV.11: Konstruktion zum Lemma des Archimedes

Gegeben seien zunächst die beiden Seiten AB und BC mit den Zentriwinkeln 2α und 2β. Mittels Bogenschlag um B konstruiert man zunächst den Hilfspunkt A_1, sodass Sehne BA_1 = Sehne BA ist; der Zentriwinkel der Sehne A_1C ist dann $2(\alpha - \beta) = 2\gamma$.

Mittels Bogenschlag um B konstruiert man ferner die Hilfspunkte C_1 und C_2, sodass $BC = BC_1 = BC_2$. In dem gleichschenkligen Dreieck BCC_1 ergibt sich der Punkt H als Fußpunkt der Höhe durch Halbierung der Strecke CC_1.

Zunächst ist zu zeigen, dass das Viereck AC_1BC_2 mit den Seiten $BC_1 = BC_2$ und $AC_1 = AC_2$ ein sog. Drachenviereck bildet; das geschieht mittels der Winkel β und γ.

In dem Dreieck ABC müssen sein:

- der Winkel am Punkt C als Peripheriewinkel der Sehne BA gleich α,
- der Winkel am Punkt A als Peripheriewinkel der Seite BC gleich β.

In dem gleichschenkligen Dreieck CC_1B muss ferner sein

- der Winkel am Punkt A gleich dem Winkel am Punkt C, also gleich α.

In dem Dreieck ABC_2 muss sein

- der Winkel am Punkt C_1 als Peripheriewinkel der Sehne BC_2 (= BC) gleich β,
- der Winkel am Punkt B als Peripheriewinkel der Sehne C_2A (= CA_1) gleich $\alpha - \beta = \gamma$.

Ferner ist die Winkelsumme in dem Dreieck ABC_1 gleich $180° = (180° - \alpha) + \beta + \gamma$ und damit der Winkel am Punkt B ebenfalls $\alpha - \beta = \gamma$.

Da in dem gleichschenkligen Dreieck BC_1C_2 die Sehne AB die Seite C_1C_2 teilt, muss die Sehne AB senkrecht auf der Seite C_1C_2 stehen, das heißt, das Viereck AC_1BC_2 bildet ein Drachenviereck und es muss $AC_1 = AC_2 = A_1C$ sein.

Abschließend ergibt sich damit die Relation

$$AH = AC_1 + C_1H = A_1C + CH,$$

oder formuliert als das „Lemma des Archimedes”:

„Wenn Bogen AC_2 = Bogen BC und wenn $BH \perp AC$,
dann ist $AH = A_1C + CH$.“

Unmittelbar erhält man mit Hilfe dieses Lemmas, wenn d = 1, $AH = AB\cos\beta = \cos\beta \sin\alpha$, $AC_1 = \sin(\alpha\text{-}\beta)$, $CH = C_1H = CB\cos\alpha = \sin\beta\cos\alpha$ die goniometrische Formel

$$\boldsymbol{\sin(\alpha - \beta) = \sin\alpha \cos\beta - \cos\alpha \sin\beta}.$$

Die goniometrischen Formeln des Archimedes sind völlig ausreichend, um eine Sinustabelle ähnlich der das Ptolemaios im Almagest zu erstellen. Spätestens seit Archimedes müssen die Griechen also prinzipiell in der Lage gewesen sein, mittels digital-numerischer Methoden eine Sinustabelle zu erstellen.

IV.1.5.5 Trigonometrie in der griechischen Wissenschaft

Dazu bemerkt Neugebauer (1975, S. 772):

Wir wissen sehr wenig über die Geschichte der Trigonometrie in der griechischen Wissenschaft.

Am Ende des 3. Jh. BC machten Aristarchos und Archimedes Gebrauch von einer wichtigen Ungleichung, offensichtlich als wohlbekannt angesehen, die gleichbedeutend ist mit

$$sin\alpha/sin\alpha' < \alpha/\alpha' < tan\alpha/tan\alpha', \ \alpha > \alpha' \text{ (}\alpha\text{ in Radian).}$$

Tatsächlich handelt es sich um zwei Ungleichungen. Die erste Ungleichung, nämlich $sin\alpha/sin\alpha' < \alpha/\alpha'$, beweist Ptolemaios im Almagest I.10; er benötigt sie zur Aufstellung seiner Sinustabelle. Dazu merkt Neugebauer (1975, S. 775) an: *Da es wahrscheinlich ist, dass dieser Beweis von älteren Quellen übernommen wurde, wollen wir seine wesentlichen Schritte wiedergeben.* Das soll im Folgenden geschehen.

IV.1.5.5.1 Beweis der Ungleichung des Archimedes

Der folgende Beweis der ersten Ungleichung folgt den Ausführungen im Almagest I.10.

Gegeben seien die Sehnen AB mit dem Peripheriewinkel α' und BC mit dem Peripheriewinkel α. Entsprechend der beiden Thalesdreiecke ABD_1 und BCD_1 erhält man unmittelbar $AB = sin\alpha'$ und $BC = sin\alpha$ dann, wenn der Durchmesser d = 1 ist.

1. Die Punkte D und F seien so definiert, dass die Sehne AC durch den Durchmesser DF′ halbiert wird. ACD ist also ein gleichschenkliges Dreieck und die Seite FD steht senkrecht auf AC. Der Schnittpunkt E ergibt sich als Schnitt der Sehnen DB und AC.
2. Ein Kreis um D mit dem Radius DE schneidet die Seite DF′ im Punkt G und die Seite AD im Punkt H. Man erhält die Proportionen
$$\frac{\text{Dreiecks-Fläche DFE}}{\text{Dreiecks-Fläche DEA}} = \frac{\text{FE}}{\text{EA}}$$
sowie
$$\frac{\text{Segment-Fläche DGE}}{\text{Segment-Fläche DEH}} = \frac{\gamma}{\alpha'} = \frac{1}{2} = \left(\frac{\alpha}{\alpha'} - 1\right)$$
3. Zwischen den Flächen der beiden Dreiecke bzw. Kreissegmente gelten offensichtlich die zwei Ungleichungen
$$\text{Dreiecksfläche DFE} < \text{Segmentfläche DGE}$$

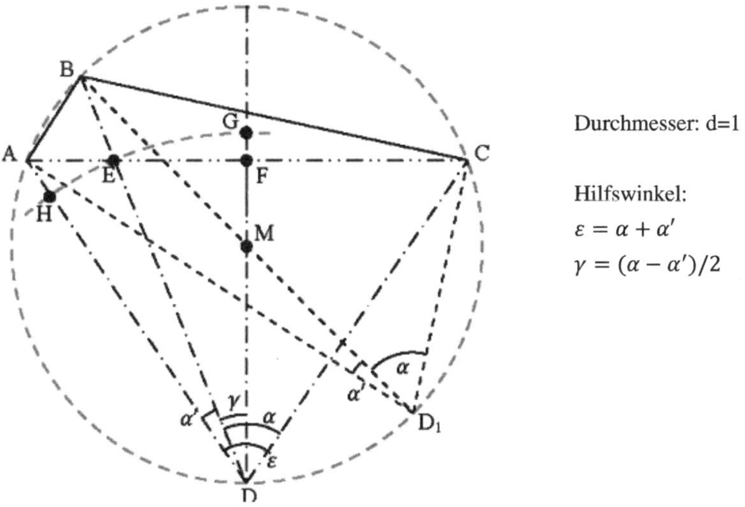

Abb. IV.12: Konstruktion zur Ungleichung des Aristarchos/Archimedes

Dreiecksfläche DEH< Segmentfläche DEA

und damit die Ungleichung

$$FE/EA < (\alpha/\alpha' - 1)/2.$$

Man hat ferner

A) $AC/AE = 2\left(\frac{FE}{AE} + \frac{AE}{AE}\right) = 2(FE/AE + 1) < \alpha/\alpha' + 1.$

4. Abschließend benutzt Ptolemaios die Proportion (nach Euklid)

$$CE/EA = CB/AB < sin\alpha/sin\alpha'$$

und erhält damit

B) $AC/AE = (CE + AE)/AE = sin\alpha/sin\alpha' + 1$

Vergleich von A und B ergibt direkt die gesuchte Ungleichung

$$sin\alpha/sin\alpha' < \alpha/\alpha'.$$

IV.1.5.5.2 Eine Sinustafel der griechischen Geographen

In der Geographie I.20 des Ptolemaios findet sich folgende kurze Anmerkung über geographische Angaben früherer Geographen ohne weitere Erläuterungen.

In solchen Einheiten wie der Äquator oder der Meridian 115 hat,
[360°/115 = 3,13… ~ π]

- *ist der Parallelkreis* (Φ =) *36° vom Äquator durch Rhodos 93*
- *und der Parallelkreis* (Φ =) *63°durch Thule 52.*

Tatsächlich erhält man 115 · cos36°02′ = 93,0 und 115 · cos63°07′ = 52,0.

Die trigonometrischen Funktionen sind hier mit der Geographie verknüpft. Diese benötigte zur Berechnung der Länge von Parallelkreisen mittels $cos\Phi = sin(90° - \Phi)$ eine Sinus-/Cosinustabelle. Entsprechend der Angaben des Ptolemaios basierte diese „geographische Tabelle“ auf einem Parameter p = 115.

In der Geographie I.24 beschreibt Ptolemaios etwas später eine *„Methode zur Erstellung einer ebenen Karte der Oikumene in genauer Proportion mit ihrer Konfiguration auf einem Globus.“* Bei dem Design dieser (nahezu) längentreuen Karte wurde ein Parameter p =115 so gewählt, dass sich neben dem Äquator auch der Breitenkreis von Thule, also der nördlichen Grenze der Oikumene, längentreu abbildete.

Zum anderen hat man jedoch auch

$$p = 360°/\pi = 114{,}6\ldots \sim 115°,$$

was für graphisch-geographische Zwecke eine ausreichend genaue Verbindung zwischen dem Gradmaß und dem Bogenmaß gewährleistete. Ob p~115° oder der Entwurf einer längentreuen Karte der Oikumene der Grund für die Wahl des Maßstabsfaktors 115 war, bleibt unbekannt.

IV.1.5.5.3 „Indische“ Sinustafel und Sinustafel des Hipparchs

Im Almagest IV.11 bemerkt Ptolemaios, dass Hipparch zur Festlegung der einfachen Anomalie des Mondes das Verhältnis des Halbmessers R des Exzenters/Epizykels zu der Verbindungslinie r der Mittelpunkte des Exzenters/Epizykels und der Ekliptik mittels

- der exzentrischen Methode zu R/r = $3144^P/327^P$(= $60^P/6^P$; 15) und
- der epizyklischen Methode zu R/r = $3122\ ½^P/247\ ½^P$ (= $60^P/4^P$;46)

nachgewiesen habe.

Toomer (1973) entdeckte, dass diese speziellen numerischen Angaben dann erklärbar werden, wenn Hipparch in allen trigonometrischen Rechnungen „Sehnentabellen“ basierend auf einem Parameter $\varrho' = 180 \cdot 60/\pi = 3438'$ verwendet hat, was eine überaus wichtige, auf numerischen Angaben basierende Entdeckung für unser Verständnis der Entwicklung der Trigonometrie im Altertum darstellt. Toomer wies ferner darauf hin, dass zur Aufstellung der Tabelle des Hipparchs nur

$$cos\alpha = \sin(90° - \alpha), \qquad sin^2\alpha + sin^2\alpha = 1,$$
$$2sin^2(\alpha/2) = 1 - cos\alpha$$

benötigt wurden.

Neugebauer (1975, S. 300) bemerkt zur Erstellung einer derartigen Sinustabelle:

Was nicht benötigt wird, sind Formeln für $\sin(\alpha + \beta)$, *notwendig für Ptolemaios um* $\sin 1°$ *zu erhalten. Als bedeutsam erscheint, dass Ptolemaios zwar für* $\sin(\alpha + \beta)$ *ein Theorem benutzte basierend auf einem Sehnenviereck, aber die archimedische Prozedur für* $\sin(\alpha/2)$ *beibehält.*

Es ist anzunehmen, dass die auf dem Wert $2\varrho° = 360/\pi \sim 115$ basierende Sinustafel vor der auf dem genaueren Wert $\varrho' = 180 \cdot 60/\pi = 3438'$ beruhende Tafel entwickelt wurde; die Entwicklung beider Tabellen muss jedenfalls zwischen der Zeit des Archimedes und des Hipparchs stattgefunden haben. Die enge Verknüpfung mit der Geographie lässt für die erste Tabelle, basierend auf dem Parameter p = 115, auf Eratosthenes, der genauere Wert p = 3438 der zweiten Tabelle auf Apollonios schließen.

IV.1.5.5.4 Schlussbemerkung

1. Es kann kein Zweifel daran bestehen, dass den griechischen Wissenschaftlern zur Zeit des Aristarchos/Archimedes alle notwendigen Hilfsmittel zur Aufstellung einer Sinus-/Cosinustafel mittels einer digital-numerischen Methode zur Verfügung standen.
2. Es ist nicht verwunderlich, dass die Griechen der Geometrie eine wesentlich größere Bedeutung zumaßen als der Arithmetik; denn die **Beweise für alle praktisch nützlichen Relationen** (Formeln) wurden mit Hilfe der Geometrie und nicht der Arithmetik geführt.
3. Viele der bereits von den Griechen entdeckten geometrischen Relationen zwischen Sehnen, Tangenten und damit Sekanten an einem Kreis (mit dem Durchmesser d = 1 oder $d = 120^{p}$) wie der Sehnensatz, Sekantensatz, Tangentensekantensatz, Satz des Apollonios, Kathetensatz und Höhensatz des Euklid sind eng verbunden mit den im Rahmen ihrer Behandlung mittels Trigonometrie/Goniometrie auftretenden Problemen.
4. Man kann durchaus zu der Auffassung gelangen, dass die Ursache zur Formulierung dieser geometrischen Probleme die Beschäftigung mit der Trigonometrie/Goniometrie gewesen ist, die für die Verknüpfung von Entfernungs- und Winkelmessungen und damit für die Messkunst von fundamentaler Bedeutung waren.

5. Eindeutig wird jedenfalls, dass die Vorgehensweise der griechischen „Mathematikoi“ wie diejenige moderner Ingenieure eine konkret/konstruktive war, im Gegensatz zu den Mathematikern des 20. Jh. AD, die eine abstrakt-begriffliche Vorgehensweise bevorzugen. Ein moderner Mathematiker muss sich zunächst in diese konkret/konstruktive Vorgehensweise hineinversetzen, um die Entwicklungen der Mathematik im Altertum zu verstehen.

IV.1.6 Zur Goniometrie des Ptolemaios

Die zur Aufstellung einer Sinustafel notwendigen Relationen behandelt Ptolemaios im Almagest I.10: *„Größenverhältnis zwischen Sehnen und Kreisbögen“*. Dieses Kapitel leitet er ein mit der Bemerkung: *Wir gedenken hierbei unsere Absicht durchzuführen, ein für allemal alle Lehrsätze aufgrund von* ***geometrischen Konstrukten zu beweisen***.

Zuerst teilt er den Kreisumfang in 360°. Dann bemerkt er: *Wir wollen feststellen, wie viele Teile (tmemata) des Durchmessers auf diese Sehnen entfallen, wenn derselbe in 120 Teile [120^p] geteilt ist; denn diese [sehr alte] Teilung wird sich in den Zahlen bei der Ausführung der Rechnungen selbst als praktisch erweisen.*

Im Folgendem wird der Durchmesser nicht zu d = 120^p, sondern zu d = 1 gesetzt; der Grund ist: ein Vergleich mit modernen Lehrsätzen/Formeln wird dadurch stark vereinfacht.

IV.1.6.1 Regelmäßiges Zehneck und Fünfeck im Kreis

In Ergänzung zur älteren Vorgehensweise, die sich auf den Referenzwert $sin\varphi/2 = sin30° = 1/2$ stützt, verwendet Ptolemaios als Referenzwerte zur Aufstellung seiner Sinustabelle auch $\varphi_1 = 360°/5 = 72°$ (bzw. $\varphi_2 = 360°/10 = 36°$). Man erhält sin 6° = sin $(\varphi_1 - \varphi)$, ferner durch Halbieren $sin3°$ bzw. $sin1½°$ sowie durch Drittelung $sin½°$, also die Schrittweite der Sinustabelle des Ptolemaios. Diese Referenzwerte ergeben sich durch Sehnen, gebildet von einem regelmäßigen Fünfeck bzw. Zehneck.

Bemerkenswert ist seine Ableitung der Formeln für die entsprechenden Sehnen. In einem Halbkreis mit dem Durchmesser AC und dem Mittelpunkt M ziehe man zur Konstruktion des Punktes B die Senkrechte in M. Zur Konstruktion des Punktes E halbiere man MC. Der Punkt Z wird festgelegt durch die Bedingung EB = EZ.

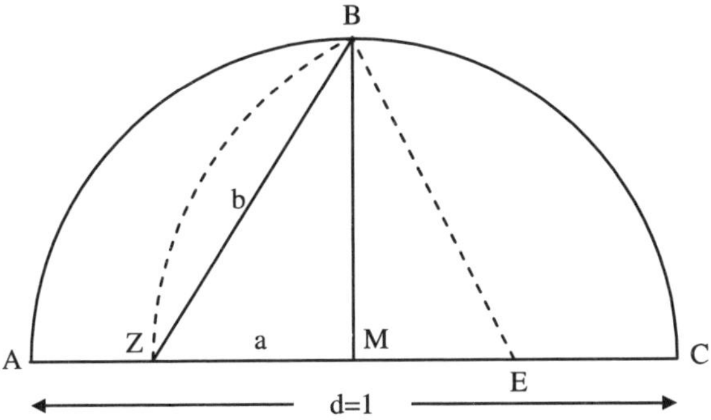

Abb. IV.13: Konstruktion der Seiten a bzw. b eines regelmäßigen Zehnecks bzw. Fünfecks

Behauptung:

- Die Seite ZM ist die Sehne eines regelmäßigen Zehnecks (ZM $= sin 18°$).
- Die Seite BZ ist die Sehne eines regelmäßigen Fünfecks (BZ $= sin 36°$).

Der von Ptolemaios angegebene Beweis sei hier übergangen, da er von geringem Interesse für die Messkunst ist. Als numerische Daten ergeben sich:

$$a = ZM = EB - EM = \sqrt{(1/2)^2 + (1/4)^2} - 1/4 = (\sqrt{5} - 1)/4$$
$$= sin 18°,$$

$$b = ZB = \sqrt{ZM^2 - BM^2} = \sqrt{a^2 + (1/2)^2} = \sqrt{(5 - \sqrt{5})/8} = sin 36°.$$

Ptolemaios errechnet $120^p sin 18° = 37^p 04'55''$ und $120^p sin 36° = 70^p 32'03''$.

IV.1.6.2 Das Sehnenviereck-Theorem

In Hinblick darauf, dass alle Peripheriewinkel einer Sehne gleich sein müssen, ergeben sich zunächst in dem aus den vier Sehnen und den beiden Diagonalsehnen bestehenden Konstrukt die stets paarweise auftretenden Winkel $\alpha, \beta, \gamma, \delta$ und ξ, η (Abb. IV.14).

Der Leser beachte die paarweise Ähnlichkeit der vier auftretenden Dreiecke. Das Sehnenvierecktheorem, zu dem Ptolemaios im Almagest den nachstehenden Beweis führt, lautet

$$ac + bd = ef.$$

Der Schlüssel zur Ableitung des Theorems bildet die Konstruktion eines Punktes E auf der Diagonalen AC so, dass der Winkel ABE gleich dem Winkel β und der Winkel CBE gleich dem Winkel γ ist.

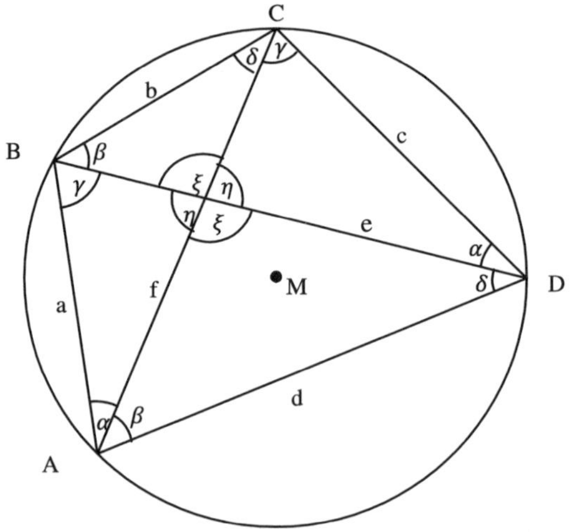

Abb. IV.14: Sehnenviereck und einander korrespondierende Winkel

Hierdurch entstehen zwei weitere Dreiecke ABE bzw. BEF, die wiederum den beiden Dreiecken BCD bzw. ABD ähnlich sind (Abb. IV.15).

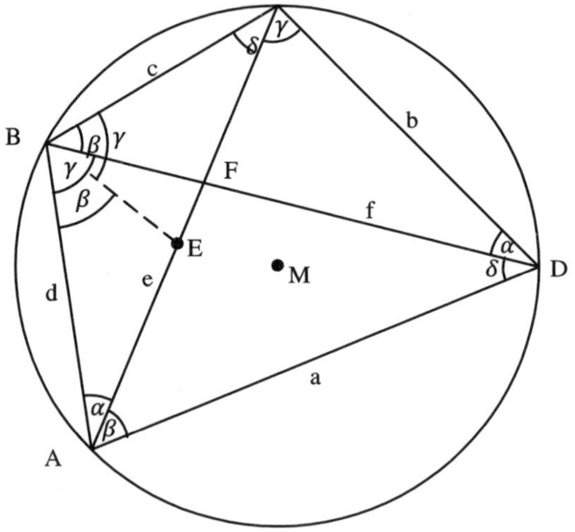

Abb. IV.15: Sehnenviereck in einem Kreis

Infolge der Ähnlichkeit dieser Dreiecke erhält man die beiden Proportionen

$$\frac{BC}{CE} = \frac{BD}{AD} \quad bzw. \quad \frac{AB}{AE} = \frac{BD}{DC},$$

also

$$AB \cdot BC = CE \cdot BD \quad \text{bzw.} \quad DC \cdot AB = AE \cdot BD.$$

Die Addition der beiden Gleichungen ergibt

$$AD \cdot BC + DC \cdot AB = (CE + AE) \cdot BD = AC \cdot BD,$$

also das Sehnenviereckstheorem.

Unter Verwendung dieses Theorems leitet Ptolemaios anschließend vier Lehrsätze ab, wobei er den Spezialfall des Thaleskreises betrachtet, bei dem eine der Diagonalen der Durchmesser des Kreises ist. Die Ableitung des zweiten Lehrsatzes stimmt mit der des Archimedes (Abschnitt IV.1.5.1) völlig überein, die des vierten Lehrsatzes ist in Abschnitt IV.1.5.4.1 wiedergegeben.

IV.1.6.3 Lehrsatz I: Differenz zweier Winkel

Lehrsatz I: *Wenn zwei Bögen und die sie unterspannenden Sehnen gegeben sind, so wird auch die Sehne gegeben sein, welche die Differenz der beiden Bögen unterspannt.*

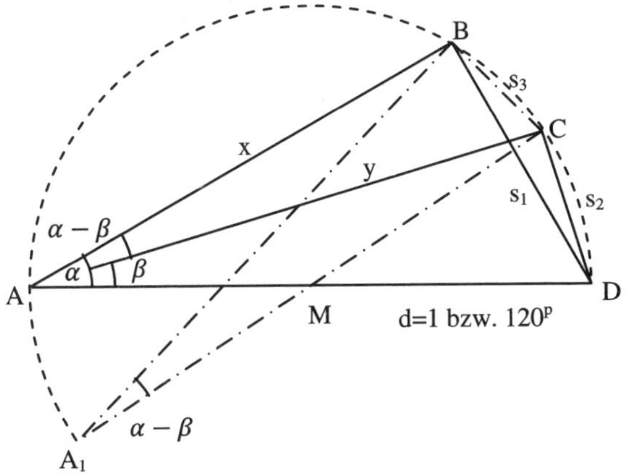

Abb. IV.16: Graphische Darstellung der goniometrischen Subtraktionsformel

Man erhält mittels des Sehnenvierecktheorems unmittelbar

$$s_3 d + s_2 x = s_1 y \quad \text{bzw.} \quad s_3 = s_1 y - s_2 x.$$

Wegen des Thalesdreiecks A_1BC ist $s_3 = \sin(\alpha - \beta)$, sodass sich ergibt

$$\sin(\alpha - \beta) = sin\alpha\ cos\beta - cos\alpha\ sin\beta.$$

Diese Ableitung der Formel ist sicherlich eleganter als die mittels des „Lemma des Archimedes"; sie dürfte also später entstanden sein.

IV.1.6.4 Lehrsatz III: Summe zweier Winkel

Lehrsatz III: *Wenn zwei Bögen und die sie unterspannenden Sehnen gegeben sind, so wird auch die Sehne gegeben sein, welche die Summe der beiden Bögen umfasst.*

Die Behandlung dieses Lehrsatzes bei Ptolemaios wirft gravierende Probleme auf. Bei der Ableitung dieser zur Aufstellung einer Sinus/Sehnentafel unbedingt notwendigen Relation geht Ptolemaios von dem in Abb. IV.17 dargestellten Konstrukt aus; siehe Manitius (1963, S. 31).

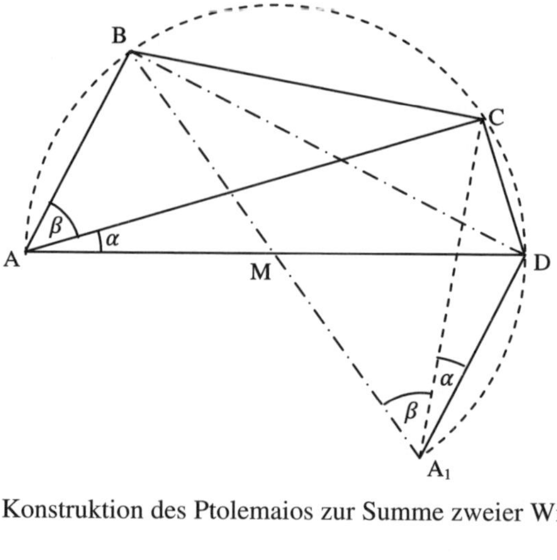

Abb. IV.17: Konstruktion des Ptolemaios zur Summe zweier Winkel

Ausgehend von dem Viereck ABCD definiert Ptolemaios einen Hilfspunkt A_1 so, dass die Sehne BMA_1 ein Durchmesser des Kreises ist. Als Peripheriewinkel über dieselben Sehnen treten dann α und β sowohl an dem Punkt A als auch an dem Punkt A_1 auf.

Ptolemaios benutzt nunmehr das Sehnenviereck BCDA$_1$, um eine Gleichung zur Bestimmung der von ihm gesuchten Größe BD = $\sin(\alpha + \beta)$ aufzustellen:

$$BA_1 \cdot CD + BC \cdot DA_1 = BD \cdot CA_1.$$

In dieser Gleichung tritt allerdings die ebenfalls unbekannte Größe $CA_1 = \sin(90^\circ - (\alpha + \beta)) = cos(\alpha + \beta)$ auf, sodass eine extrem komplizierte Gleichung zu lösen wäre, was dem Ptolemaios offensichtlich entgangen ist. Zumindest erwähnt er es nicht.

Nicht entgangen ist dieses Problem Otto Neugebauer. In Neugebauer (1975, S. 23 und 1212) modifiziert er die Lösung mittels eines Konstrukts, wie in Abb. IV.18 angegeben, ohne allerdings darauf zu verweisen, dass dieses nicht mit dem im Almagest I.10 Beschriebenen übereinstimmt.

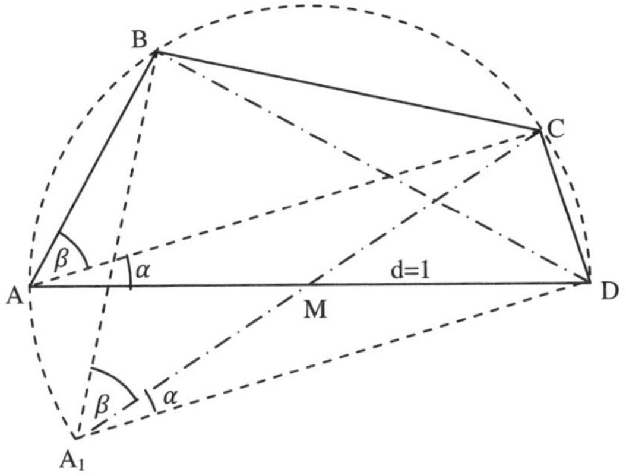

Abb. IV.18: Konstruktion nach Neugebauer

Mittels des Sehnenvierecks BCDA erhält man nunmehr die gewünschte Größe BD:

$$BD \cdot d = CD \cdot A_1B + BC \cdot A_1D.$$

Setzt man den Durchmesser zu d = 1, erhält man

- in dem Thalesdreieck ABD die Sehne BD = $\sin(\alpha + \beta)$,
- in dem Thalesdreieck A$_1$BC die beiden Sehnen A_1B = cosβ und BD = $\sin\beta$,
- in dem Thalesdreieck A$_1$CD die Sehne CD = sinα und
- in dem Thalesdreieck A$_1$AD die Sehne A_1D = cosα.

Damit transformiert sich obige Formel in die moderne Form

$$\sin(\alpha + \beta) = sin\alpha\ cos\beta + sin\beta\ cos\alpha.$$

Offen bleibt die Frage, welche Relation Ptolemaios bei der Aufstellung seiner Sinus/Sehnentafel verwendet hat. Hat er dabei stillschweigend, wie bei dem Problem des halben Winkels, die Relation des Archimedes (IV.1.5.2) verwendet? Wir wissen es nicht.

IV.1.6.5 Zur Verwendung der Sinustafel durch Ptolemaios

Bereits der arabische Astronom Geber ben Afflah aus Sevilla (~1100 AD) warf Ptolemaios vor, dass er *unklar, schwer verständlich und ohne Not weitläufig sei, dass er andererseits manches Wichtige gar nicht oder zu kurz behandle, überdies mehrere Unrichtigkeiten enthalte.*

Dazu gehört ganz sicherlich seine umständliche Verwendung der Sinus/Sehnentafel, wie am folgenden Beispiel illustriert werden soll (Almagest X.2).

Der Winkel AEZ [= α] *unterspannt als Zentriwinkel der Ekliptik die im Apogäum eintretende größte Elongation des Planeten, welche mit* [α =] *44°48′ gegeben ist. Daher ist* [in einem rechtwinkligen Dreieck EAZ, Winkel (AZE) = 90°]

α = *Winkel (AEZ)*	= *44°48′ wie 4R = 360°,*
	= *89°36′ wie 2R = 360°,*
mithin Bogen (AZ)	= *89°36′ wie ΔAZE = 360°*
also Sehne AZ	= *$84^p33'$ wie Halbm. AE = 120^p.*

Die Einführung des Wertes 89°36′, wie von Ptolemaios immer und immer wieder durchgeführt, ist völlig ohne Belang, er wird anschließend nicht von ihm benötigt. Aufgrund seiner Tafel hätte Ptolemaios natürlich $120 sin\alpha = 120 \cdot 0{,}7046 \ldots 2 \cdot 42^p16', 7 \sim 84^p33'$ direkt entnehmen können.

Warum Ptolemaios nicht erkannt hat, wie umständlich seine trigonometrische **Berechnung** rechtwinkliger Dreiecke ist, wissen wir nicht. Hat diese Form der Berechnung zu dem modernen Mythos geführt, den Griechen wäre der Begriff des Sinus unbekannt geblieben? Oder wird zu dieser Behauptung eine andere Begründung angeführt?

IV.1.7 Sinustabellen im Altertum

IV.1.7.1 Die geographische Sinustabelle

Ausgehend von $x = 115 \cdot sin30° = 57{,}5^p \sim \rho°$ ließ sich eine derartige Tabelle digital-numerisch aufstellen, sobald die drei Relationen

$$cos\alpha = \sin{(90° - \alpha)},\ sin^2\alpha + \ cos^2\alpha = 1,$$
$$2sin^2(\alpha/2) = (1 - cos\alpha)$$

bekannt waren. Tabelle IV.1 gibt eine derartige Tabelle wieder, wobei als Hilfe für den Leser unter der Spalte „Nr." die sukzessiven zehn Schritte zu ihrer Erstellung aufgelistet sind.

Nr.	Cowinkel	Winkel	115sin/cos	Nr.	Cowinkel	Winkel	115sin/cos	Nr.	Cowinkel	Winkel	115sin/cos
1	30	0	0	1	90°	30	57 ½	1	60	60	99 ½
2	26 ¼	3 ¾	7 ½	8	86 ¼	33 ¾	64	10	56 ¼	63 ¾	103 ¼
2	22 ½	7 ½	15	4	82 ½	37 ½	70	7	52 ½	67 ½	106 ¼
6	18 ¾	11 ¼	22 ½	4	78 ¾	41 ¼	75 ¾	7	48 ¾	71 ¼	109
2	15	15	29 ¾	4	75	45	81 1/3	3	45	75	111
5	11 ¼	18 ¾	36	9	71 ¼	48 ¾	86 ½	7	41 ¼	78 ¾	112 ¾
5	7 ½	22 ½	44	9	67 ½	52 ½	91 ¼	3	37 ½	82 ½	114
10	3 ¾	26 ¼	50 ¾	9	63 ¾	56 ¼	95 ½	3	33 ¾	86 ¼	114 ¾
1	0°	30	57 ½	1	60°	60	99 ½	1	30	90	115

Tab. IV.1: Geographische Sinustabelle

IV.1.7.2 Die Sinustafel überliefert in Indien

Eine Beschreibung der Sinustafel aus Indien (Tab. IV.2) findet man in v. Braunmühl (1900, Kap. 3). Sie entstammt dem Âryabhâtam bzw. gleichlautend dem Sûrya-Siddhânta ($Sinversus = (1 - cos\alpha)$).

Nr.	Winkel α		3438 $sin\alpha$ in Min.	Sinus Versus	3438 $sin\alpha$
	°	′			
1	3°45′	225′	225	7	224,86
2	7°30′	450′	449	29	448,75
3	11°15′	675′	671	66	670,72
4	15°	900′	890	117	889,82
5	18°45′	1125′	1105	182	1105,11
6	22°30′	1350′	1315	261	1315,76
7	26°15′	1575′	1520	354	1520,59
8	30°	1800′	1718	460	1719,00
9	33°45′	2025′	1910	579	1910,05
10	37°30′	2250′	2093	710	2092,92
11	41°15′	2475′	2267	853	2266,83
12	45°	2700′	2431	1007	2431,03
13	48°45′	2925′	2585	1171	2584,83
14	52°30′	3150′	2728	1345	2727,55
15	56°15′	3375′	2859	1528	2858,59
16	60°	3600′	2978	1719	2977,40
17	63°45′	3825′	3084	1918	3083,45
18	67°30′	4050′	3177	2123	3176,30
19	71°15′	4275′	3256	2333	3255,55
20	75°	4500′	3321	2548	3320,85
21	78°45′	4725′	3372	2767	3371,94
22	82°30′	4950′	3409	2989	3408,59
23	86°15′	5375′	3431	3213	3430,64
24	90°	5400′	3438	3438	3438,00

Tab. IV.2: Sinustafel überliefert in Indien

Die Methode zur Berechnung dieser Sinustafel ist in den ältesten indischen Werken niedergelegt. In seinem Siddhânta-Çiromâni, dem verbesserten System, teilt Bhâskara noch eine andere mit, welche dazu dient, eine Sinustafel von Grad zu Grad herzustellen.

Zunächst gibt er $sin 1° = 60'$ an, ohne zu verraten, wie er zu dem Wert gelangt. Tatsächlich erhält man mittels linearer Interpolation zwischen $sin 0° = 0'$ und $sin 3°,75 = 225'$ unmittelbar $sin 1° = 225/3{,}75 = 225 \cdot 4/15 = 60'$.

Zur Berechnung der Sinuswerte der übrigen Winkel gibt er die Additionsformel an in der Form (r = 6569)

$$r \cdot \sin(\alpha \pm \beta) = sin\alpha\ sin\beta \pm cos\alpha\ sin\beta.$$

Wie er an den seltsamen Wert r = 6569 kommt, verrät er uns nicht.

Tatsächlich tauchen bereits um 200 BC in Alexandria die goniometrischen Formeln des Archimedes, die Gradeinteilung und die ersten Sinustafeln auf.

Skeptisch sein sollte man gegenüber der oft geäußerten Vermutung, die selbstsicheren stolzen griechischen Wissenschaftler hätten ihre Winkeleinteilung dem Sexagesimalsystem der Babylonier angepasst. Mindestens ebenso wahrscheinlich könnte es sein, dass die Nutzung der alten griechischen Teilung 120^p für den Kreisdurchmesser in Verbindung mit den Arbeiten zur Trigonometrie/Goniometrie die Ursache für die Einführung der Grad-Maßeinteilung war.

IV.1.7.3 Zur Einführung der Gradeinteilung

Die Sinus/Sehnentafel im Almagest entspricht exakt einer modernen Sinustafel mit der Schrittweite $\Delta\alpha = 1/2\,° = 30'$.

Neugebauer (1975, S. 592) bemerkt: *Thrasyllus* [~30 AD, also zeitgleich mit Geminos] *sagt: „Das Grad ist die* [Durchmesser-] *Größe des Mondes oder auch der Sonne.“* Da dieser Durchmesser seit Thales zu d = 1/2° angenommen wurde, würde das bedeuten, dass der durch Sechsteilung des Kreises entstehende Winkel von $\alpha = 60°$ wie der Durchmesser in 120 partes = 120 „Thrasyllus-Grade“ eingeteilt wurde.

Neugebauer (1975, S. 592) bemerkt ferner: *Merkwürdige metrologische Daten erscheinen in einem Papyrus-Fragment vom 1. oder 2. Jh. AD, Papyrus Oslo 73, wo wir die folgenden Angaben finden können.*

1. Zur Messung des Winkeldurchmessers der Sonne wird genutzt
1 Solar-Elle = 7 ½ Handbreit = 30 Fingerbreit.

2. 720 (= 6 · 120) Sonnendurchmesser bedecken den ganzen kosmischen Kreis.

3. Der Sonnendurchmesser wird geteilt in
Handbreit (= 4′), *Fingerbreit* (= 1′), *Gerstenkorn, Haare*

mit 1 Fingerbreit = 6 Gerstenkorn, 1 Gerstenkorn = 10 Haare. Es ist allerdings nicht gesichert, dass 1 Sonnendurchmesser = 1 Solar-Elle ist.

IV.2 Ebene Trigonometrie in der Antike

Antike Literatur über das für die Verknüpfung von Längen- und Winkelmessungen fundamentale Problem ist nicht auffindbar. Aus arabischen Quellen wissen wir jedoch, dass zumindest Archimedes eine (verlorengegangene) Abhandlung über Dreiecke verfasst hat.

Vor der Entwicklung einer sphärischen Trigonometrie, eingehend erläutert durch Ptolemaios im Almagest, muss die Entwicklung der ebenen Trigonometrie gestanden haben; denn ebene Aufgaben dieser Art werden im Almagest ohne weitere Erläuterungen gelöst. Vier Grundkonzepte wurden dazu von den Griechen benutzt.

Fall 1: α, β, c; geodätische Anwendungen (Vorwärtseinschnitt)

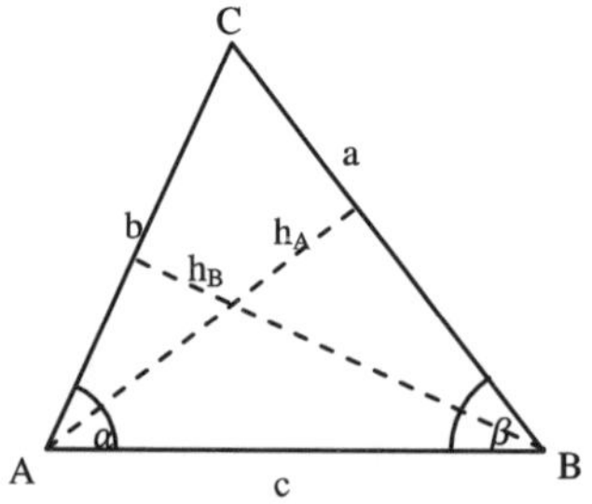

$$\gamma = 180° - (\alpha + \beta)$$

$h_a = c\ sin\beta$ $h_a = b\ sin\gamma$	$h_b = c\ sin\alpha$ $h_b = a\ sin\gamma$
$c\ sin\beta = b\ sin\gamma$	$c\ sin\alpha = a\ sin\gamma$

Abb. IV.19a: Fall 1

Ohne den Begriff des Sinus ist die Aufgabe **numerisch** nicht zu lösen.

Fall 2: α, a > c; astronomische Anwendungen (Equant-Modell, Rückwärtseinschnitt)

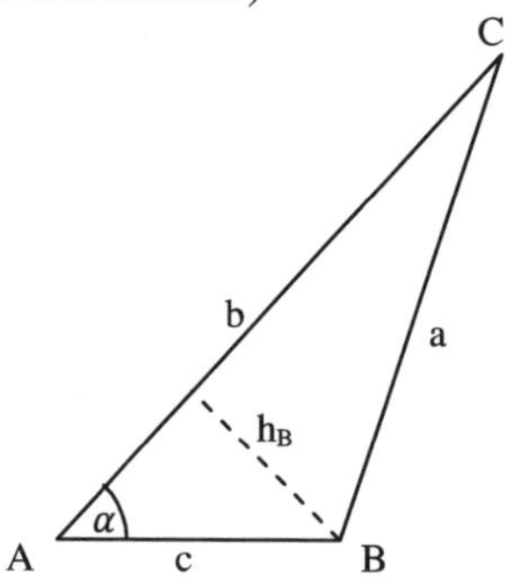

$$\gamma = 180° - (\alpha + \beta)$$

$$h_b = c\ sin\alpha \qquad h_b = a\ sin\gamma$$
$$sin\gamma = (c/a) sin\alpha$$
$$\beta = 180° - (\alpha + \gamma)$$

Abb. IV.19b: Fall 2

Damit sind alle drei Winkel gegeben; Zurückführung auf Fall 1. Ohne den Begriff des Sinus ist die Aufgabe **numerisch** nicht zu lösen.

Fall 3: α, b, c; keine praktischen Anwendungen, aber Verallgemeinerung des Höhensatzes des Euklid für schiefwinklige Dreiecke.

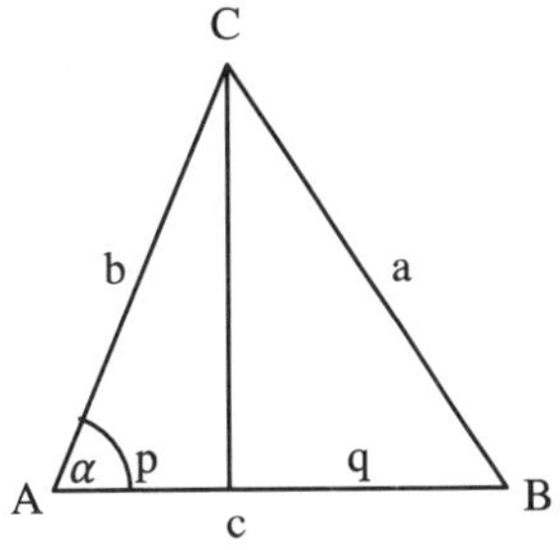

Hilfsgrößen p, q	Dreiecksgrößen
$h_c = b\ sin\alpha$	$tan\beta = h_c/q$
$p = b\ sin\alpha$	$\gamma = 180° - (\alpha + \beta)$
$q = c - p$	

Abb. IV.19c: Fall 3

Damit sind alle drei Winkel gegeben; Zurückführung auf Fall 1. Ohne den Begriff des Tangens ist die Aufgabe **numerisch** nicht zu lösen.

Fall 4: a, b, c; keine praktischen Anwendungen, aber Verallgemeinerung des Satzes des Pythagoras auf schiefwinklige Dreiecke.

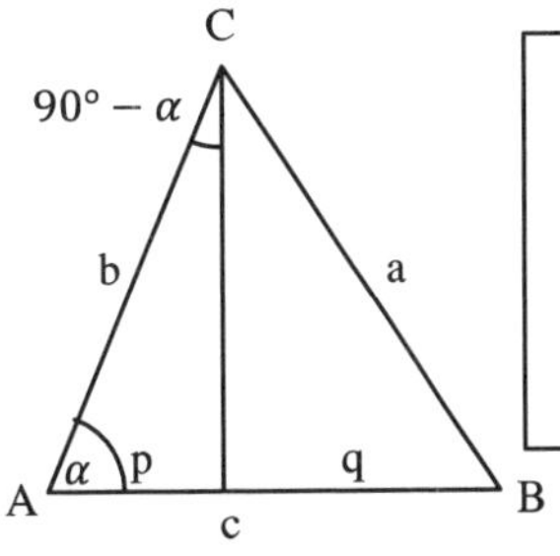

$$h_c^2 = b^2 - p^2 = a^2 - q^2$$
$$(p^2 - q^2) = b^2 - a^2 = (p + q)(p - q) = c(p - q)$$
$$p - q = (b^2 - a^2)/c, \qquad p + q = c$$
$$p = (c^2 + b^2 - a^2)/2c, \qquad p = b\ cos\alpha$$
$$cos\alpha = (c^2 + b^2 - a^2)/2bc = \sin(90° - \alpha)$$

Abb. IV.19d: Fall 4

Entsprechend rechnet man $cos\beta$ und $cos\gamma$ und erhält derart alle drei Winkel. Ohne den Begriff des Cosinus ist die Aufgabe **numerisch** nicht zu lösen.

IV.3 Geodätische Verfahren zur Verknüpfung von Längen- und Winkelmessungen

IV.3.1 Vorwärtseinschnitt in der Antike

Gemessen sei die Entfernung c zwischen zwei Punkten A und B bzw. deren Cardo/Decumanus-Komponenten Δx(AB) und Δy(AB), ferner die beiden Winkel α und β beispielsweise zu einem Berggipfel C. Die Bestimmung der Cardo/Decumanus-Komponenten Δx(AC) und Δy(AC) wird in der modernen Literatur Vorwärtseinschnitt genannt (Zeidler 1996, S. 767).

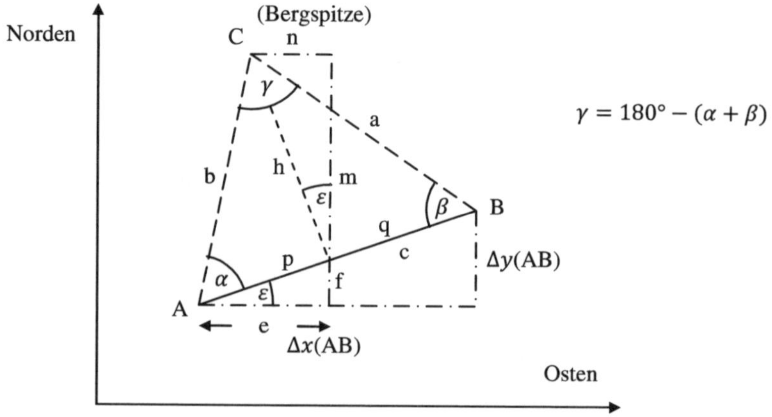

Abb. IV.20: Skizze zum Vorwärtseinschnitt

Man erhält zunächst die beiden Proportionen (siehe IV.2, Fall 1)

$$a = c\ sin\alpha / sin\gamma\ ,\ b = c\ sin\beta / sin\gamma .$$

In den durch die Höhe h definierten zwei rechtwinkligen Dreiecken ergibt sich

$$h = b\ sin\alpha = a\ sin\beta \quad \text{(Kontrolle)}$$

und

$$p = bcos\alpha\ ,\ q = acos\beta\ ,\ p + q = c \quad \text{(Kontrolle).}$$

Man erhält ferner die beiden Proportionen

$$c/p = \Delta x(AB)/e, \qquad c/p = \Delta y(AB)/\mathrm{f}$$

und damit e und f. Die beiden Cardo/Decumanus-Komponenten der Strecke h ergeben sich mittels

$$m = h\,cos\varepsilon\,, \qquad n = hsin\varepsilon$$

und damit die Cardo/Decumanus-Komponenten von C bezüglich A:

$$\Delta x(AC) = \mathrm{e} - \mathrm{n}\,, \ \Delta y(AC) = f + m.$$

Bei weit entfernten Orten sind A und B gegenseitig nicht sichtbar, sodass die Winkel α und β nicht gemessen werden können. Man kann jedoch nach Festlegung der Ost-Westrichtung in den beiden Punkten die **Azimutwinkel** $\bar{\alpha}$ und $\bar{\beta}$ messen (siehe Abb. IV.21).

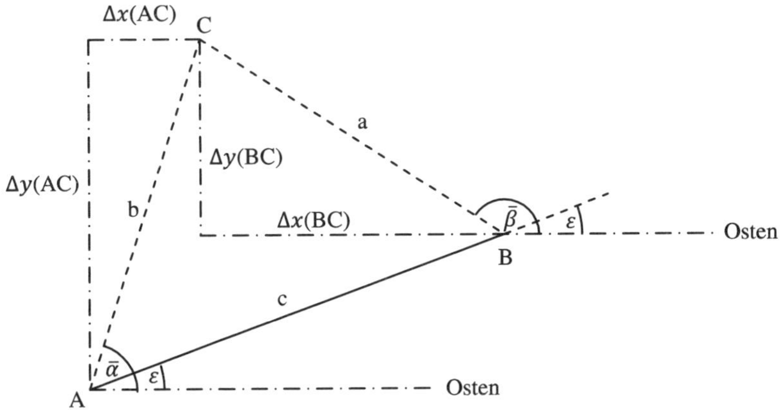

Abb. IV.21: Vorwärtsschnitt mittels Azimutwinkel $\bar{\alpha}$ und $\bar{\beta}$

Mit $\beta = 180° - (\bar{\beta} - \varepsilon)$, $\alpha = \bar{\alpha} - \varepsilon$ sowie $\gamma = 180° - (\alpha - \beta)$ und $c^2 = \Delta x^2(AB) + \Delta y^2(AB)$ erhält man nach obigen Formeln zunächst a und b und damit $\Delta x(AC) = bsin\bar{\alpha}$, $\Delta y(AC) = bcos\bar{\alpha}$, $\Delta x(BC) = asin\bar{\beta}$, $\Delta y(BC) = asin\bar{\beta}$.

Ähnlich simple logistische Überlegungen müssen im Altertum seit Thales, dem Erfinder des Vorwärtseinschnitts, im Rahmen der Landesvermessung angestellt worden sein; jedenfalls erklärt sich so die Angabe genauer Koordinaten durch Klaudios Ptolemaios für Berggipfel als wichtige Geländemarken zur Orientierung.

IV.3.2 Rückwärtseinschnitt in der Antike

IV.3.2.1 Generelle Problemstellung

Neben dem Vorwärtseinschnitt ist eines der wesentlichen Verfahren der modernen Geodäsie der sog. Rückwärtseinschnitt (Zeidler 1996, S. 786). Gegeben seien drei Punkte A, B und C, deren Konfiguration bekannt ist entweder durch ihre Koordinaten x, y oder durch die beiden Strecken a, b und den eingeschlossenen Winkel γ. Auf einem vierten Punkt P werden die beiden Winkel α und β gemessen, durch die die Lage des Punktes P entweder durch seine Koordinaten x, y oder lokal durch eine Strecke s und einen Winkel $\varepsilon = (BCP)$ bestimmt werden soll (Abb. IV.22).

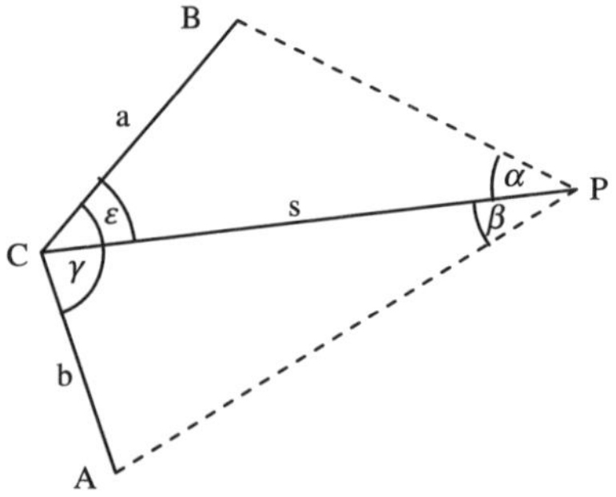

Abb. IV.22: Konzept des geodätischen Rückwärtsschnitts

Das Problem ist stets dann lösbar, wenn Punkt P nicht auf dem sog. „Gefährlichen" Kreis liegt, das heißt auf dem Kreis, auf dem ABC Peripheriepunkte sind. Es war bereits den Griechen bekannt, dass für alle Punkte auf diesem Kreis die Winkel α und β identisch sind (siehe Abschnitt IV.1.5.1).

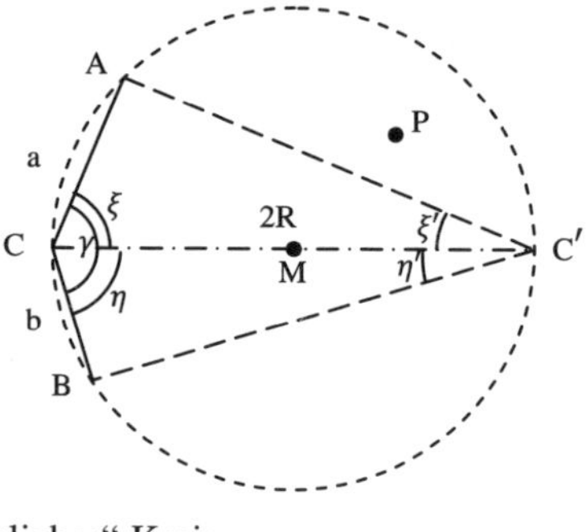

Abb. IV.23: „Gefährlicher" Kreis

Aus den beiden Thalesdreiecken erhält man unmittelbar die beiden Gleichungen für die Unbekannten R und ξ:

$$a = 2R\cos\xi \text{ und } b = 2R\cos(\gamma - \xi) = 2R(\cos\gamma \cos\xi + \sin\gamma \sin\xi).$$

Division der beiden Gleichungen ergibt

$$b/a = \cos\gamma + \sin\gamma \tan\xi \text{ bzw. } \tan\xi = (b/a - \cos\gamma)/\sin\gamma$$

und damit ξ, R, $\eta = \gamma - \xi$, und die beiden Winkel $\xi' = 90° - \xi$ und $\eta' = 90° - \eta$.

Die Aufgabe des Rückwärtseinschnitts ist also dann stets lösbar, wenn

$$\xi' \neq \alpha \textbf{ oder } \eta' \neq \beta.$$

Führt man den Radius R des „Gefährlichen“ Kreises als Maßstabfaktor ein, so sind $\bar{a} = a/R$ und $\bar{b} = b/R$ Sehnen in einem Einheitskreis. Für dieses normierte Problem werden in der Mathematike Syntaxis zwei Lösungen angegeben: Im Rahmen der Sonnenbahntheorie eine nichtkorrekte, im Rahmen des Equant-Modells der Planetenbahntheorie eine korrekte.

IV.3.2.2 Nichtkorrekter normierter Rückwärtseinschnitt

Zu dem in der Mathematike Syntaxis III.4 verwendeten Verfahren zur Berechnung der (doppelten) Exzentrizität und der Perihelionrichtung der Erd- bzw. Sonnenbahn bemerkt Ptolemaios abschließend: *Somit sind die vorstehenden Ergebnisse* ***in Übereinstimmung mit den Darlegungen des Hipparchs*** *von uns gewonnen worden.* Van der Waerden (1988, S. 89) bemerkt dazu: *Auf Grund dieser Rechnung vermute ich, dass* [bereits] *Kallippos die Verweilzeiten der Sonne in den Tierkreiszeichen nach der Epizykeltheorie oder nach der äquivalenten Exzentertheorie berechnet hat.* Tatsächlich können die Verweilzeiten in den Tierkreiszeichen, wie von Kallippos angegeben, auch keinesfalls gemessen werden; sie müssen numerisch bzw. graphisch berechnet worden sein.

Ptolemaios geht von den ekliptikalen Längen aus:

$l_1 = 0$ zum Frühjahrsäquinoktium A,
$l_2 = 90°$ zum Sommersolstitium B,
$l_3 = 180°$ zum Herbstäquinoktium C,

und bildet dementsprechend $\Delta l_{12} = 90°$ und $\Delta l_{23} = 90°$.

Ausgehend von der von Hipparch bestimmten Länge des tropischen Jahres T = (365,25 – (1/300)) Tage und den gemessenen Längen der Jahreszeiten T_1 = (Frühjahr) = 94 ½ Tage sowie T_2 = (Sommer) = 92 ½ Tage berechnet er zunächst die dazu korrespondierenden Differenzen (der sog. Mittleren Anomalien) $\Delta\mu$ zu

$$\Delta\mu_1 = (94{,}5/T) \cdot 360° = 93°08'33'' \sim 93°09',$$
$$\Delta\mu_2 = (92{,}5/T) \cdot 360° = 91°10'16'' \sim 91°11'.$$

Der ausgezogene Kreis mit dem Mittelpunkt M in Abbildung IV.24 ist der Ekliptikkreis, der die ekliptikalen Längen l beschreibt. Der gestrichelte Kreis mit dem Mittelpunkt P (Exzenter) ist der exzentrische Kreis, der die sog. Mittleren Anomalien $\Delta\mu$ beschreibt.

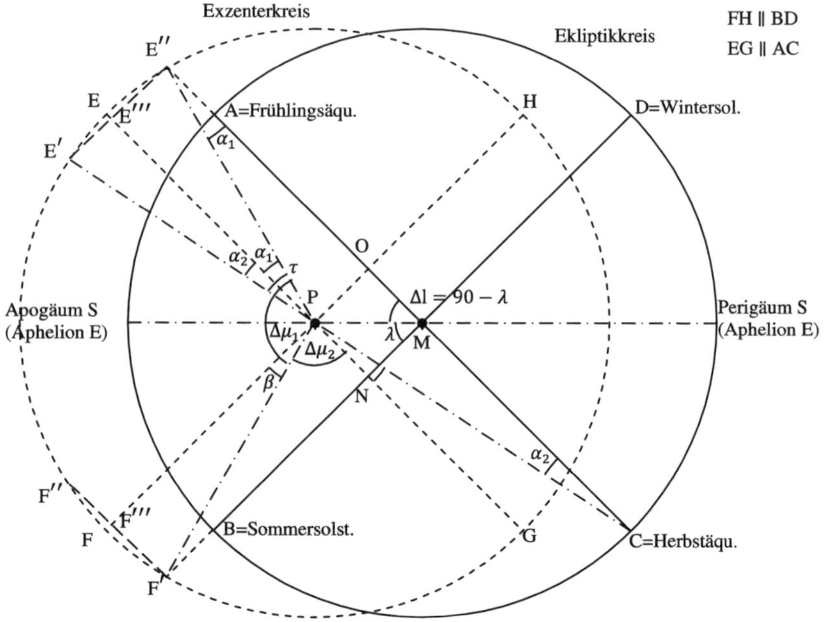

Abb. IV. 24: Konstrukt zur Bestimmung von Exzentrizität und Aphelionrichtung der Sonne (nach Hipparch oder Kallippos?)

Die ausgezogenen Durchmesser des Ekliptikkreises AC bzw. CD stehen senkrecht aufeinander, weil $\Delta l_i = const. = 90°$. Die gestrichelten Durchmesser des Exzenterkreises EG bzw. FH verlaufen parallel dazu, sodass das Viereck MOPN ein Rechteck bildet.

Gesucht sind die (doppelte) Exzentrizität als Diagonale MP dieses Viereckes und der Winkel λ als Differenz der ekliptikalen Länge des Sommersolstitiums und des Apogäums der Sonne.

Ptolemaios berechnet diese beiden Größen in vier Schritten unter der – **nichtkorrekten** – Annahme, dass

$$\tau = (\alpha_1 + \alpha_2) = 2\alpha_1.$$

Diese approximative Annahme wäre nur dann korrekt, wenn das Dreieck E″PC, in dem α_1 und α_2 als Winkel an geschnittenen Parallelen auftreten, ein gleichschenkliges Dreieck wäre.

1. Schritt:

$$(\alpha_1 + \alpha_2) = (\Delta\mu_2 + \Delta\mu_2) - 180° = (93°09' + 91°11') - 180°$$
$$= 4°20' = \tau$$
$$E'E'' = 120^p \sin(\tau/2) = 4^p;32$$
$$NM = 1/2\, E'E'' = 2^p;16.$$

2. Schritt:

$$\beta = \big(\Delta\mu_1 - (90° + \tau/2)\big) = \big(93°09' - (90° + 2°10')\big) = 0°59'$$
$$F'F'' = 120^p \sin\beta = 2^p;04$$
$$PN = F'F''' = 1/2\, F'F'' = 1^p;02.$$

3. Schritt: e und Δl

$$PM^2 = PN^2 + NM^2$$
$$2e = PM = 2^p;29;30 \sim 2^p;30$$
$$\lambda = \arctan(PN/NM) = 24°30'$$
$$\lambda = \arcsin(PN/PM) = 24°25'$$
$$\Delta l = 90° - 24°30' = 63°30'.$$

4. Schritt:

$$\Delta\mu_4 = \big(90° - (\tau/2 + \beta)\big) = (90° - (2°10' + 0°59')) = 86°51',$$
$$\Delta\mu_3 = \big(90° - (\tau/2 - \beta)\big) = (90° - (2°10' - 0°59')) = 88°49'.$$

Daraus berechnet er die Dauer der Herbst- und Winterjahreszeiten zu

Herbst =

(86°51′/360°)(365,25 – 1/300)Tage = 88,116 Tage ~ 88 1/8 Tagen,

Winter =

(88°49′/360°)(365,251/300)Tage = 90,113 Tage ~ 90 1/8 Tagen.

Als Fehlerabschätzung für die Bestimmung der Äquinoktien/ Solstitien gibt Ptolemaios ¼ Tag an, was einer Genauigkeit von ¼° bzw. 15′ entspricht.

IV.3.2.3 Exakte Lösung des normierten Rückwärtseinschnitts

Der Mittelpunkt eines Einheitskreises ($r = 60^p$ bzw. $d = 120^p$) sei M und D der Standpunkt, dessen Lage mittels der gesuchten Größen Distanz MD und Winkel ε zu bestimmen ist. Die Winkel (AMB) und (BMC) seien gegeben, die Winkel (ADB) und (BDC) gemessen. In der Tab. IV.3 sind als illustrierendes Beispiel die Winkel aufgelistet, die Ptolemaios für das Equant-Modell des Mars verwendet hat.

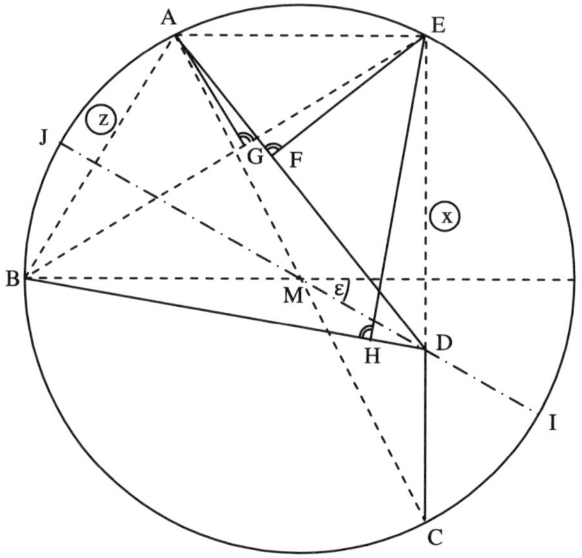

Abb. IV.25: Zum normierten Rückwärtsschnitt in der Antike

	1. Intervall	2. Intervall	Summe
Mittlere Anomalie	(AMB) = 81°44′	(BMC) = 95°28′	(AMC) = 177°12′
Wahre Anomalie	(ADB) = 67°50′	(BDC) = 93°44′	(ADC) = 161°34′

Tab. IV.3: Ausgangsdaten des Ptolemaios für den äußeren Planeten Mars

Das Basiskonzept der Lösung bildet die Bestimmung der Strecke ED = x aus der bekannten Strecke BA = z, wobei

$$z = BA = 120^p \sin(AMB/2).$$

Ptolemaios benutzt dazu die drei Dreiecke BDE, ADE und schlussendlich ABE, wobei er dabei die Höhen EH, EF und EG einführt.

1. In dem Dreieck BDE berechnet er die beiden Winkel (BDE) und (DBE), zunächst

$$(BDE) = 180° - (BDC) = (180° - 93°44') = 86°16'.$$

Mit (BMC) = 95°28′ als Zentriwinkel erhält er (BMC/2) = 47°44′ als Peripheriewinkel und damit

$$(DBE) = 180° - ((BMC/2) + (BDE)) = 180° - (47°44'+86°16') = 46°.$$

Mit dem (willkürlich gewählten) Wert ED = 120^p erhält er

$$EH = ED \sin(86°16') = 119^p;45 \text{ und } BE = EH/ \sin(46°) = 116^p;28,$$

also indirekt die Proportion (Sinussatz im Dreieck BDE)

$$\frac{BE}{x} = \frac{\sin(BDE)}{\sin(DBE)}. \qquad \text{A}$$

2. Ganz entsprechend berechnet er im Dreieck AED die beiden Winkel (ADE) und (DAE), zunächst

$$(ADE) = 180° - (ADC) = 18°26'.$$

Mit (AMC) = 177°12′ als Zentriwinkel erhält er (AMC/2) = 88°36′ als Peripheriewinkel und damit

$$(DAE) = 180° - ((AMC/2)+(ADE)) = 180° - (88°36' + 18°26') = 72°58'.$$

Mit dem (willkürlich gewählten Wert) ED = 120^p erhält er

$$EF = ED \sin(18°26') = 37°;57' \text{ und } EA = EF/ \sin(72°58') = 39^p;41',$$

also indirekt die Proportion

$$\frac{AE}{x} = \frac{\sin(ADE)}{\sin(DAE)}. \qquad \text{B}$$

3. Im Dreieck AEG berechnet er zunächst den zum Zentriwinkel (AMB) = 81°44′ gehörigen Peripheriewinkel (AMB/2) = (AEG) = 40°52′, dann den Winkel (EAG) = 90° – (AEG) = 49°08′ und damit

$$AG = ED \sin(40°52') = 78^p;31 \text{ und } EG = ED \sin(49°08') = 90^p;45$$

bzw.

$$\frac{AG}{x} = \sin(AEG) \text{ und } \frac{EG}{x} = \sin(EAG).$$

Damit erhält er mittels Gleichung A zunächst

$$\frac{GB}{x} = \frac{BE}{x} - \frac{EG}{x} = \frac{\sin(BDE)}{\sin(DBE)} - \sin(EAG).$$

Mit

$$AB^2 = GB^2+AG^2 \text{ bzw. } \left(\frac{AB}{x}\right)^2 = \left(\frac{GB}{x}\right)^2 + \left(\frac{AG}{x}\right)^2$$

erhält er

$$\left(\frac{AB}{x}\right)^2 = \left(\frac{\sin(BDE)}{\sin(DBE)} - \sin(EAG)\right)^2 + (\sin(AEG))^2 = Y^2$$

und damit, bei bekanntem Y und AB = z,

$$x = ED = AB/Y.$$

4. Ptolemaios berechnet abschließend, nachdem x = ED bekannt ist, die gesuchten Größen, also die Distanz MD und den Winkel ε. Er erhält mittels Gleichung B

$$EA = \frac{\sin(ADE)}{\sin(DAE)}\,x,\quad \sin\left(\frac{AME}{2}\right) = \sin = EA/120^p$$

und damit

$$(EMC) = 2\gamma = 360° - ((AMC) + (AME)).$$

Mit

$$EC = 120^p \sin\gamma,\ y = EC - ED$$

ergibt sich die Distanz (DM) zu

$$\frac{r + DM}{x} = \frac{r - DM}{y} \text{ bzw. } \left(DM^2\right) = r^2 - xy.$$

Letztendlich ermittelt er den Winkel ε:

$$DF = EC/2,\ \sin\varepsilon = DF/DM$$

und erhält, da die ekliptikale Länge l der Richtung B bekannt ist, die ekliptikale Länge des Perigäums zu

$$l_{\text{Perigäum}} = l_B - (180°+).$$

In der Neuzeit wurden vielfältige Methoden zur Lösung des Rückwärtseinschnitts als ein fundamentales Problem von Triangulationsmethoden zur Landesvermessung erarbeitet. Eine sorgfältige Analyse der (zunächst etwas verworrenen) Angaben des Ptolemaios zur Verwendung des Equant-Modells für die äußeren Planeten zeigt, dass die erste exakte Lösung dieses nicht unkomplizierten Problems bereits in der Antike im Rahmen des Equant-Modells entwickelt wurde.

Rätselhaft bleibt, warum Ptolemaios diese exakte Lösung nicht auch bei seiner Sonnenbahntheorie anstelle der approximativen Lösung des Kallippos verwendet hat.

Jedenfalls muss das Equant-Modell auf einen geradezu genial zu nennenden „Mathematikos" des Altertums zurückgeführt werden, der die Geometrie voll und ganz beherrschte und eine exakte Lösung für den normierten Rückwärtseinschnitt entwickelte.

V Sphärische Trigonometrie im Altertum

V.1 Anmerkungen zur antiken Navigation

Navigation nennt man den Vorgang, mit einem Fahrzeug (Schiff, Auto, Flugzeug usw.) auf einem vorgegebenen Weg ein vorgegebenes Ziel zu erreichen; zu messen sind dazu Kurswinkel (Windrichtung/Azimut) und Geschwindigkeit (Strecken).

Zur Navigation auf dem Land und in Küstennähe dienten am Tage Geländemarken, vor allem Vorgebirge und hohe Berge, in der Nacht Leuchttürme wie der berühmte Leuchtturm von Alexandria.

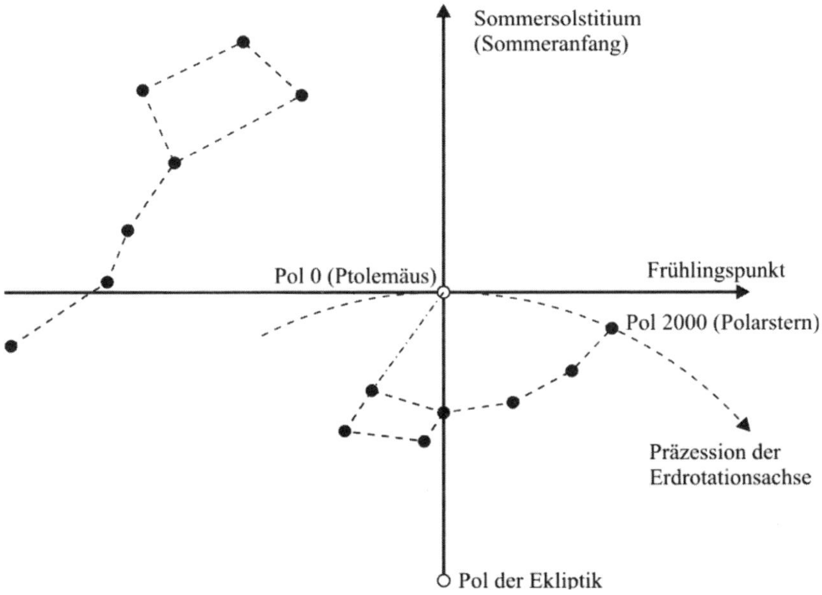

Abb. V.1: Kleiner Bär und Nordpol in der Antike

Auf hoher See wurden dazu im Altertum, als der magnetische Kompass noch unbekannt war, tagsüber die Sonne und nachts der Kleine Bär genutzt. Dessen beide äußeren Wagensterne markierten, wenn man ihren Abstand dreimal verlängerte, im Altertum den Nordpol und damit die horizontale Nordrichtung. Der Horizontalkreis wurde durch die Windrose eingeteilt.

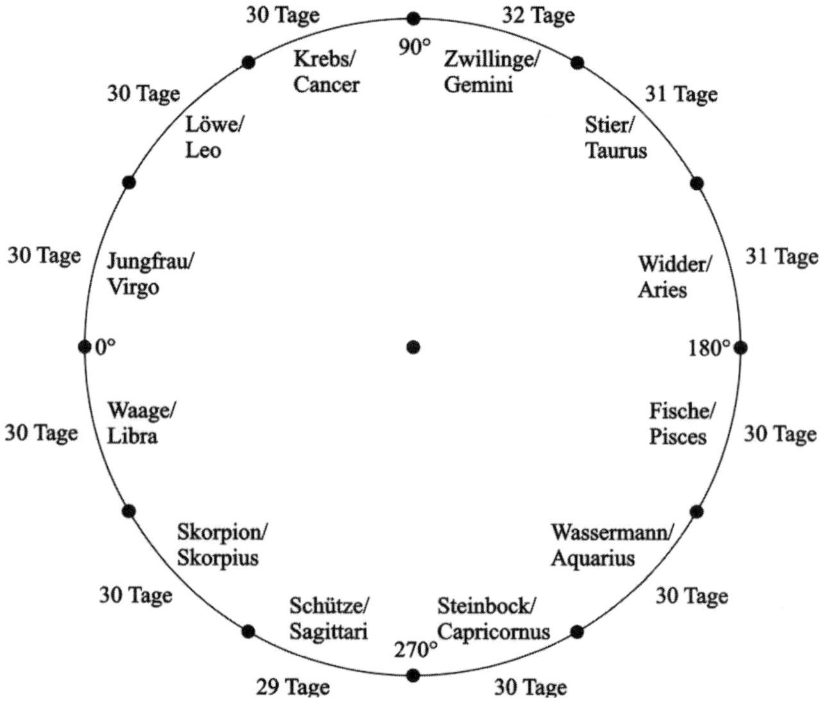

Abb. V.2: Laufzeiten der Sonne in der Ekliptik nach Kallippos

Im Gegensatz zur modernen Windrose, die auf einer Viererteilung der Kreises beruht, basierte die Windrose des Altertums auf einer Sechserteilung des Kreises. Wie Vitruvius berichtet, teilte Eratosthenes die Windrose sogar in 4·6 = 24 „Winde" in Abständen zu je einem $\beta\alpha\vartheta\mu\acute{o}\varsigma$ (= 15°). Der $\beta\alpha\vartheta\mu\acute{o}\varsigma$ (Schritt) konnte dann unterteilt werden in sechs Winkelellen zu je 2 ½°.

Die Referenzrichtung bezüglich der Sonne ist die Ostrichtung, worauf noch das Wort Orientierung hindeutet; denn Sonnenaufgang und -untergang waren die Referenzrichtungen, zwischen denen die Sonne sich im Tageslauf bewegte. Es galt also für die Mathematikoi, das jahreszeitlich stetig wechselnde Azimut von Sonnenauf- und Sonnenuntergang bezüglich der Ostrichtung zu berechnen.

Genutzt werden konnten dazu die Angaben des Kallippos über den Lauf der Sonne in der Ekliptik, von unterschiedlicher Dauer in den vier Jahreszeiten, sowie seine Angaben darüber, wie lange die Sonne benötigt, die einzelnen Tierkreiszeichen zu durchlaufen (Abb. V.1). Der Leser beachte, dass auch die **Punkte zu Beginn** der Tierkreis Zeichen-Intervalle mit deren Namen belegt werden: Wendekreis des Krebses und des Steinbocks.

Genügend genau für alle praktischen Zwecke konnte anhand dieser Angaben durch einfache Interpolation die ekliptikale Länge l der Sonne für jeden einzelnen Tag des Jahres berechnet werden. Allerdings war die ekliptikale Länge für praktische Zwecke uninteressant.

Von größtem Interesse für die Navigation war dagegen zum einen das Azimut α des täglichen Sonnenauf- und Sonnenunterganges im Hinblick auf die Orientierung, zum anderen die täglich wechselnde Deklination δ der Sonne im Hinblick auf astronomische Breitenbestimmungen. Zu deren Berechnungen mittels der ekliptikalen Länge l war sphärische Trigonometrie erforderlich. Es ist nicht auszuschließen, dass dieses höchst praktische Problem der Navigation zur See den Anlass gab, dass die Griechen sich mit sphärischer Trigonometrie beschäftigten.

Die Anfänge der sphärischen Trigonometrie bei den Griechen liegen im Dunkeln. Otto Neugebauer geht davon aus, dass hierbei sog. Analemma-Methoden benutzt wurden, deren Gesamtkonzept noch weiterer Forschung bedarf; einige Einzelheiten dazu sind in Neugebauer (1975) und Lelgemann (2000) nachzulesen.

Analemma-Methoden erscheinen andererseits nicht geeignet als Fundament eines systematischen Aufbaus der für Geodäsie/Geographie und Astronomie gleichermaßen wichtigen sphärischen Trigonometrie. Erst die Lehrsätze des Menelaos ermöglichten es, ein zusammenfassendes Werk über die mathematischen Methoden der Astronomie/Geographie zu verfassen, wie es dann durch die Mathematike Syntaxis des Klaudios Ptolemaios erfolgte.

V.2 Sphärische Trigonometrie des Menelaos

Im Folgenden werden die Seiten a zwischen zwei Punkten A und B auf der Richtungskugel durch runde Klammern bezeichnet, also a = (AB), die Winkel β an einem Punkt C zu zwei Punkten A und B durch α = (ACB). (AB) = a bezeichnet also eine Seite, (ACB) = α einen Winkel in einem sphärischen Dreieck.

V.2.1 Ebenes Menelaos-Konstrukt und Menelaos-Proportionen

Als ebenes Menelaos-Konstrukt wird im Folgenden die in Abb. V.3 dargestellte Konfiguration von vier Geraden bzw. ihren sechs Schnittpunkten A, C, D, I, K und L bezeichnet.

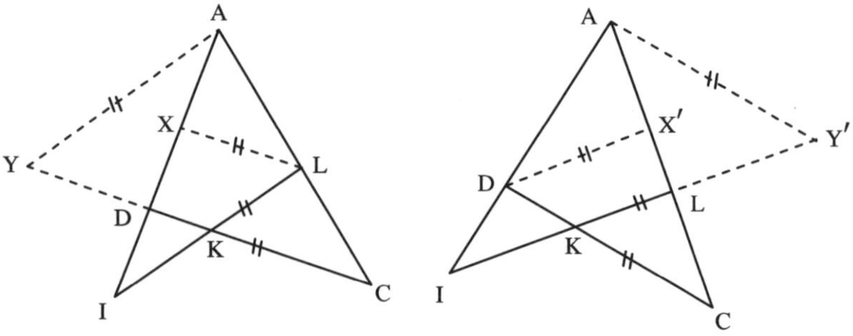

Abb. V.3: Ebenes Menelaos-Konstrukt

1. Zieht man die Parallele XL zu DC, erhält man den Schnittpunkt X und die zwei Proportionen
$$\frac{AC}{AL}=\frac{DC}{LX}=\frac{DC}{DK}\frac{DK}{LX}\quad,\quad\frac{DK}{LX}=\frac{IK}{IL}$$
sowie damit die Proportion
$$\frac{AC}{AL}=\frac{DC}{DK}\frac{IK}{IL}.$$
2. Zieht man die Parallele YA zu IL, so erhält man den Schnittpunkt Y und die zwei Proportionen
$$\frac{LC}{LA}=\frac{KC}{KY}=\frac{KC}{KD}\frac{KD}{KY}\quad,\quad\frac{KD}{KY}=\frac{ID}{IA}$$
sowie damit die Proportion

$$\frac{LC}{LA}=\frac{KC}{KD}\frac{ID}{IA}.$$

Nur diese beiden Proportionen werden in der Mathematike Syntaxis explizit hergeleitet; allerdings benutzt Ptolemaios bei den Anwendungen auch sphärische Proportionen, die auf den beiden folgenden planaren Proportionen basieren.

3. Zieht man die Parallele DX′ zu IL, erhält man den Stützpunkt X′ und die zwei Proportionen
$$\frac{AI}{AD}=\frac{LI}{DX'}=\frac{LI}{LK}\frac{LK}{DX'}\quad,\quad\frac{LK}{DX'}=\frac{CK}{CD}$$
sowie damit die Proportion
$$\frac{AI}{AD}=\frac{LI}{LK}\frac{CK}{CD}.$$
4. Zieht man die Parallele AY′ zu DC, erhält man den Schnittpunkt Y′ und die zwei Proportionen
$$\frac{DI}{DA}=\frac{KI}{KY'}=\frac{KI}{KL}\frac{KL}{KY'}\quad,\quad\frac{KL}{KY'}=\frac{CL}{CA}$$
sowie damit die Proportion
$$\frac{DI}{DA}=\frac{KI}{KL}\frac{CL}{CA}.$$

Zur Verknüpfung mit der sphärischen Trigonometrie ist zunächst der Zusammenhang zwischen den Sehnen von Großkreisbögen und den dazu korrespondierenden Bögen bzw. Zentriwinkeln zu klären.

V.2.2 Bögen, Sehnen und Winkel

Zur Verknüpfung von Sehnen und den damit korrespondierenden Bögen bzw. Zentriwinkeln auf einer Einheitskugel benutzt Menelaos zwei Konstrukte entsprechend der Abbildungen V.4 und V.5.

Ausgehend von

2AD=Sehne (AA′)=Sehne (2(AB))
2CF=Sehne (CC′)=Sehne (2(BC))

leitet Ptolemaios anhand der Abb. V.4 die Relation ab:

$$\frac{FA}{FC}=\frac{\text{Sehne}(2(AB))}{\text{Sehne}(2(BC))}.$$

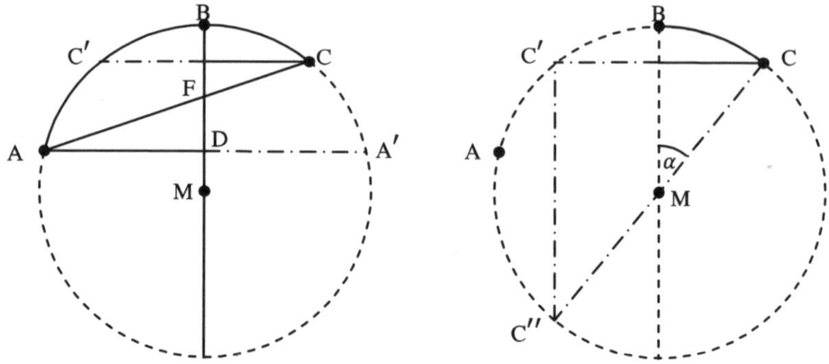

Abb. V.4: Bögen (AB) und (BC) und Sehnen auf einem Großkreis

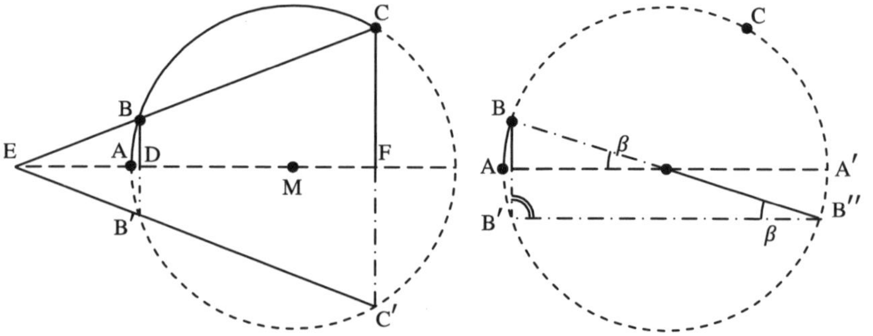

Abb. V.5: Bögen (AB) und (AC) und Sehnen auf einem Großkreis

Ausgehend von

$$2\mathrm{FC}=\text{Sehne }(\mathrm{CC}')=\text{Sehne }\big(2(\mathrm{AC})\big)$$
$$2\mathrm{DB}=\text{Sehne}(\mathrm{BB}')=\text{Sehne }(2(\mathrm{AB}))$$

leitet er anhand der Abb. V.5 die Relation ab:

$$\frac{EC}{EB}=\frac{\text{Sehne}(2(AC))}{\text{Sehne}(2(AB))}.$$

Warum er diese Proportionen ableitet, bleibt unklar; im Rahmen der sphärischen Trigonometrie werden sie nicht benötigt.

Andererseits führt ein derartiges Konstrukt unmittelbar zu der trigonometrischen Größe des Sinus, wie anhand der Abb. V.4 und V.5 unmittelbar deutlich wird. Die Sehne CC′=2fc hat den Zentriwinkel 2α und den Peripheriewinkel α. Anhand des Thaleskreises CC′C″ ersieht man unmittelbar

$$CC'/2 = FC = \sin(BC) = sin\alpha,$$

was einem „Mathematikos" wie Archimedes sicherlich nicht entgangen wäre.

Weil dem Ptolemaios diese Beziehung entgangen ist, sind alle seine numerischen trigonometrischen Rechnungen in der Mathematike Syntaxis ungemein umständlich und damit äußerst verwirrend für den Leser. Im Folgenden wird in den Formeln des Ptolemaios zur Erleichterung des Verständnisses für den modernen Leser die Bezeichnung sin(AB) anstelle der ptolemaischen Bezeichnung Sehne(2(AB)) verwendet.

V.2.3 Die sphärischen Proportionen des Menelaos

Der Punkt M sei Mittelpunkt einer Richtungskugel mit dem Radius r = 1 (siehe Abb. V.6). Auf der Oberfläche dieser Kugel ziehe man Großkreisbögen derart, dass zwischen den beiden äußeren Bögen (AB) und (AC) zwei innere Bögen (BE) und (CD) einander im Punkt F schneiden, wobei alle Bögen kleiner als ein Halbkreis sein sollen.

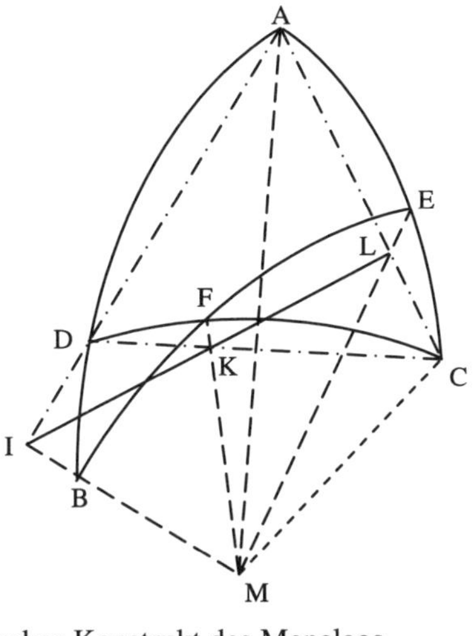

Abb. V.6: Sphärisches Konstrukt des Menelaos

Man beachte zunächst drei Ebenen, zwei Großkreisebenen und eine Sehnenebene:

- 1. Großkreisebene durch MAEC (– – –),
- 2. Großkreisebene durch MBFE (– – –),
- Sehnenebene durch ADC (– · – · –),

In der Schnittgeraden der beiden Großkreisebenen liegt der Radius r = EM. Die zweite Großkreisebene schneidet die Sehnenebene in einer Geraden, auf der die Punkte I, K und L liegen. Hierbei liegt der Punkt I auf der radialen Geraden BM, der Punkt K auf der radialen Geraden FM und der Punkt L auf der radialen Geraden EM (Abb. V.6).

Korrespondierend zu den vier ebenen Proportionen erhält man unmittelbar die vier sphärischen Proportionen in Tab. V.1:

A)	$\frac{AC}{AL}=\frac{DC}{DK}\frac{IK}{IL}$	$\frac{\sin(AC)}{\sin(AE)}=\frac{\sin(DC)}{\sin(DF)}\frac{\sin(BF)}{\sin(BE)}$
B)	$\frac{LC}{LA}=\frac{KC}{KD}\frac{ID}{IA}$	$\frac{\sin(EC)}{\sin(EA)}=\frac{\sin(FC)}{\sin(FD)}\frac{\sin(BD)}{\sin(BA)}$
C)	$\frac{AI}{AD}=\frac{LI}{LK}\frac{CK}{CD}$	$\frac{\sin(AB)}{\sin(AD)}=\frac{\sin(EB)}{\sin(EF)}\frac{\sin(CF)}{\sin(CD)}$
D)	$\frac{DI}{DA}=\frac{KI}{KL}\frac{CL}{CA}$	$\frac{\sin(DB)}{\sin(DA)}=\frac{\sin(FB)}{\sin(FE)}\frac{\sin(CE)}{\sin(CA)}$

Tab. V.1: Die vier Menelaos-Proportionen

Mittels dieser vier sphärischen Proportionen können alle zehn Formeln (Nepersche Analogien) für das rechtwinklige Dreieck hergeleitet werden, wie im Folgenden gezeigt.

V.3 Das Horizontalsystem des Ptolemaios

In seiner Schrift „Über Analemma" benutzt Ptolemaios sechs Winkel zur Beschreibung einer Richtung in dem lokalen Zenit- bzw. Horizontalsystem, die der Abbildung V.7 zu entnehmen sind und die sich bis heute als am zweckmäßigsten erwiesen haben.

Der Leser beachte, dass die Winkelgrößen β_i auch als Großkreisbögen auf den Begrenzungskreisen (Horizont, Meridian, Ostvertikal) auftreten. Ein gleiches Konstrukt kann natürlich auch für das Äquatorial- und das Ekliptiksystem gebildet werden.

Die Winkel trugen die in der folgenden Tabelle angegebenen Namen.

α_1	Horarius	β_1	Vertikalis
α_2	Descensivus	β_2	Meridionalis
α_3	Hektemoros	β_3	Horizontalis

Tab. V.2: Namen der eine Gestirnsrichtung beschreibenden Winkel

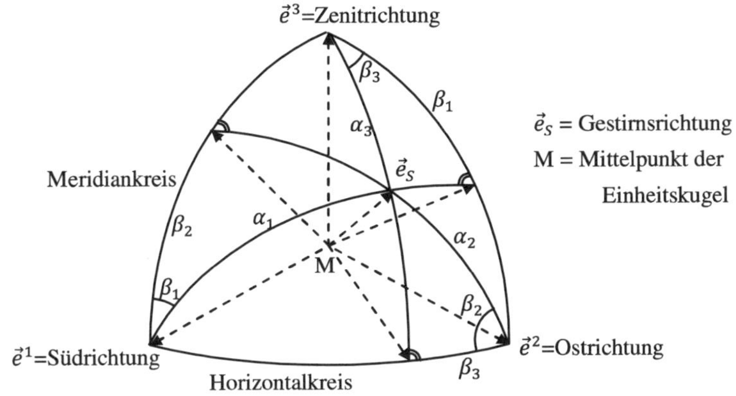

Abb. V.7: Die sechs Winkelgrößen des Ptolemaios für das Horizontalsystem

Alle Winkel treten auch am Mittelpunkt M des Einheitskreises zwischen den Einheitsvektoren $\vec{e}^{\,i}$ und $\vec{e}_s$ auf. Daher können diese Winkel auch zur modernen Beschreibung einer Richtung mittels eines Einheitsvektors $\vec{e}_s$ genutzt werden:

$$\vec{e}_s = \begin{bmatrix} \cos\alpha_1 \\ \cos\alpha_2 \\ \cos\alpha_3 \end{bmatrix}^T \begin{bmatrix} \vec{e}^1 \\ \vec{e}^2 \\ \vec{e}^3 \end{bmatrix} = \begin{bmatrix} \sin\alpha_3 \sin\beta_3 \\ \sin\alpha_3 \cos\beta_3 \\ \cos\alpha_3 \end{bmatrix}^T \begin{bmatrix} \vec{e}^1 \\ \vec{e}^2 \\ \vec{e}^3 \end{bmatrix}.$$

V.4 Menelaos-Proportionen: Nepersche Analogien

Entsprechend der bekannten Neperschen Analogien ergeben sich zehn Gleichungen für das rechtwinklige sphärische Dreieck, die sich mittels der vier Menelaos-Proportionen einfach beweisen lassen. Man geht von einem Konstrukt aus, bei dem (AB) = (AC) = (BC) = 90° ist. Anhand eines derartigen in Abbildung V.8 dargestellten Konstrukts ergeben sich unmittelbar die sonst mittels der Neperschen Regel gewonnenen Gleichungen.

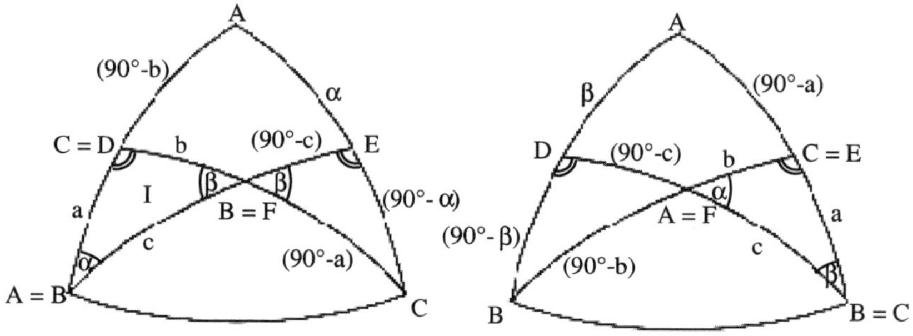

Abb. V.8: Menelaos-Konstrukt zu der Neperschen Regel

	Menelaos	Menelaos	Neper	
IA	$\frac{\sin(AC)}{\sin(AE)} = \frac{\sin(DC)}{\sin(DF)} \frac{\sin(BF)}{\sin(BE)}$	$\frac{1}{sin\alpha} = \frac{1}{sina} \frac{sinc}{1}$	$sina = sin\alpha\, sinc$	1
IB	$\frac{\sin(EC)}{\sin(EA)} = \frac{\sin(FC)}{\sin(FD)} \frac{\sin(BD)}{\sin(BA)}$	$\frac{cos\alpha}{sin\alpha} = \frac{cosa}{sina} \frac{sinb}{1}$	$sinb = tana\, cot\alpha$	2
IC	$\frac{\sin(AB)}{\sin(AD)} = \frac{\sin(EB)}{\sin(EF)} \frac{\sin(CF)}{\sin(CD)}$	$\frac{1}{cosb} = \frac{1}{cosc} \frac{cosa}{1}$	$cosc = cosa\, cosb$	3
ID	$\frac{\sin(DB)}{\sin(DA)} = \frac{\sin(FB)}{\sin(FD)} \frac{\sin(CE)}{\sin(CA)}$	$\frac{sinb}{cosb} = \frac{sinc}{cosc} \frac{cos\alpha}{1}$	$cos\alpha = tanb\, cotc$	4
	Menelaos	**Menelaos**	**Neper**	
IIA	$\frac{\sin(AC)}{\sin(AE)} = \frac{\sin(DC)}{\sin(DF)} \frac{\sin(BF)}{\sin(BE)}$	$\frac{1}{cos\alpha} = \frac{1}{cosc} \frac{cosb}{1}$	$cos\alpha = tanb\, cotc$	4
IIB	$\frac{\sin(EC)}{\sin(EA)} = \frac{\sin(FC)}{\sin(FD)} \frac{\sin(BD)}{\sin(BA)}$	$\frac{sin\alpha}{cos\alpha} = \frac{sinc}{cosc} \frac{cos\beta}{1}$	$cos\beta = tana\, cotc$	5
IIC	$\frac{\sin(AB)}{\sin(AD)} = \frac{\sin(EB)}{\sin(EF)} \frac{\sin(CF)}{\sin(CD)}$	$\frac{1}{sin\beta} = \frac{1}{sinb} \frac{sinc}{1}$	$sinb = sinc\, sin\beta$	6
IID	$\frac{\sin(DB)}{\sin(DA)} = \frac{\sin(FB)}{\sin(FD)} \frac{\sin(CE)}{\sin(CA)}$	$\frac{cos\beta}{sin\beta} = \frac{cosb}{sinb} \frac{sin\alpha}{1}$	$sina = tanb\, cot\beta$	7

Tab. V.3a: Nepersche Formeln

Die restlichen drei Gleichungen ergeben sich durch Kombination dieser Formeln (Tab. V.3b).

IB, IID, IC	$tan\alpha\, cot\beta = \frac{cosa}{sina}\frac{sinb}{1}\frac{cosb}{sinb}\frac{sina}{1} = cosa\, cosb = cosc$	8
IIB, IA, IC	$cos\beta = \frac{sina}{cosa}\frac{cosc}{sinc} = \frac{sina}{sinc}\frac{cosc}{cosa} = sin\alpha\, cosb$	9
ID, IIA, IC	$cos\alpha = \frac{sinb}{cosb}\frac{cosc}{sinc} = \frac{sinb}{sinc}\frac{cosc}{sina} = sin\beta\, cosa$	10

Tab. V.3b: Nepersche Formeln

Damit sind mittels der Menelaos-Proportionen alle zehn Gleichungen für das rechtwinklige sphärische Dreieck abgeleitet.

V.5 Astrogeodätische Anwendungen

V.5.1 Vorbemerkungen

Generell wurden im Altertum wie in der Neuzeit die folgenden vier Referenzsysteme auf der Kugel verwendet:

Geographisches Äquatorialsystem	Stellares Äquatorialsystem
Ekliptiksystem	Horizontalsystem

1. Geographisches Äquatorialsystem

Als Nullmeridian wurde von **Eratosthenes** der Meridian $\lambda_{Gr} = 30°20'$ durch die sog. Kanobische Mündung (Masabb Rashid) des Nils verwendet, durch **Ptolemaios** ein $\Delta\Phi = 60°30'$ westlich von Alexandria ($\lambda_{Gr} = 29°55'$) liegender Meridian durch die „Inseln der Glückseligen" (Kanarische Inseln).

Letzterem entspricht die Definition des späteren System von Ferro (spanisch Hierro, $\lambda_{Gr} = 18°$), bei dem der Nullmeridian 20° westlich der Sternwarte von Paris ($\lambda_{Gr} = +2°$) festgelegt wurde. Die geographische Lage eines Ortes wird durch geographische Breite φ und geographische Länge λ angegeben.

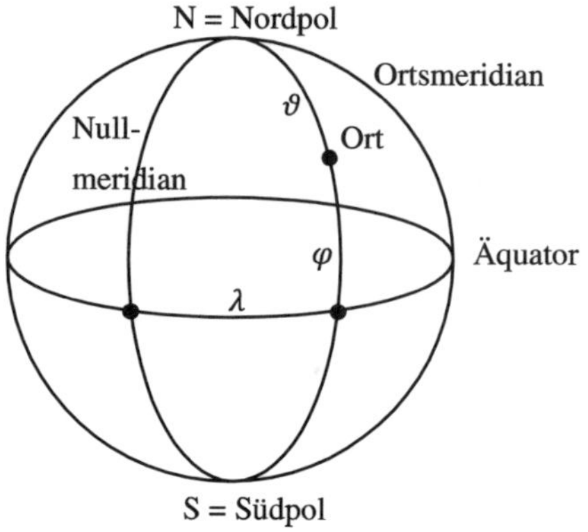

Geogr. Länge: λ
Geogr. Breite: φ
Geogr. Cobreite: $\vartheta = (90° - \varphi)$

Abb. V.9: Geographisches Äquatorialsystem

2. Stellares Äquatorialsystem

Die „Himmelsmeridiane" werden Stundenkreise genannt. Der „Null-Stundenkreis" $\alpha = 0°$ verläuft durch den Schnittpunkt Äquator/Ekliptik, dem sog. Frühlingsäquinoktium (Frühjahrs-Tag- und Nachtgleiche, wenn jährlich einmal die Sonne in dieser Richtung steht). Die Richtung zu einem Gestirn wird durch Deklination δ und Rektaszension α angegeben.

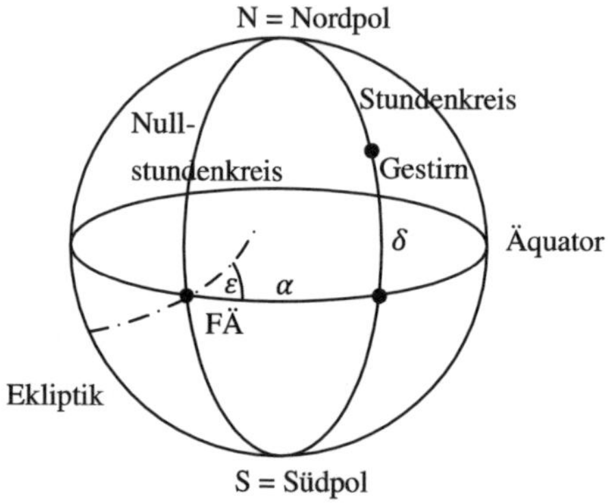

Deklination: δ
Rektaszension: α (in Stunden, $1^h = 15°$)
Schiefe der Ekliptik: ε

FÄ: Frühlingsäquinoktium

Abb. V.10: Stellares Äquatorialsystem

3. Ekliptiksystem

Aus zwei Gründen kommt der Ekliptik eine besondere praktische Bedeutung zu. Einerseits bietet sie ein raumfestes Referenzsystem, nahezu unbeweglich gegenüber dem Fixsternhimmel. Andererseits beschreibt sie den jährlichen Lauf der Sonne, was im Altertum von großer praktischer Bedeutung für die geographische Ortsbestimmung und die Navigation mittels der Sonne war.

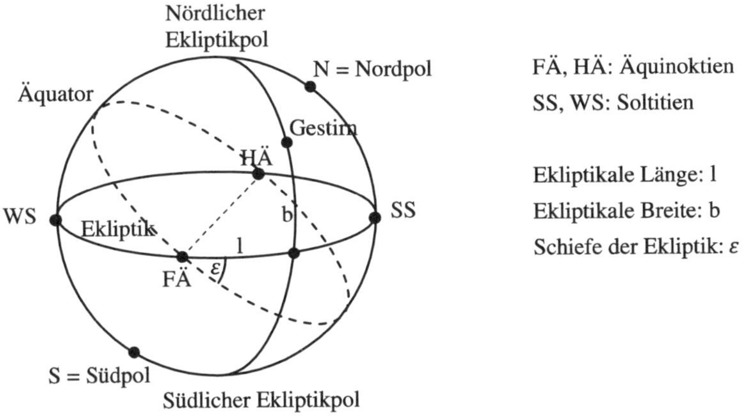

Abb. V.11: Ekliptiksystem

Die Großkreise durch die Ekliptikpole haben keinen Namen; sie dienen dazu, die ekliptikale Länge l und die ekliptikale Breite b eines Gestirns festzulegen.

Im ekliptikalen System ändern sich die Richtungen zu den Fixsternen, also deren Breite b und die Längendifferenzen Δl praktisch nicht mit der Zeit. Die Längen l ändern sich dagegen durch die Präzession.

Infolge der sog. Präzession der Erdachse rotiert die Nordpolrichtung gegen den Uhrzeigersinn um den Ekliptikpol in ungefähr 23 600 Jahren, d.h. das Frühjahrsäquinoktium bewegt sich auf der Ekliptik gegen den Uhrzeigersinn um ca. p = 1 ½°/Jh., wodurch sich ekliptikale Länge l sowie Rektaszension α und Deklination δ der Fixsterne stetig ändern. Bereits Hipparch hat diesen Wert zu p = 1°/Jh. bestimmt; seine Angabe wurde von Ptolemaios übernommen, später verbessert zunächst durch islamische Astronomen.

4. Horizontalsystem: „Sphaera obliqua“

Die Pole des lokalen Horizontalsystems sind Zenit (oben) und Nadir (unten). Die Großkreise durch Zenit/ Nadir werden Vertikalkreise genannt.

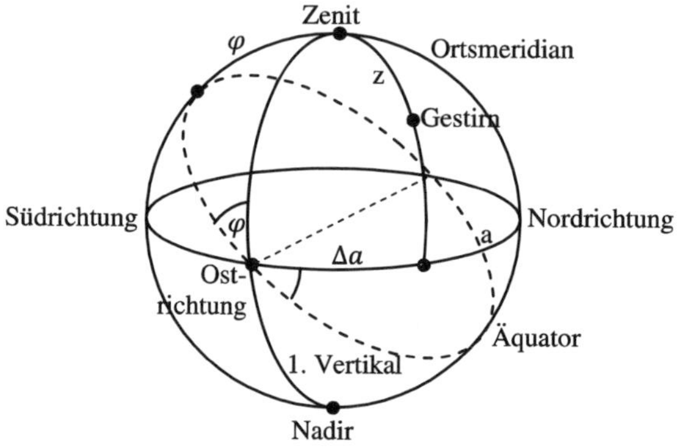

φ = geographische Breite
z = Zenitdistanz
a = Nordazimut
Δa = (90°-a) = Ostazimut
(180°-a) = Südazimut

Abb. V.12: Osthalbkugel des Horizontalsystems

Der Schnittpunkt von Horizont und Äquator ist die Ostrichtung. Der dazu korrespondierende Vertikalkreis wird 1. Vertikal oder Ostvertikal genannt; er bildet mit dem Ortsmeridian, der als Vertikalkreis die (horizontale) Nord- bzw. Südrichtung festgelegt, einen rechten Winkel.

„Sphaera obliqua“ nennt Ptolemaios das Horizontalsystem, „Sphaera recta“ nennt er es dann, wenn die Zenitrichtung in die Äquatorebene fällt.

Dringend zu beachten ist für das Verständnis der antiken astronomischen Methoden die – mutmaßlich alte – Einteilung von

- Ekliptik, Horizontalkreis, Äquator und Meridiankreis.

Die Ekliptik wurde in zwölf Tierkreisintervalle zu je 30° = 1 Zodiak eingeteilt.

Der (Himmels-) Äquator wurde durch 24 Stunden, $1^h = 15° = 1$ Bathmos, in Stundenintervalle eingeteilt.

Mutmaßlich aufgrund einer antiken Messtechnik zur Bestimmung der geographischen Breite wurde der Meridian mittels „Dauer des längsten Tages“ in entsprechende Intervalle $T = (12^h + \Delta T)$ eingeteilt. Diese Einteilung ist nicht kompatibel mit der Gradeinteilung des Meridians; Umrechnungsalgorithmen waren zu einer Transformation in Grad zu entwickeln.

Alle diese zunächst etwas sonderbar anmutenden Kreiseinteilungen sind eng mit den Methoden der antiken Messkunst verknüpft.

V.5.2 Astro-geodätische sphärische Methoden im Altertum

V.5.2.1 Deklination der Sonne (MS I.14)

Gegeben sei die Schiefe der Ekliptik ε sowie die ekliptikale Länge Δl eines Punktes der Ekliptik (z.B. Tierkreiszeichen, Sonne nach Kallippos) bezüglich des Herbstäquinoktiums. Gesucht ist die Deklination δ der Sonne bzw. des Punktes der Ekliptik.

Nach Menelaos IB erhält man

$$\frac{\sin(AC)}{\sin(AE)} = \frac{\sin(DC)}{\sin(DF)}\frac{\sin(EF)}{\sin(EB)} \quad ; \quad \frac{1}{sin\varepsilon} = \frac{1}{sin\delta} = \frac{cos\Delta l}{1};$$

$$sin\delta = sin\varepsilon\ cos\Delta l.$$

Da sin(ε)~(2/5), erhält man als praktisch ausreichende Näherung

$$\sin(\delta) = (2/5)\cos(\Delta l).$$

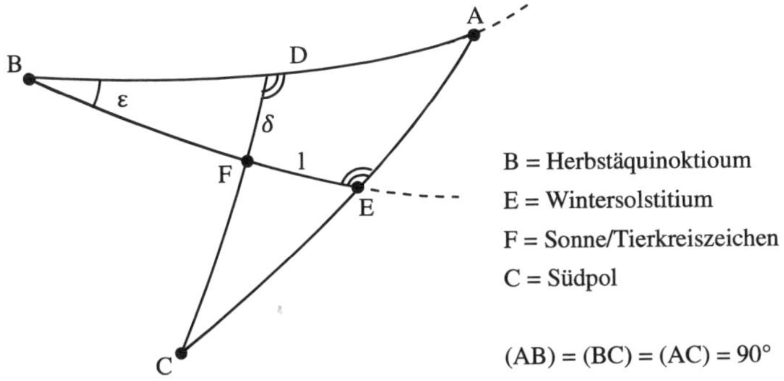

Abb.V.13: Menelaos-Konstrukt der Deklination δ der Sonne

Als illustrierende Beispiele berechnet Ptolemaios mit (AE) = ε = 23°51′20″:

- für (EF) = Δl = 30° : δ = 11°40′
- für (EF) = Δl = 60° : δ = 20°30′09″.

Insbesondere für die Navigatoren und für die geographische Breitenbestimmung war die Deklination δ der Sonne von erheblicher praktischer Bedeutung im Altertum.

Mittels der Angaben des Kallippos konnte für jeden beliebigen Tag zunächst die ekliptikale Länge l der Sonne und damit deren Deklination δ bestimmt werden. Durch Messung der Zenitdistanz z der Sonne im Meridian z.B. mittels eines „Skiotherikos Gnomon" erhält man dann die geographische Breite Φ zu Φ = δ + z.

Bestimmt man ferner südlich des Wendekreises des Krebses (Φ = ε) den Tag, an dem die Sonne im Zenit steht (Brunnen des Eratosthenes), ist z = 0 und man erhält unmittelbar Φ = δ.

V.5.2.2 Rektaszension der Sonne (MS I.16)

Gegeben sei die Schiefe der Ekliptik ε sowie die ekliptikale Längendifferenz Δl = 360°-l eines Punktes der Ekliptik bezüglich des Frühjahrsäquinoktiums. Gesucht ist die Rektaszensionsdifferenz Δα = (360° – α) der Sonne bzw. des Punktes der Ekliptik.

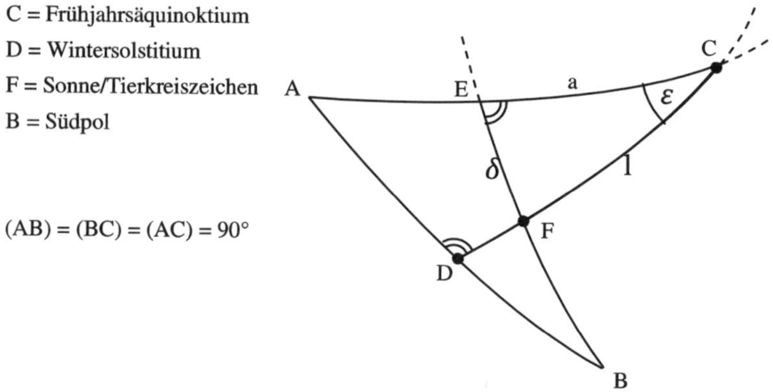

Abb. V.14: Menelaos-Konstrukt zur Rektaszension der Sonne

Nach Menelaos IID erhält man

$$\frac{sin(DB)}{sin(DA)} = \frac{sin(FB)}{sin(FE)}\frac{sin(CE)}{sin(CA)} \quad ; \quad \frac{cos\varepsilon}{sin\varepsilon} = \frac{cos\delta}{sin\delta} = \frac{sin\Delta\alpha}{1};$$

$$sin\Delta\alpha = tan\delta\ cot\varepsilon\ .$$

Als illustrierende Beispiele berechnet Ptolemaios mit (DA) = ε = 23°51′20″, (DB) = (90-ε) = 66°08′40″:

- für Δl = 30°: (FE) = δ = 11°39′59″, (FB) = (90 – δ) = 78°20′01″, (EC) = Δa = 27°50′ = $1^h51^m33^s$

- für $\Delta l = 60°$: $(FE) = \delta = 20°30'09''$, $(FB) = (90 - \delta) = 69°29'51''$, $(EC) = \Delta a = 57°44' = 3^h50^m56^s$.

Wenn also die ekliptikale Länge l der Sonne nach Kallippos zu einem beliebigen Tag im Jahr gegeben war, konnten die äquatorialen Koordinaten, also Deklination δ und Rektaszension α, mittels einfacher Beziehungen berechnet werden.

V.5.2.3 Dauer des längsten/kürzesten Tages

Aus zwei Gründen war die stetig wechselnde Tagesdauer von besonderem Interesse für die Griechen.

Zum einen wurde als bürgerliche Zeit diese wechselnde Tageslänge konsequent in 12 Stunden eingeteilt, d.h. die bürgerliche Stunde ändert sich stetig im Laufe des Jahres.

Zum anderen hängt die Länge des längsten Tages von der geographischen Breite ab; am Äquator ist die Tageslänge stets zwölf Stunden, am Polarkreis $\varphi = (90° - \varepsilon)$ 24 Stunden, am Pol ($\varphi = 90°$) ein halbes Jahr. Im Prinzip konnte also durch Messung der Tageslänge die geographische Breite φ bestimmt werden.

V.5.2.4 Ostazimut des Sonnenaufgangs (MS II.2)

Gegeben sei die Schiefe der Ekliptik ε und gemessen die Dauer des kürzesten Tages T_k. Ist τ die Rektaszension des Sommer- bzw. Wintersolstitiums F′ bzw. F ausgedrückt in Stunden, also $1^h = 15°$, ergibt sich die Dauer des längsten Tages zu $T_l = (12 + \tau)^h$, die Dauer des kürzesten Tages zu $T_k = (12 - \tau)^h$. Man beachte, dass zu den Tages-und Nachtgleichen (Frühjahrs- und Herbstanfang) die Äquinoktien in der Ostrichtung C aufgehen, sodass τ=0 wird.

Nach Menelaos IIA (invers!) erhält Ptolemaios

$$\frac{\sin(AE)}{\sin(AC)} = \frac{\sin(BE)}{\sin(BF)}\frac{\sin(DF)}{\sin(DC)} \quad ; \quad \frac{cos\tau}{1} = \frac{1}{sin\varepsilon} = \frac{cos\Delta\alpha}{1};$$

$$cos\Delta\alpha = cos\varepsilon\ cos\tau.$$

Als illustrierendes Beispiel berechnet Ptolemaios für $\varphi = 36°$ (Rhodos) mit $(EF) = \varepsilon = 23°51'20''$ und $(EC) = \tau = 1\frac{1}{4}^h = 18°45'$ die Azimutdifferenz zu $(FC) = \Delta a = 30°$.

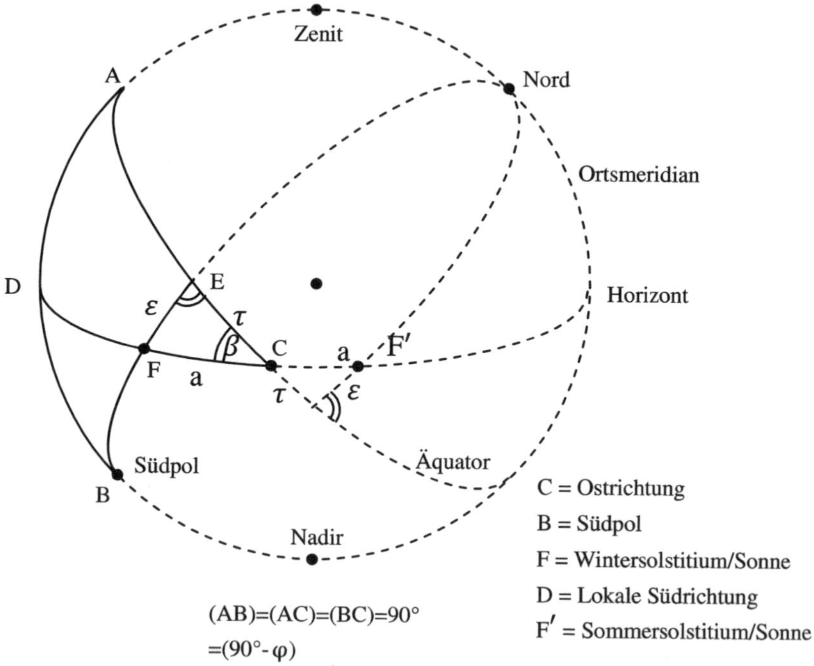

Abb. V.15: Geometrisches Konstrukt zur Dauer des kürzesten Tages $T_k = (12^h - \tau)$

V.5.2.5 Tagesdauer und geographische Breite φ (MS II.3)

Erstens seien die Dauer des längsten Tages durch (EC) = τ = 18°45′ = $7\frac{1}{4}^h$ und das Ostazimut des Sonnenaufgangs zum Wintersolstitium (FC) = Δa = 30° gegeben. Gesucht ist die geographische Breite φ = (CD) des Beobachtungsortes.

Nach Menalaos IB erhält Ptolemaios

$$\frac{\sin(EC)}{\sin(EA)} = \frac{\sin(FC)}{\sin(FD)}\frac{\sin(BD)}{\sin(BA)} \quad ; \quad \frac{sin\tau}{cos\tau} = \frac{sin\Delta\alpha}{cos\Delta\alpha} = \frac{sin\varphi}{1};$$

$$sin\varphi = tan\tau\ cot\Delta a$$

und damit φ = 36°00′.

Zweitens sei die geographische Cobreite ϑ = (90 – 36)°= (DA) und die Schiefe der Ekliptik ε = 23°51′20″ = (EF) gegeben. Gesucht ist die Dauer des längsten/kürzesten Tages τ = (EC).

Nach Menelaos IID erhält man

$$\frac{\sin(DB)}{\sin(DA)} = \frac{\sin(FB)}{\sin(FE)}\frac{\sin(CE)}{\sin(CA)} \quad ; \quad \frac{sin\varphi}{cos\varphi} = \frac{cos\varepsilon}{sin\varepsilon}\frac{sin\tau}{1};$$

$$sin\tau = tan\varepsilon\ cot\vartheta$$

und damit τ = 18°45′ = 1¼^{h}.

Drittens seien die geographische Breite φ = 36° = (BD) und die Schiefe der Ekliptik ε = 23°51′20″ = (EF) gegeben. Gesucht ist das Ostazimut des Sonnenaufgangs zum Wintersolstitium Δa = (CF).

Nach Menelaos IIC erhält man

$$\frac{\sin(AB)}{\sin(AD)} = \frac{\sin(EB)}{\sin(EF)}\frac{\sin(CF)}{\sin(CD)} \quad ; \quad \frac{1}{cos\varphi} = \frac{1}{sin\varepsilon}\frac{sin\Delta a}{1};$$

$$sin\varepsilon = cos\varphi\ sin\Delta a$$

und damit sin(Δa) = sin(ε)/cos(φ) = 30°.

Ptolemaios betont abschließend ausdrücklich, dass sich mittels der Proportionen IID und IIC die Tagesdauer τ und das Ostazimut Δa der aufgehenden Sonne für jeden beliebigen Tag im Jahr berechnen lassen, wozu einfach die Schiefe der Ekliptik ε durch die Deklination δ der Sonne zu ersetzen ist.

Letztere lässt sich (siehe V.5.2.4) mittels ihrer ekliptikalen Länge l nach den Angaben des Kallippos berechnen. Vor allem das Ostazimut Δa der aufgehenden Sonne war für die praktischen Arbeiten der Landesvermessung von gravierender Bedeutung.

V.5.2.6 Sonnenuntergang und Rektaszension der Ostrichtung

Gegeben sei die ekliptikale Länge der aufgehenden Sonne/Ekliptikpunkt (GF) = l_S. Gesucht ist die Rektaszension (GC) = α der Ostrichtung C.

Da die ekliptikale Länge l_S gegeben ist, berechnet Ptolemaios zunächst δ_S = (FE) und α_S = (GC) der aufgehenden Sonne (Siehe V.5.2.1).

Nach Menelaos IID erhält man

$$\frac{\sin(DB)}{\sin(DA)} = \frac{\sin(FB)}{\sin(FE)}\frac{\sin(CE)}{\sin(CA)} ; \quad \frac{sin\vartheta}{cos\vartheta} = \frac{sin\delta}{cos\delta} = \frac{sin\Delta a}{1}$$

$$sin\Delta a = tan\delta\ cot\vartheta = tan\delta\ tan\varphi.$$

Als illustrierende Beispiele berechnet Ptolemaios für φ = 36° (Rhodos):

l_S = 30° = (GF): δ_S = 11°34′59″ = (EF), α_S = 27°50′ = (GE),
Δα = 8°38′ = (CE), α_0 = 19°12′ = (GC)

$l_S = 60° = (GF)$: $\delta_S = 20°30'09'' = (EF)$, $\alpha_S = 57°44' = (GE)$,
$\Delta\alpha = 15°46' = (CE)$, $\alpha_0 = 41°58' = (GC)$.

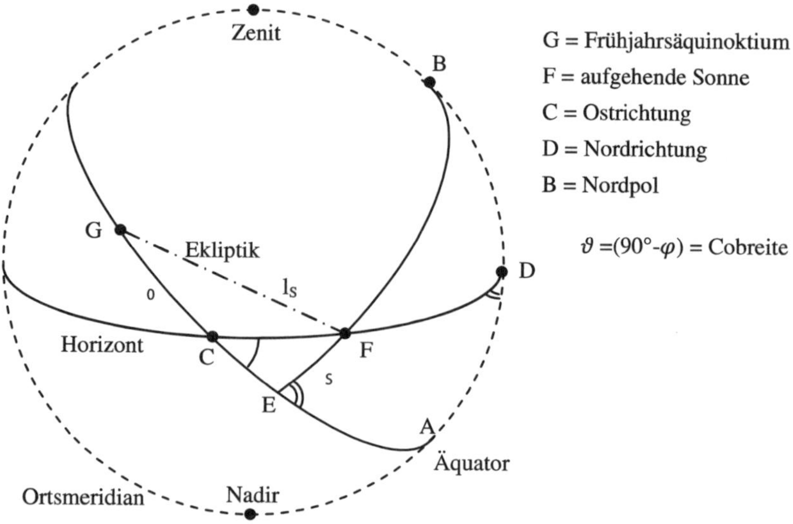

Abb. V.16: Aufgehende Sonne F und Rektaszension der Ostrichtung C

Ptolemaios bemerkt abschließend, dass sich die Methode für beliebige ekliptikale Längen l_S des Sonnenaufgangs für beliebige Tage im Jahr verwenden lässt. Er beschreibt dann eine alternative Lösung; bei dieser ist zu beachten, dass der Bogen (AC) **nicht** 90° ist, das Dreieck BDF also **nicht** rechtwinklig ist.

Gegeben seien die Schiefe der Ekliptik $\varepsilon = (AD)$ sowie die ekliptikale Länge l_S und damit die Deklination $\delta_S = (EF)$ der aufgehenden Sonne sowie die Dauer des längsten Tages τ bei gegebener Breite φ. Nach Menelaos D (invers!) erhält Ptolemaios

$$\frac{\sin(DA)}{\sin(DB)} = \frac{\sin(CA)}{\sin(CE)}\,\frac{\sin(FE)}{\sin(FB)};$$

$$\frac{\sin(CA)}{\sin(CE)} = \frac{\sin(DA)}{\sin(DB)}\,\frac{\sin(FB)}{\sin(FC)} = \frac{\sin\varepsilon}{cos\varepsilon}\,\frac{\cos\delta}{\sin\delta}.$$

Ptolemaios merkt dann an: Ohne weiteres ist ersichtlich, dass wir 2(CA) für jede Breite als gegeben zu betrachten haben: es ist der in ebenso viel Raumgraden statt in Zeitgraden ausgedrückte Unterschied zwischen dem Nachtgleichentag und dem kürzesten Tag, also CA = τ (siehe V.5.2.2).

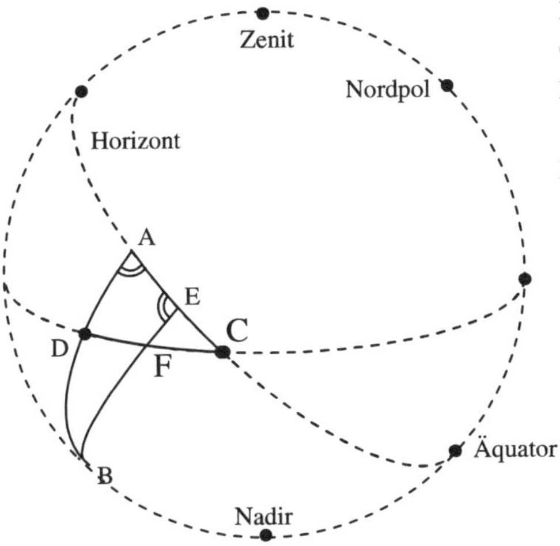

B = Südpol

C = Ostrichtung

F = aufgehende Sonne/Ekliptikpunkt

F = Wintersolstitium

($l_D = 270°$)

(AC) = τ

Abb. V.17: Konstrukt des Ptolemaios

Ptolemaios stellt damit in MS II.8 eine größere Tabelle auf und behandelt in MS II.9 Aufgaben, die vor allem mit der Umwandlung von bürgerlichen Stunden in Äquinoktialstunden und vice versa zusammenhängen.

V.5.2.7 Tagesdauer und geographische Breite φ

Misst man zum Sommersolstitium die Dauer des längsten Tages $2\tau_0$ vom Aufgang bis zum Untergang des oberen Sonnenrandes, so ist die Messung zu reduzieren um:

- den Halbmesser der Sonne: $\delta S = 16'$,
- troposphärische Refraktion (für $z = 90°$): $\delta R = 34'$,
- eine evtl. Kimmtiefe (bei $h = 150$m): $\delta K = 23'$.

Danach ergibt sich ein dz = 1°13′, d.h. der obere Sonnenrand wird erst am Horizont unsichtbar, wenn sich der Sonnenmittelpunkt um ca. 1° unter der Horizontebene befindet. Die von der Höhe des Beobachtungsortes abhängige Kimmtiefe ergibt sich einfach anhand der Abb. V.18.

Die Vergrößerung der halben Tageslänge $d\tau$ ist mit dz verknüpft durch die (moderne) Formel:

$$d\tau = dz/cos\varepsilon cos\varphi\ cos\tau \quad bzw. \quad d\tau/cos\tau = d\bar{z}cos\varphi.$$

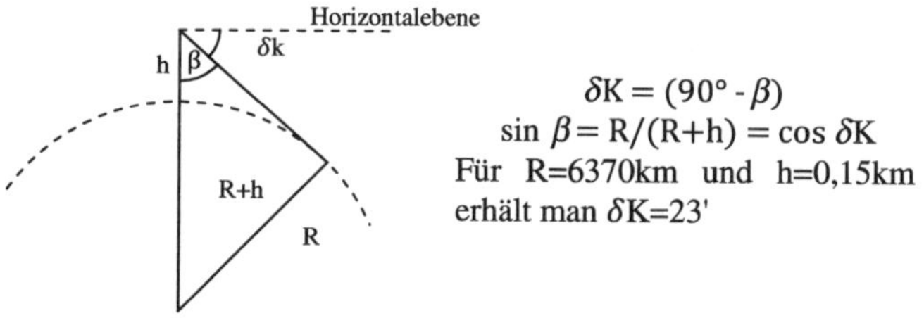

Abb. V18: Höhe *h* des Beobachtungsortes und Kimmtiefe δK

Differentiation der Grundgleichung $sin\tau = tan\varphi \; tan\varepsilon$ ergibt $d\varphi = cos\tau \; cos^2\varphi / tan\varphi$ und damit $d\varphi = cos\varphi / sin\varepsilon \; dz = cos\varphi \; d\bar{z}$, wobei $d\bar{z} = dz/cos\varepsilon = 3°$. Um $d\varphi$ müssen die Breiten φ reduziert werden, wenn diese mittels der tatsächlichen Dauer $\bar{\tau}_0$ des längsten Tages bestimmt worden sind. Für gewisse Orte ist $d\varphi$ in Tab. V.4 aufgelistet.

Ort	φ	$d\varphi$
Äquator	0°	3°
Meroë	17°	2°50′
Alexandria	31°13′	2°25′
Rhodos	36°26′	2°25′
Byzanz	41°	2°15′
Borysthenes	46°35′	2°
Brigantium	55°	1°45′
Thule	63°	1°20′

Tab. V.4: Korrektion $d\varphi$ zur Bestimmung der geographischen Breite aus Messungen der Länge des längsten Tages

V.5.2.8 Ptolemaios geographische Breitenangaben

Die Breitenangaben des Ptolemaios in der Mathematike Syntaxis II.6 sowie in der Geographike Hyphegesis VIII sind im Folgenden für einige Hauptorte der Oikumene den modernen Breitenangaben gegenübergestellt.

Ort	Taprobane	Syene	Alexandria	Rhodos	Smyrna	Ancona
Φ	4°15′	23°51′	31°00′	36°00′	38°35′	43°40′
$2\tau_0$	$12\,¼^h$	$12\,½^h$	14^h05^m	$14\,½^h$	$14\,¾^h$	$15^h\,20^m$

Ort	Sri Lanka	Aswan	Alexandria	Mt. Attaviros	Izmir	Ancona
φ	6°	24°05′	31°13′	36°12′	38°25′	43°37′
φ–Φ	+1°45′	+0°14′	+0°13′	+0°12′	–0°10′	–0°03′

Ort	Gadeira	Carthago Nova	Massalia	Rhenus	Cataractorium	Thule
Φ	36°40′	37°55′	43°04′	52°50′	58°	63°
$2\tau_0$	14^h30^m	14^h40^m	$15\,¼^h$	$16\,¾^h$	18^h	20^h

Ort	Cádiz	Cartagena	Marseille	Hoek van Holland	Catterick	Insel Smøla
φ	36°32′	37°36′	43°18′	52°00′	54°22′	63°25′
φ–Φ	–0°08′	–0°19′	+0°14′	–0°50′	–3°28′	+0°25′

Ort	Syrakusai	Roma	Nicaea	Dyrrhachium	Brundisium	Ravenna
Φ	37°15′	41°40′	43°25′	40°50′	39°40′	44°00′
$2\tau_0$	14^h38^m	15^h05^m	15^h15^m	15^h	14^h50^m	15^h25^m

Ort	Syrakus	Rom	Nizza	Durres	Brindisi	Ravenna
φ	37°04′	41°53′	43°42′	41°18′	40°37′	44°25′
φ–Φ	–0°11′	+0°13′	+0°17′	+0°28′	+0°57′	+0°25′

Ort	Piraeus	Tarsos	Sidon	Tyros	Askalon	Gaza
Φ	37°10′	36°50′	33°30′	33°20′	31°40′	31°30′
$2\tau_0$	–	14^h35^m	–	–	14^h08^m	

Ort	Piraeus	Tarsus	Saida	Sour	Ashqelon	Gaza
φ	37°57′	36°52′	33°32′	33°16′	31°40′	31°30′
φ–Φ	+0°47′	+0°02′	+0°02′	–0°04′	0°00′	0°00′

Ort	Byzanz	Borysthenes	Nikaia	Sinope	Amisos	Phasis
Φ	43°05′	48°32′	42°15′	44°00′	43°05′	44°45′
$2\tau_0$	15^h15^m	16^h	15^h08^m	15^h20^m	15^h15^m	15^h30^m

Ort	Istanbul	Dnjepr	Izuik	Sinop	Samsun	Poti
φ	41°02′	46°35′	40°27′	42°02′	41°17′	42°11′
φ–Φ	–2°03′	–2°03′	–1°48′	–1°58′	–1°48′	–2°34′

Ort	Babylon	Akbatana	Antioch. M.	Baktra	Maruka	Chatracharta
Φ	35°00′	37°45′	40°40′	41°00′	43°40′	44°10′
$2\tau_0$	14^h25^m	14^h40^m	15^h	15^h	15^h20^m	15^h25^m

Ort	Babylon	Hamadan	Mary	Balku	Samarkand	Chardzhou
φ	32°33′	34°46′	37°42′	36°42′	39°40′	39°09′
φ–Φ	–2°27′	–2°59′	–2°58′	–4°28′	–4°00′	–5°01′

Ort	Alexandreia	Alexandreia	Kabura	Taxiala	Palimbothra	M. Indus
Φ	36°00′	31°00′	35°00′	33°15′	27°00′	19°50′
$2\tau_0$	14^h30^m	14^h05^m	14^h25^m	–	13^h45^m	–

Ort	Herat	Kandahar	Kabul	Taxila, R.	Patna	M. Indus
φ	34°20′	31°35′	34°31′	33°51′	25°37′	23°55′
φ–Φ	–1°40′	+0°35′	–0°29′	+0°36′	–1°23′	+4°05′

Tab. V.5: Breitenangaben des Ptolemaios

Der Leser beachte die systematischen, teilweise gravierenden Verschiebungen der Koordinaten in Breite; sie machen die Entzerrung der Daten des Ptolemaios und damit die Identifizierung aller antiken Orte so schwierig. Sicher identifiziert sind bis heute nur relativ wenige Orte der Oikumene.

V.5.3 Winkel zwischen Ekliptik und Zenit-Großkreisen

Die Großkreise verknüpft mit dem Zenit sind der Ortsmeridian, der Horizontalkreis und der Vertikalkreis eines Gestirns. Aus zwei Gründen sind die in der Mathematike Syntaxis I.10–13 beschriebenen Methoden vor allem für die Astronomie bedeutsam.

Die entscheidende Größe für die erste bzw. letzte Sichtbarkeit eines Planeten am Morgen bzw. Abendhimmel (heliakische Unter- bzw. Aufgänge) ist die vertikale Tiefe der Sonne unter dem Horizont.

Zur Vorausberechnung von Sonnen- und Mondfinsternissen ist die topozentrische Parallaxe, hervorgerufen durch die Distanz r zwischen Erdmittelpunkt/Beobachter, von wesentlicher Bedeutung. Der Leser beachte, dass die maximale topozentrische Parallaxe des Mondes von ca. 1° doppelt so groß ist wie sein Winkeldurchmesser.

Als wichtig erachtet Ptolemaios die Winkel gebildet an

- dem Schnittpunkt der Ekliptik mit dem (Orts-)Meridian,
- dem Schnittpunkt der Ekliptik mit dem Horizont,
- dem Schnittpunkt der Ekliptik mit dem Vertikalkreis eines Gestirns.

Hierbei nimmt Ptolemaios wohl aus traditionellen Gründen zunächst die Äquinoktien als Punkte der Ekliptik, dann Solstitien an, anschließend die Anfänge von Tierzeichen bzw. beliebige Punkte der Ekliptik; Letztere sind vor allem für Sonnenbeobachtungen wichtig.

Die folgenden drei Aufgaben illustrieren, wie die Griechen bei der Berechnung von Dreieckswinkeln vorgingen, die in den Proportionen des Menelaos nicht auftreten. Sie bildeten ein gleichschenkliges Dreieck auf der Kugel mit den beiden Schenkeln a und b zu je 90°. Die dritte Seite c muss dann dem eingeschlossenen Winkel γ gleich sein.

V.5.3.1 Winkel zwischen Ekliptik und Ortsmeridian

Ptolemaios beweist zunächst zwei Lemmata bzw. Hilfssätze (Abb. V.19a, b). Zunächst führt er anhand einer Konfiguration, bei der die Solstitien im Meridian liegen (Abb. V.19a), den Großkreis BD mit dem Wintersolstitium WS als Pol ein.

Ptolemaios zeigt anhand dieser Konfiguration zunächst (Satz I):

$$(ED) = 90°, (DAE) = 90°, (DCE) = 90°.$$

In Ergänzung dazu betrachtet Ptolemaios die Konfiguration, bei der anstelle der Solstitien die beiden Äquinoktien im Meridian liegen und der Großkreis BD durch das Wintersolstitium F führt (Abb. V.19b).

Anhand dieser Konfiguration zeigt er (Satz II):

$$(AF) = (ED) = 90°, (EF) = \varepsilon, (DF) = (90°+\varepsilon),$$
$$(DAF) = (90°+\varepsilon), (FAB) = (90°+\varepsilon).$$

Beliebige Punkte der Ekliptik betrachtet er anschließend (Satz III); er berechnet den Winkel α(ADC) zwischen Ortsmeridian und Ekliptik, wozu er als Beispiel Δl = (CF) = 30° das Tierkreisintervall der Jungfrau wählt.

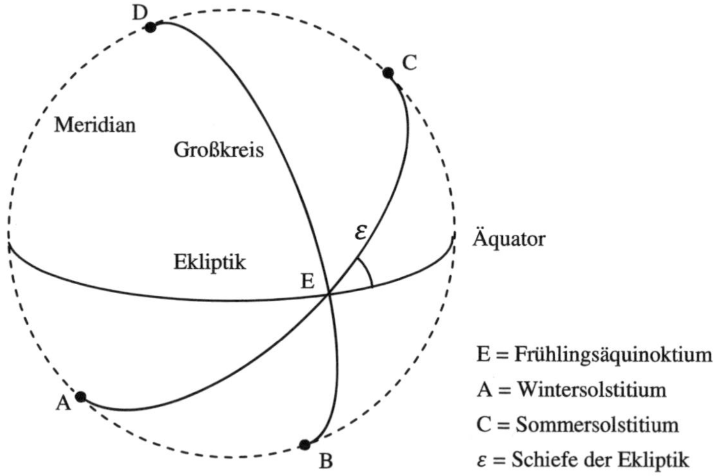

Abb. V.19a: Konfiguration mit den Solstitien im Meridian

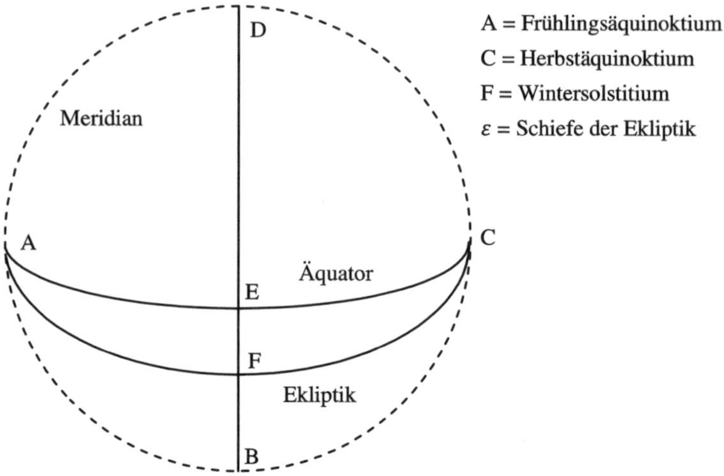

Abb. V.19b: Konfiguration mit den Äquinoktien im Meridian

Ptolemaios benutzt die vorhergehend berechnete Seite (EC) = 23°20′ zur Berechnung des Winkels α = (A′CD) = (90°+(BD)) mittels der Proportion

$$\frac{\sin(EC)}{\sin(EA)} = \frac{\sin(FC)}{\sin(FD)} = \frac{\sin(BD)}{\sin(BA)} \quad ; \quad \frac{\sin(EC)}{\cos(EC)} = \frac{\sin(FC)}{\cos(FC)} \frac{\sin(BD)}{1};$$

$$\sin(BD) = \tan(EC)\cot(FC).$$

Als Beispiel verwendet er (FC) = 30°, (EC) = 23°20′ und erhält (BD) = 21° sowie damit (DA′) = (21 + 90)°= (A′CD) = α. Abschließend betont er, dass nach dieser Formel für jeden beliebigen Punkt D einer ekliptikalen Länge l = (180° + (FD)) die ekliptikale Breite b = (DB) des damit korrespondierenden Äquatorpunktes B berechnet werden kann.

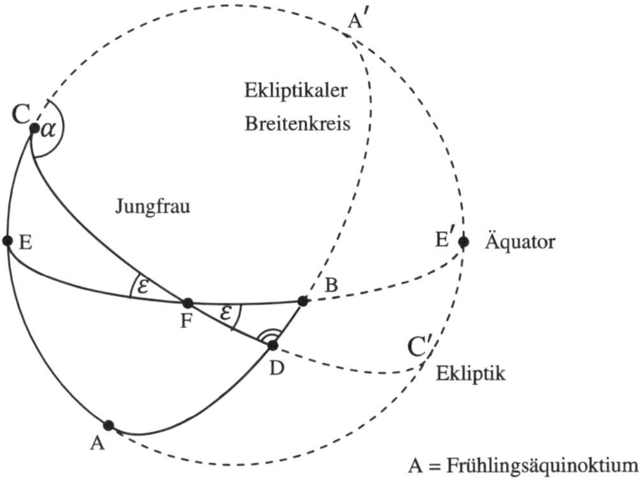

Abb. V.19c: Beliebiger Punkt D der Ekliptik im Meridian

V.5.3.2 Winkel zwischen Ekliptik und Horizont

Ptolemaios geht von $\varphi = 36° = (CH)$ und der ekliptikalen Länge l = (GB) = 30° eines aufgehenden Punktes der Ekliptik bzw. der Sonne B aus.

Als bereits berechnet setzt er die ekliptikale Länge l_F = (GF) = 107°41′ voraus, damit (BF) = (107°41′ - 30°) = 77°41′ und (120° – 107°41′) = 12°19′ sowie die nördliche Deklination von F, also δ_F = 22°40′ = (HF), mit der sich ergibt (CF) = 58°40′ = (22°40′ + 36°00′). Gesucht ist der Bogen (AE) = β.

Ptolemaios verwendet die Proportion

$$\frac{\sin(DF)}{\sin(DC)} = \frac{\sin(BF)}{\sin(BE)} = \frac{\sin(AE)}{\sin(AC)} \quad ; \quad \frac{\cos(CF)}{1} = \frac{\sin(BF)}{1}\frac{\sin(AE)}{1};$$

$$\cos(CF) = \sin(AE)\sin(BF).$$

Er berechnet damit (AE) = (ABE) = 32°10′ = β.

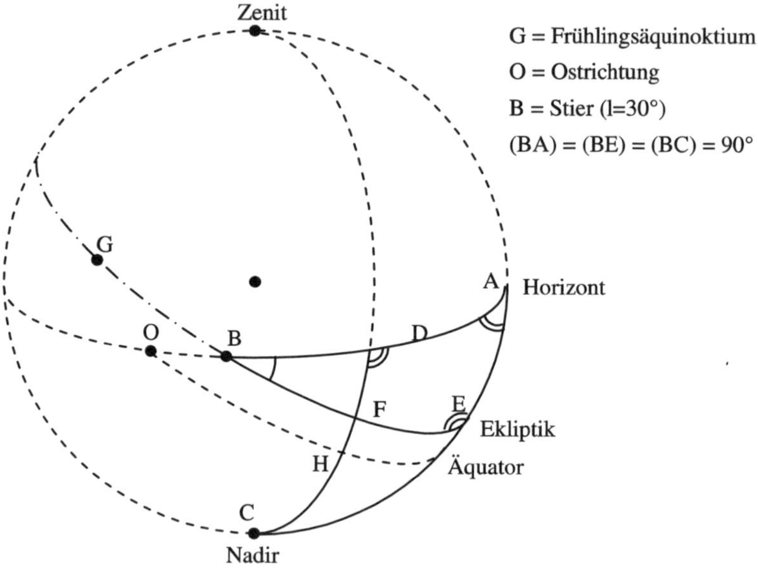

Abb. V.20: Winkel (AE) = β zwischen Horizont und Ekliptik

V.5.3.3 Winkel zwischen Ekliptik und Vertikalkreis

Gesucht sind

- der Bogen (CF) = Zenitdistanz z des Schnittpunkts Vertikalkreis/Ekliptik,
- der Winkel (CFB) = Nordazimut der Ekliptik.

In den Meridiankreis zeichnet Ptolemaios den Horizontalkreis, die Ekliptik und den Vertikalkreis durch das Sommersolstitium (Abb. V.21a).

Gegeben sind $l_E = 76°12'$ und $l_B = 167°37'$ und damit (BE) = (167°37′ – 76°12′) = 91°25′ sowie (BF) = (167°37′ – 90) = 77°37′.

Bereits berechnet sei die Deklination von E, also $\delta_E = 32°07'$, womit man (EC) = $(\varphi - \delta)$ = (36° – 23°07′) erhält und damit (AE) = 90° – (EC) = 77°07′.

1. Berechnung der Zenitdistanz

Ptolemaios verwendet die Proportion ((AC) = (DC) = (BE) = 90°)

$$\frac{\sin(AE)}{\sin(AC)} = \frac{\sin(BE)}{\sin(BF)} = \frac{\sin(DF)}{\sin(DC)} \quad ; \quad \frac{\sin(AE)}{1} = \frac{1}{\sin(BF)} \frac{\sin(DF)}{1} ;$$

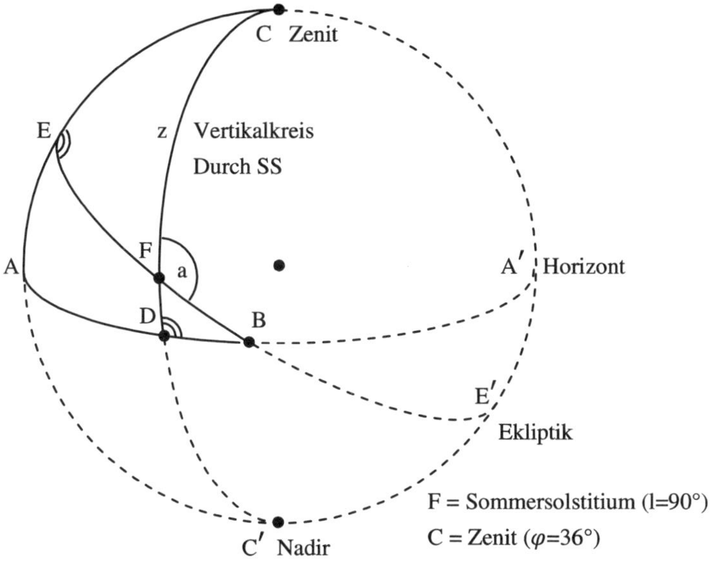

Abb. V.21a: Zur Berechnung der Zenitdistanz

$$\sin(DF) = \sin(AE)\sin(BF)$$

und erhält damit (DF) = 72°13′ und z = (CF) = 90° – (DF) = 17°47′.

2. Berechnung des Nordazimuts *a*

Die Figur in Abb. V.21a ergänzt Ptolemaios durch den Großkreis ADB (siehe Abb. V.21b), dessen Pol das Sommersolstitium C ist.

Ptolemaios verwendet die Proportion

$$\frac{\sin(EC)}{\sin(EA)} = \frac{\sin(FC)}{\sin(FD)}\frac{\sin(BD)}{\sin(BA)};\ \frac{\sin(EC)}{\cos(EC)} = \frac{\cos(FD)}{\sin(FD)}\frac{\sin(BD)}{1};$$

$$tan(EC)\ tan(FD) = sin(BD).$$

Mit (EC) = 72°13′, (EA) = 43°14′, (FC) = 77°37′, und (FD) = 12°32′ erhält er (BD) = 43°14′, damit (AD) = (90° – 43°14′) = 46°46′ sowie a = (GCD) = (180° – 46°46′) = 133°14′.

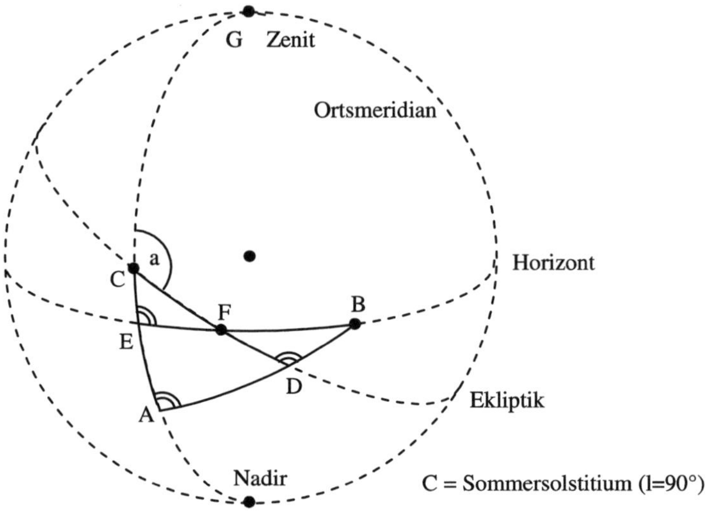

Abb. V.21b: Zur Berechnung des Nordazimuts a

VI Antike Winkelmessinstrumente der Geodäsie/Astronomie

Neben der „Dioptra“ des Heron, des antiken Vorläufers des Theodoliten, sind wir durch Ptolemaios über die in der Astronomie verwendeten Winkelmessinstrumente relativ gut informiert. In der Mathematike Syntaxis gibt er eine kurze Beschreibung von vier Instrumenten an: Meridiankreis (I.12), Schattenquadrat (I.12), Armillar-Sphäre (V.1) und Lunar-Instrument (V.12).

In der Geographie erwähnt er in der Einleitung zwei Instrumente, Armillarsphäre (Astrolab) und Skiotheron, als unverzichtbar für geographische Zwecke.

Von größtem Interesse ist das Skiotheron; denn wir wissen von Strabon, dass Eratosthenes mit einem Skiotherikos Gnomon (schattenfangender Gnomon) den Breitenunterschied zwischen Alexandria und Rhodos ($\Delta\varphi = 5°13'$) zu 3750 Stadien ($= 3750/700 = 5°21'$) auf $8'$ genau bestimmt hat.

Während wir über die anderen Instrumente durch Beschreibungen des Ptolemaios, die im Folgenden wiedergegeben werden, relativ gut Bescheid wissen, musste der „schattenfangende Gnomon“ aus äußerst spärlichen antiken Informationen rekonstruiert werden (Lelgemann u.a. 2005).

VI.1 Skiotherikos Gnomon (schattenfangender Gnomon): wissenschaftliche Sonnenuhr

Von Heraklit wissen wir, dass die Griechen Gnomon und Polos relativ früh von den Babyloniern übernommen haben. Was ist darunter zu verstehen? Was ein Gnomon ist, wissen wir von Aristoteles. Aber was war ein Polos? Aufschluss gibt der anschauliche Begriff „schattenfangender Gnomon“. Ergänzt man nämlich ein Gnomon durch einen Stab, den Polos, erhält man ein Konstrukt (Abb. VI.1), bei dem der Gnomon den

Schatten des Polos auffängt. Ein derartiges Konstrukt hat den großen Vorteil, dass das Schattenende auch bei sehr tiefstehender Sonne nahe dem Horizont immer gleichmäßig scharf bleibt. Natürlich kann man auch anstelle des Gnomons einen Viertelkreis als Schattenfänger verwenden.

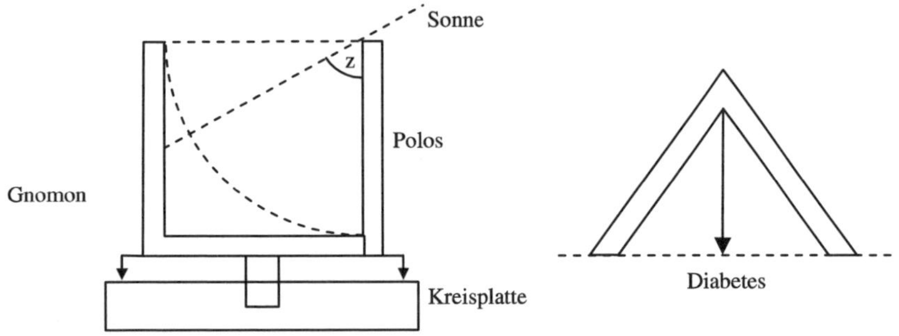

Abb. VI.1: Gnomon + Polos = schattenfangender Gnomon

Man kann ein derartiges Instrument drehbar auf eine waagerechte Kreisplatte setzen und derart sowohl die Zenitdistanz z als auch – bei zur Ostrichtung orientierter Kreisplatte – das Azimut a der Sonne zu jedem beliebigen Zeitpunkt des Tages messen.

Ein derartiges Messgerät erklärt den Auftritt des Meton in der Aristophanes-Komödie „Die Vögel“, der oft als sinnloses Geschwätz angesehen wird; die folgende wörtliche Übersetzung stammt von Eberhard Knobloch.

Pisthetairos: *Nun sage mir, was sind denn das für Dinge?*
Meton: *Kanones der Luft. Denn die Luft ist zum Beispiel der Idee nach als Ganzes am ehesten wie ein* ***Pnigeus.*** *Ich setze nun den Kanon hinzu und von oben diesen gekrümmten* ***Diabetes*** *hinein. Verstehst du?*
Pisthetairos: *Ich verstehe nicht.*
Meton: *Mit dem geraden Kanon werde ich messen, ihn hinzusetzend, damit dir der Kreis viereckig und in der Mitte ein Platz werde* [Polosspitze], *zu dem gerade Wege führend sind, zur Mitte* [des Kreises] *selbst, so als ob die überall geraden Strahlen eines kreisförmig seienden Sternes leuchten.*
Pisthetairos: *Der Mensch ist ein Thales.*

Pnigeus nannten die Griechen einen (kegelförmigen Glut-) Ersticker; dieser symbolisiert hier den Schattenkegel der Sonne. Kanon nannten sie einen Stab bzw. ein Maßlineal. Diabetes nannten sie eine Setzwaage zur Horizontierung einer Geraden mittels eines Lotes (Abb. VI.1).

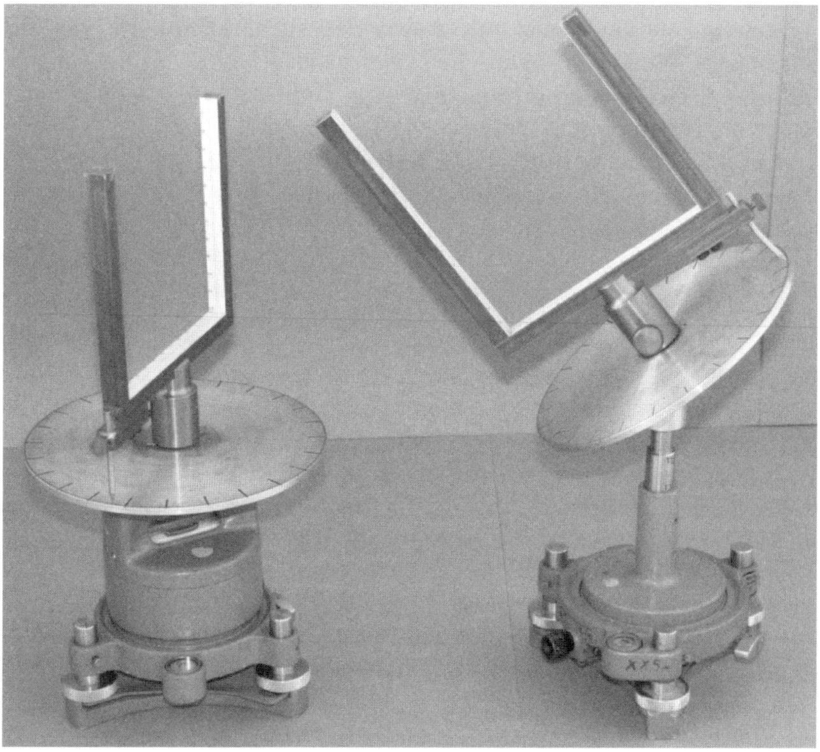

Abb. VI.2: Rekonstruktion eines Skiotherikon Gnomons

Der Auftritt des Athener Astronomen Meton ist also keinesfalls Blödelei, unwürdig eines Aristophanes. Es ist eine humorvoll/geistreiche Schilderung der wissenschaftlichen Tätigkeit des Meton (der möglicherweise bei der Uraufführung mit anwesend war und herzlich gelacht haben dürfte), die nach Aristophanes zurückgeht auf Thales.

Stellt man das Gerät in der sog. parallaktischen Montierung auf, also die Kreisplatte parallel zur Äquatorebene, dann misst man anstelle von z und a die Deklination δ der Sonne sowie die wahre Ortssonnenzeit t. Möglicherweise wurde das Skiotherikos Gnomon in parallaktischer Montierung „Horologion“ oder „Horoskopeia“ genannt. Das erklärt die Bemerkung des Diogenes Laertius, Anaximandros habe in Sparta einen Gnomon auf eine Platte aufgestellt, der auch die Solstitien und Äquinoktien anzeigt sowie die Bemerkung des Eusebios, Anaximandros habe zuerst Gnomone errichtet zum Erkennen von Solstitien und **Stunden** und Äquinoktien.

Tatsächlich kann man mit einem derartigen Instrument vier der messbaren Winkel im nautischen Dreieck der Sonne (Zenitdistanz z, Azimut a, Deklination δ, Stundenwinkel t) direkt messen sowie aus δ und z die geographische Breite $\varphi = (\delta - z)$ ableiten.

Der Nachbau eines derartigen Instrumentes (siehe Abb. VI.2) ergab eine Genauigkeit der Einzelmessung von ca. 5′ bzw. 20^{sec}, ähnlich der eines modernen Sextanten.

VI.2 Schattenquadrat

Eine Beschreibung des sog. Schattenquadrats gibt Ptolemaios in MS I.12.

Wir stellten eine quadratische Platte von Stein oder Holz ohne jede Verzerrung her, deren eine Seitenfläche eben und genau [quadratisch] *zugeschnitten sein muss. Auf dieser Seite nahmen wir in einer von den Ecken einen Punkt* [A] *als Zentrum an und beschrieben von da aus einen Quadranten* [(BC)].

Nun zogen wir an dem Punkte [A] *im Zentrum* [des Kreises] *bis an die beschriebene Kreislinie die Geraden* [AB, AC], *welche den rechten Winkel des Quadranten bilden und teilten die Kreislinie in die 90 Grade und deren Unterabteilungen.*

Hierauf brachten wir auf der einen Geraden [AC], *welche vertikal zur Ebene des Horizonts werden und die Lage nach Süden erhalten sollte, zwei senkrecht stehende ganz gleichgroße Stifte an, denen durch genau entsprechende Abdrechslung die Gestalt kleiner Zylinder gegeben war, den einen gerade auf dem Punkt im Zentrum genau in der Mitte* [des Kreises], *den anderen am unteren Ende* [C] *der Geraden.*

Hierauf stellten wir diese mit der Figur versehenen Seite der Platte [in Richtung Westen] längs der auf der darunter gelegenen Ebene gezogenen Mittagslinie auf, sodass sie gleichfalls die parallele Lage zur Ebene des Meridians erhielt. Wir kontrollierten durch ein Bleilot an den zylindrischen Stiften, ob die durch letztere gehende Gerade [AC] ohne Neigung, d.i. vertikal zur Ebene des Horizonts stand. Hierbei vermittelten einige dünne Unterlagen die nötige Korrektion.

Nun beobachteten wir ebenfalls wieder zur Zeit der Mittagsstunden den Schatten, welcher von dem im Zentrum befindlichen Stift ausgeht, indem wir dicht an die gezogene Kreislinie irgendeinen Gegenstand hielten, um die Schattenstelle deutlicher sichtbar werden zu lassen. Dadurch, dass wir die Mitte dieses Schattens durch einen Punkt markierten, erhielten wir den an dieser Stelle befindlichen Grad der Kreislinie des Quadranten, welcher, wie leicht zu begreifen, genau den Ort in Breite [d.h. die Zenitdistanz der Sonne z = (CE)] kennzeichnet, den die Sonne im Meridian einnimmt.

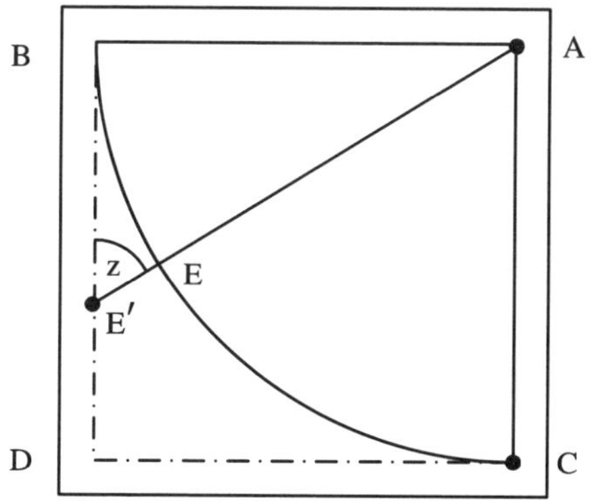

Abb. VI.3: Schattenquadrat

Ptolemaios bemerkt abschließend, dass er mit einem derartigen Instrument die Angabe des Eratosthenes für die Schiefe der Ekliptik $\varepsilon = (11/83)/2$ Kreisumfang als korrekt bestätigen konnte.

Die Verwandtschaft des Schattenquadrates mit dem Skiotherikos Gnomon ist deutlich zu erkennen. Das Schattenquadrat hat messtechnisch einen Vorteil: Die Unschärfe des Schattens am oberen Ende des Stiftes A spielt für die Messung keine Rolle mehr.

Schwierigkeiten könnte eine präzise Unterteilung des Kreisquadranten machen. Dem kann man begegnen, indem man die Länge BE an den Geraden AD bzw. DC misst. Man erhält die Zenitdistanz z unmittelbar durch $\tan z = AB/BE$.

Weiterhin kann man das Schattenquadrat modifizieren, indem man einen um A drehbaren Diopter AE anbringt, sodass man nicht mehr auf den Schatten der Sonne zur Winkelmessung angewiesen ist; derart sind auch Horizontalwinkel zu messen. Es ist daher nicht verwunderlich, dass Modifikationen des Schattenquadrats in der Messkunst bis zur Einführung des Fernrohrs von großer Bedeutung waren.

An seine Beziehungen zum schattenfangenden Gnomon erinnern mittelalterliche Namen wie „Instrumentum gnomonicum“ oder „Instrumentum gnomonale“ oder „Gnomon geometricum“ oder auch nur „Gnomon“ (Schmidt 1935, S. 245).

VI.3 Lunar-Instrument

VI.3.1 Beschreibung des Instrumentes durch Ptolemaios

Um bei der so wichtigen Untersuchung keinerlei unsichere Faktoren zuzulassen, haben wir ein Instrument konstruiert, mit dessen Hilfe wir durch Beobachtung mit möglichster Genauigkeit festzustellen vermochten,

- *in welcher Stärke* [d.h. Größe] *und in welchem Zenitabstand*

der Mond durch ihn und die Pole des Horizonts [Zenit/Nadir] *gehenden größten* [Vertikal-] *Kreis eine* [topozentrische] *Parallaxe zeigt.*

Wir haben zwei vierseitige Richtscheite angefertigt, beide nicht unter vier Ellen [~2m] *lang, um eine feinere Teilung zu ermöglichen. Beide sind auch von einem angemessenen Umfang, damit sie sich nicht infolge ihrer Länge verziehen könnten, sondern allseitig genau wie nach der Schnur glatt und gerade verlaufen.*

Auf beiden [Richtscheiten] *haben wir alsdann der Länge nach in der Mitte der breiteren Seite gerade Linien eingeritzt.*

Auf dem einen Richtscheit haben wir an den beiden äußeren Enden quer über die Mittellinie senkrecht stehende kleine viereckige Platten [A, B] *aufgesetzt, beide gleichgroß und zueinander parallel. Beide Platten haben eine genau in der Mitte angebrachte Absehöffnung,*

- *die eine Platte* [A], *welche am Auge sein soll, eine kleinere,*
- *die andere* [B] *eine verhältnismäßig große.*

So kann, wenn das Auge an die Platte mit der kleineren Absehöffnung angelegt wird, durch die in gradliniger Fortsetzung liegende Absehöffnung der anderen Platte der Mond in seinem ganzen Umfang gesehen werden.

Ohne Zweifel musste mit einem derartigen Instrumentarium auffallen, dass der Winkeldurchmesser δ des Mondes zeitlich variabel ist, nämlich (1 daktyloi = 1°/24 = 2,5′)

$$11 \text{ daktyloi} \leq \delta \leq 12 \text{ daktyloi},$$

wie in der antiken Literatur angegeben. Moderne Daten ergeben

$$11{,}75 \text{ daktyloi} \leq \delta \leq 13{,}41 \text{ daktyloi}.$$

Wir haben nun beide Richtscheite an den Mittellinien an dem einen Ende, und zwar das eine dicht vor der Platte [B] *mit der größeren Absehöffnung, gleichmäßig durchbohrt. Dann haben wir durch beide einen kleinen Achsenstift gesteckt, sodass von diesem die an den Mittellinien der Richtscheite verbundenen Seiten wie von einem Zentrum* [C] *zusammen gehalten werden. Das die Platten tragende Richtscheit kann beliebig, ohne aus der Richtung zu kommen,* [um den Achsstift] *herumbewegt werden.*

Wir haben das andere Richtscheit, welches keine Platten trägt, in einen Standfuß fest eingelassen. Dann haben wir auf den Mittellinien beider an den am Standfuß befindlichen Enden gewisse Punkte [DE] *festgelegt, welche von dem im Achsenstift liegenden Zentrum* [C] *gleichweit und zwar so weit wie möglich entfernt sind.*

Hierauf haben wir die so abgegrenzte Linie des mit dem Standfuß versehenen Richtscheits [CD] *in 60 Teile geteilt und von diesen noch jeden in so viele Unterabteilungen als angängig.*

Endlich haben wir auch an der ***Rückseite*** *des nämlichen Richtscheits an seinen Endpunkten* [CD] *kleine Platten angebracht, welche ihre nach derselben Seite gerichteten Flächen dicht an derselben eingeritzten Linie in gradliniger Richtung einander zuwenden und von derselben Mittellinie* [CD] *gleichweit* [nach hinten] *abstehen. Diese Vorrichtung hat den Zweck, dass vermittels eines an diesen Platten herabhängenden Lotes das Richtscheit senkrecht, d.h. ohne jede Neigung gegen die Ebene des Horizontes, aufgestellt werden kann.*

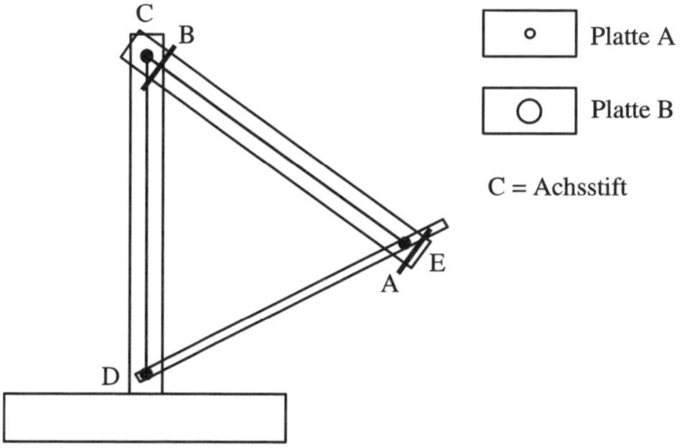

Abb. VI.4: Lunar-Instrument nach den Angaben des Ptolemaios

Nachdem wir vorher auf einer mit dem Horizont parallelen Ebene eine Mittagslinie [Meridianlinie] *gezogen hatten, haben wir das Instrument senkrecht aufgestellt, sodass die Seiten der Richtscheite, an denen sie durch den Achsenstift miteinander verbunden sind, zu der danebengezogenen Mittagslinie parallel verlaufend die Richtung nach Süden einhalten.*

Dann steht das Richtscheit mit dem Standfuß senkrecht ohne Neigung, ohne Verschiebung und unerschütterlich fest. Das andere [Richtscheit], *einem ausgeübten Druck entsprechend nachgebend, ist um den Achsenstift in der Ebene des Meridians beweglich.*

Schließlich haben wir noch ein weiteres Richtscheit [DE] *in Gestalt eines schmalen geraden Lineals angebracht. Dasselbe ist vermittels eines kleinen Nagels an dem am Standpunkt befindlichen Endpunkt* [D] *der eingeteilten Linie* [DC] *angefügt, damit es gleichfalls herumbewegt werden kann.*

Es reicht bis zu dem äußersten Punkt, bis an welchem der gleichweit entfernte Endpunkt [E] *der Mittellinie des anderen Richtscheits durch Drehung einen Kreisbogen beschreibt, und es vermag daher, mit dem Richtscheit gleichzeitig in Bewegung gesetzt, den zwischen den beiden Endpunkten in der Richtung der Sehne entstehenden Abstand anzuzeigen.*

Dieser Abstand, d.h. die Länge der Sehne, konnte dann durch Drehung des dritten Richtscheits an der Skala CD abgelesen werden; die Zenitdistanz z ergab sich mittels $\sin(z/2) = DE/2AD$, wie Ptolemaios etwas später bemerkt.

VI.3.2 Nutzung des Instrumentes durch Ptolemaios

VI.3.2.1 Ekliptikale Breite b des Mondes

Ptolemaios bemerkt zunächst: *Wir haben nun die Beobachtungen des Mondes auf folgende Weise angestellt. Dabei musste er gerade stehen*

- *im Meridian und in den Wendepunkten* [Solstitien] *der Ekliptik.*

Denn in diesen Positionen fallen die durch die Pole des Horizonts und das Zentrum des Mondes gezogenen größten [Vertikal-] *Kreise ohne merklichen Fehler mit dem durch die Pole der Ekliptik gehenden* [ekliptikalen Breiten-] *Kreis zusammen, auf welche die Orte des Mondes in* [ekliptikaler] *Breite theoretisch bezogen werden.*

Die ekliptikale Breite b ergibt sich zu b = (z – φ) bzw. b = (φ – z). Er fährt etwas später fort:

Um weiter das ***Maximum*** *der* [ekliptikalen] *Breite, welche der Mond erreichen kann, genau in Erfahrung zu bringen, haben wir von der Anvisierung Gebrauch gemacht, als der Mond*

- *in möglichster Nähe des* ***Sommerwendepunktes***
- *und außerdem* ***genau im nördlichsten Grenzpunkt*** *seines schiefen Kreises*

stand. Denn in der Nähe dieser [beiden] *Punkte*

- *bleibt erstens der Mondlauf für die sinnliche Wahrnehmung auf einer ziemlichen Strecke in* [ekliptikaler] *Breite unverändert,*
- *steht zweitens der Mond für den Parallel von Alexandria, auf welchem wir unsere Beobachtungen angestellt haben, in diesem Falle dicht am Zenit.*

Dort fällt sein scheinbarer [topozentrischer] *Ort ohne merklichen Fehler mit dem genauen* [geozentrischen] *zusammen,* [weil die Zenitdistanz z sehr klein ist].

In der bezeichneten Position wurde aber das Zentrum des Mondes konstant in einem Zenitabstand von 2 1/8° [= 2°07,5′] *festgestellt, sodass auch aus dieser Art der Prüfung der Nachweis des Maximums der Breite* [d.h. seine Bahnneigung i bezüglich der Ekliptik] *beiderseits der Ekliptik mit 5° hervorgeht.*

Denn zieht man von den in Alexandria vom Zenit bis zum Äquator nachgewiesenen [φ =] *30°58′ diese* [z =] *2 1/8° des scheinbaren* [topozentrischen] *Zenitstandes ab, so ergibt der Rest einen Überschuss von* [(30°58′ - 23°51′ - 2°07′) =] *5° Grad über die vom Äquator bis zum Sommerwendepunkt nachgewiesenen 23°51′.*

Tatsächlich beträgt die Neigung der Mondbahn zur Ekliptik i = 5°09′. Hätte Ptolemaios den von Eratosthenes bestimmten Wert φ = 24° + (5000/700)° = 31°08,5′ für die geographische Breite von Alexandria verwendet, hätte er diese zu i = (31°08,5′ - 23°51′ - 2°07,5′) = 5°10′ fast exakt ermittelt.

Umgekehrt kann man damit das Ergebnis des Eratosthenes für die Schiefe der Ekliptik ε = 23°51′ checken. Mit φ = 31°13′, i = 5°09′ und z = 2°07,5′ erhält man ε = (31°13′ - 5°09′ - 2°08′) = 23°56′, d.h. falls der Wert z = 2 1/8° korrekt gemessen ist, hat Eratosthenes die Schiefe der Ekliptik um 5′ zu klein gemessen.

VI.3.2.2 Topozentrische Parallaxe π des Mondes

Um auch die Aufgabe der Parallaxenbestimmung zu lösen, haben wir wieder auf dieselbe Weise den Mond beobachtet, als er in der Nähe des Winterwendepunktes stand,

- *erstens aus den oben genannten Gründen* [einer näherungsweise konstanten ekliptikalen Breite]
- *zweitens, weil er in diesem Falle bei dem tieferen Stande im Meridian in seinem größten Zenitabstand auch eine größere und deutlicher wahrnehmbare Parallaxe zeigen muss.*

In VI.3 berechnet Ptolemaios aus einer gemessenen Parallaxe π des Mondes $\sin\pi = (r/D)\sin z$, dessen Entfernung D. Gemessen hat er die topozentrische Zenitdistanz $z = 50°55'$, berechnet hat er nach seinem (nichtkorrekten) Mondbahnmodell die geozentrische Zenitdistanz $\bar{z} = 49°48'$. Er erhält damit $\pi = z - \bar{z} = 1°07'$ und berechnet $D = r(\sin z/\sin\pi)$ = 39;45~39;50 Erdradien.

Neugebauer (1975, S. 103) stellt dem die modernen Daten $z = 50°16'$ und $\bar{z} = 49°30'$ gegenüber, womit sich $\pi = 0°46'$ und $D = r\sin z/\sin\pi$ = 57,5 Erdradien ergibt. Tatsächlich liegt die Mondentfernung zwischen $D \sim 56 < 60 < 64$ Erdradien.

Wieso Ptolemaios die topozentrische Zenitdistanz um 0°40′, also mehr als den Monddurchmesser grob falsch gemessen hat, bleibt rätselhaft. Allerdings rechnet er anschließend daraus einen durchaus korrekten Wert für die mittlere Entfernung, D = 59 Erddurchmesser, der sich bei seinem Modell nur dann ergibt, wenn er die falsche topozentrische Zenitdistanz $z = 50°55'$ und nicht die korrekte verwendet, was R. Newton in seiner Überzeugung bestärkte, dass Ptolemaios seine eigenen „Messdaten" seinen Modellen angepasst hat, d.h. mit Simulationsdaten arbeitete.

VI.4 Meridiankreis

Ptolemaios beschreibt dieses Vertikalwinkel-Messgerät wie folgt:

*Wir werden einen **metallenen** Ring von angemessener Größe herstellen, der an der Oberfläche genau vierkantig abgeschärft ist.*

Nachdem wir ihn in die üblichen 360 Grade eines Großkreises [der Richtungskugel] *und jeden derselben in so viel Unterabteilungen geteilt haben als angängig sind, soll uns dieser Ring als Meridiankreis dienen.*

Wir fügen hierauf einen zweiten schmaleren kleinen Ring derartig unter den Erstgenannten ein, dass ihre Seitenflächen immer in einer Ebene bleiben, während der kleinere Ring unter dem größeren in derselben Ebene nach Norden und nach Süden ungehindert in Umdrehung versetzt werden kann.

An irgend zwei diametral gegenüberliegenden Stellen bringen wir auf der einen Seitenfläche des kleinen Ringes zwei kleine gleichgroße Platten an, welche sowohl mit Bezug aufeinander als auch auf den Mittelpunkt der Ringe genau die Richtung der Normalen einhalten.

Auf der Mitte ihrer Breitseite sind dünne Zeiger aufgesetzt, welche an der Seitenfläche des größeren eingeteilten Ringes unter leichter Berührung entlang gleiten.

Letzteren [Ring] *bringen wir nun im Bedarfsfall jedes Mal in feste Verbindung mit einer Säule von entsprechender Größe. Wir stellen den Fuß der Säule auf eine Bodenfläche, welche zur Ebene des Horizonts und parallel zur Ebene des Meridians verläuft.*

Ersteres ermittelt man mit Hilfe eines Bleilotes, welches von dem Punkte herabhängt, der die Stelle des Zenits vertreten soll. Die Beobachtung des Lotes wird solange fortgesetzt, bis es infolge der Korrektion der Unterlagen die Richtung der Normalen nach dem diametral gegenüberliegenden Punkte angenommen hat.

Die zweite Forderung wird dadurch erfüllt, dass man zunächst auf der unter der Säule liegenden Ebene nach sicheren Punkten eine Mittagslinie bestimmt. Dann verschiebt [dreht] *man so lange nach links oder rechts derselben, bis durch* ***Anvisierung*** *der parallele Verlauf der Ringebene mit dieser Linie erzielt ist.*

Der Leser beachte, dass infolge der senkrechten Stellung der (Skiopter-) Platten bei Sonnenbeobachtungen die etwas verschwommene Schattengrenze symmetrisch an beiden Seiten der beschatteten Platte auftritt und dadurch die Richtung zur Sonnenmitte besser erfassbar wird.

Duch Messung der Meridiandurchgangszeit an den senkrecht stehenden Platten konnten die Rektaszensionsdifferenzen zwischen den Fixsternen bestimmt werden. Letztere mussten dann auf das Frühjahrsäquinoktium bezogen werden, um die Rektaszensionen der Gestirne zu erhalten.

Entsprechend dem Verfahren für den Mond konnten auch die maximalen ekliptikalen Breiten b_{max} der Planeten und damit ihre Bahnneigungen i bezüglich der Ekliptik bestimmt werden. Um die topozentrischen Parallaxen der Planeten und damit ihre Entfernung in Erdradien zu bestimmen, wurden genaue Modelle für die Planetenbahnen benötigt, eine Herausforderung an die „Mathematikoi“.

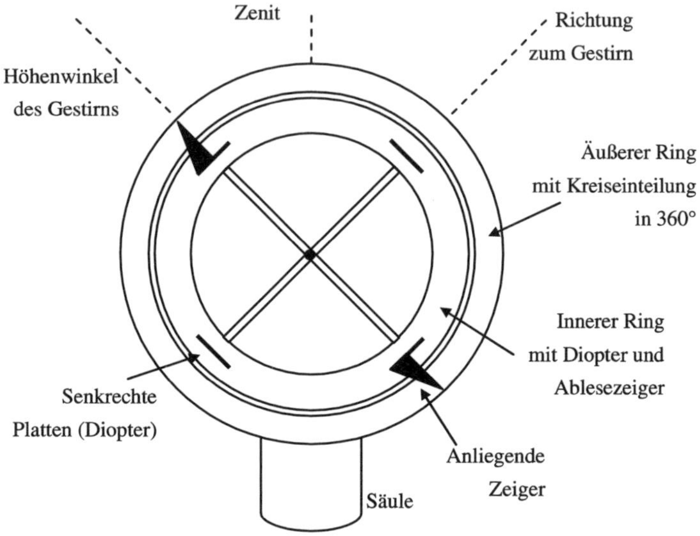

Abb. VI.5: Meridiankreis beschrieben von Ptolemaios/Proklos

VI.5 Armillarsphäre (Astrolab)

VI.5.1 Konstruktionsbeschreibung

Nach den Angaben des Ptolemaios wird das Konstruktionsprinzip der sog. Armillarsphäre sehr gut verständlich. Es beruht auf einem Konstrukt, bei dem ein **Ekliptik-Doppelring** mit einem äußeren **Einstellring** und einem inneren **Diopter-Doppelring** zur Messung verknüpft wurden. Dieses Konstrukt wurde dann in einen gewöhnlichen **Meridianring** eingesetzt. Die Armillarsphäre diente zur direkten Messung von ekliptikaler Länge l und Breite b eines Gestirns.

VI.5.1.1 Der Ekliptik-Doppelring

Wir haben zwei an ihren Rundflächen genau vierkant abgeschliffene Ringe von angemessener Größe genommen, die allenthalben einander gleich und ähnlich waren.

Diese Ringe haben wir an diametral gegenüberliegenden Stellen unter rechten Winkeln derart zusammengefügt, dass ihre Oberflächen glatten Verlauf zeigen.

Somit hat man sich den einen von ihnen als die ***Ekliptik****, den anderen als den durch die Pole dieser und des Äquators gehenden Meridians* [tatsächlich ein sog. Kolurkreis, der durch die Ekliptikpole und die Äquatorpole verläuft und der senkrecht zu dem Ekliptikkreis steht] *vorzustellen.*

Auf letzterem [Kolurkreis] *haben wir nach Maßgabe des Quadrats* [d.h. senkrecht zur Ekliptik] *die Punkte gewonnen, welche die Ekliptikpole festlegen. In diesen beiden* [Punkten] *haben wir zylindrische Polstifte angebracht, die sowohl* ***nach außen wie nach innen*** *über die Rundfläche* [des Doppelring-Konstruktes] *hervorragten.*

VI.5.1.2 Äußerer Einstellring

Auf die beiden nach außen ragenden Stifte [der Ekliptikpole des Doppelrings] *haben wir einen anderen* [Einstell-] *Ring aufgesetzt, welcher sich allenthalben genau mit seiner konkaven* [inneren] *Rundfläche an die Konvexe* [äußere] *der beiden zusammengefügten Ringe anschloss. Er konnte somit in* [ekliptikaler] ***Länge*** *um die bezeichneten Pole der Ekliptik herumgedreht werden.*

VI.5.1.3 Innerer Messring

An den inneren [Ekliptik-] *Polstiften haben wir einen anderen Ring eingesetzt, der sich mit seiner konvexen* [äußeren] *Rundfläche den beiden Ringen* [des Ekliptik-Doppelrings] *gleichfalls allenthalben genau anschloss und ebenfalls in* [ekliptikaler] *Länge um dieselben* [Ekliptik-] *Pole wie der außerhalb Aufgesetzte* [äußere Einstellring] *beweglich war.*

VI.5.1.4 Messskalen

Sowohl diesen inneren [Messring] *als auch den die Stelle der Ekliptik vertretenden Ring haben wir dann in die üblichen 360 Grade des Umfangs und, soweit angängig, in deren Unterabteilungen eingeteilt.*

VI.5.1.5 Innerer Diopterring

Daneben haben wir einen anderen schmalen kleinen Ring mit diametral gegenüber ***abstehenden****, seitlichen* [Diopter] *Platten genommen. Diesen* [Diopter-] *Ring haben wir unter dem inneren der beiden Ringe derartig genau eingefügt, dass er in der Ebene des letzteren in der Richtung nach den beiden bezeichneten* [Ekliptik-] *Polen hin auf und ab bewegt werden konnte, um die Beobachtung in* [ekliptikaler] *Breite zu ermöglichen.*

VI.5.1.6 Der Meridianring

Nachdem das Instrument soweit fertig gestellt war, haben wir auf dem durch die Pole gedachten Kreis [des Ekliptik-Doppelrings] *von jedem der beiden Ekliptikpole aus den zwischen den zwei Polen der Ekliptik und des Äquators nachgewiesenen Bogen* [also die Schiefe der Ekliptik ▯] *abgetragen und die hierdurch einander wieder diametral gegenüber gewonnenen Endpunkte* [also die Äquatorpole] *gleichfalls durch Stifte festgelegt.*

Das ganze wurde unter einem entsprechend großen Meridiankreis [natürlich ohne Diopterring] *festgelegt.*

VI.5.2 Aufstellung des Instrumentes

Der Meridiankreis wurde mit jenem [früher beschriebenen] *in dieselbe Lage gebracht, was der Fall ist, wenn er*

- *erstens senkrecht zur Ebene des Horizonts steht,*
- *zweitens auf die Polhöhe* [Cobreite $\zeta = (90° - \varphi)$] *des betreffenden Beobachtungsortes eingestellt ist,*
- *drittens parallel zur Ebene des natürlichen Meridians verläuft.*

Damit war erreicht, dass sich die Drehung der innerhalb gelegenen Ringe dem ersten [täglichen] *Umschwung des Weltalls entsprechend, von Osten nach Westen um die Pole des Äquators vollzog* [d.h. auch Messungen außerhalb des Meridians durchgeführt werden konnten].

VI.5.3 Einstellung des Instrumentes/Beobachtungen

VI.5.3.1 Mondbeobachtungen

Hatten wir nun das Instrument auf die beschriebene Art und Weise aufgestellt, so stellten wir, sobald ***die Sonne und der Mond*** *gleichzeitig über dem Horizont sichtbar waren, den äußeren Astrolabring* [Einstellring] *auf den für diese Stunde ohne merklichen Fehler* ***ermittelten*** [d.h. berechneten] *Grad in* [ekliptikaler Länge] *der Sonne ein.*

Dann versetzten wir den durch die Pole gehenden [Einstell-] *Kreis in Umdrehung, damit, wenn der am Sonnengrad liegende Schnittpunkt der Ringe genau der Sonne zugewendet wäre, diese beiden Ringe, d.h. der Ekliptikring* ***und*** *der durch dessen Pole gehende Ring,* ***sich selbst gleichzeitig in Schatten setzen.***

VI.5.3.2 Sternbeobachtungen

Ist aber das anzuvisierende [Einstell-] *Objekt ein* [Fix-] *Stern, so ist mit dieser* [Einstell-] *Drehung zu erreichen, dass unter Anlegung des einen Auges an die eine Seite des äußeren Astrolabringes* [Einstellring], *welcher an dem für den Stern ermittelten Grad auf den Ekliptikring eingestellt ist, mit Zuhilfenahme der gegenüber parallel verlaufenden Ringseite der Stern in der durch diese Seiten gelegten Ebene anvisiert werden könne, als ob er an beiden Seitenflächen des* [Einstellringes] *gewissermaßen angeklebt wäre.*

VI.5.3.3 Ekliptikale Länge und Breite eines Gestirns

Dazu drehten wir den anderen, den inneren [Diopter-] *Astrolabring auf den Mond oder auch auf ein anderes zu bestimmendes Objekt.*
Damit kann ***gleichzeitig*** *mit der Anvisierung der Sonne oder eines anderen gegebenen Ausgangspunktes* [Fixstern] *auch der Mond oder ein anderes zu bestimmendes Objekt anvisiert werden durch die beiden an dem zuunterst eingefügten kleinen* [Diopter-] *Ring angebrachten Absehöffnungen* [des Diopters].

Ist dies geschehen, so ist abzulesen

1. *der Grad, welchen das zu bestimmende Objekt in Länge der Ekliptik einnimmt,* [nämlich] *an dem Schnittpunkt, den der innere Astrolab-*

ring an der Gradteilung des die Stelle der Ekliptik vertretenden Ringes bildet;

2. *die Grade, welche das Objekt nördlich oder südlich von der Ekliptik auf dem durch ihre Pole gehenden Kreise* [ekliptikale Breitenkreise] *absteht,* [nämlich] *an der Gradeinteilung, welche der innere Astrolabring* [Messring] *selbst trägt.*

Der Leser beachte die Messtechnik:

1. Man stellt den Einstellkreis auf die bekannte ekliptikale Länge eines Referenzsterns.
2. Man dreht das gesamte innere Konstrukt um die **Äquatorpolachse**, bis der Einstellkreis in Richtung Referenzstern weist.
3. Man stellt mit dem Diopterring das Zielobjekt ein.

Da die bekannte ekliptikale Länge des Referenzobjektes mittels des Einstellkreises auf der Ekliptik-Messskala eingestellt wurde, lässt sich mittels des Diopterringes direkt die ekliptikale Länge des Zielobjektes ablesen.

Bei einem modernen Nachbau würde man an der Äquatorpol-Achse einen kleinen Elektromotor anbringen, der nach einer ersten Einstellung des Referenzsterns die – infolge der Erdrotation – stattfindende stetige Abweichung des Referenzsterns von der Richtung des Einstellkreises aufhebt; Referenzstern und Einstellkreis-Richtung sollten dadurch stets in einer Ebene liegen.

VII Verfahren der antiken Geographie und der Landesvermessung

VII.1 Astronomische Festlegung der Ost-West- bzw. der Meridianrichtung

Zur Einführung betont Ptolemaios in seiner Geographie, dass zum einen rein astronomische Messungen zur Bestimmung von geographischer Breite φ und Länge λ genutzt werden können, wozu allerdings zunächst die örtliche Festlegung der Meridianrichtung unumgänglich war (und ist).

Andererseits sei es notwendig, falls man die Entfernungsmessungen der Bematisten/Navigatoren für geographische Zwecke nutzen wolle, die horizontale Richtung zwischen zwei Orten zu bestimmen oder mit anderen Worten, das Azimut ihrer Verbindungslinie. Wiederum ist hierbei die örtliche Festlegung der Ost-West-Richtung bzw. der Meridianrichtung unumgänglich.

Bei der örtlichen Festlegung der Ost-West- bzw. Meridianrichtung handelt es sich also um das fundamentale Problem sowohl der Astronomie wie der Geodäsie.

Um aus den Daten des Kallippos das Azimut der aufgehenden Sonne und damit die Ostrichtung zu bestimmen, waren Kenntnisse der sphärischen Trigonometrie erforderlich, was mutmaßlich die Kenntnisse der gewöhnlichen Bematisten/Navigatoren überstieg. Natürlich hätte man zum täglichen Gebrauch Tagestafeln für das Ostazimut der aufgehenden Sonne erstellen können. Aufgefunden wurden bisher keine, es gibt auch keine Berichte darüber.

Verwendet wurde andererseits in der Praxis der sog. „Indische Kreis". Man stellte morgens und abends zu möglichst gleichen Zeitabständen vom Sonnenauf- und Untergang die Richtung eines senkrecht aufgestellten Stabes fest, maß in diesen beiden Richtungen die gleiche Entfernung a ab und erhielt derart, allerdings nicht sehr genau, die Ost-West-Richtung (Abb. VII.1).

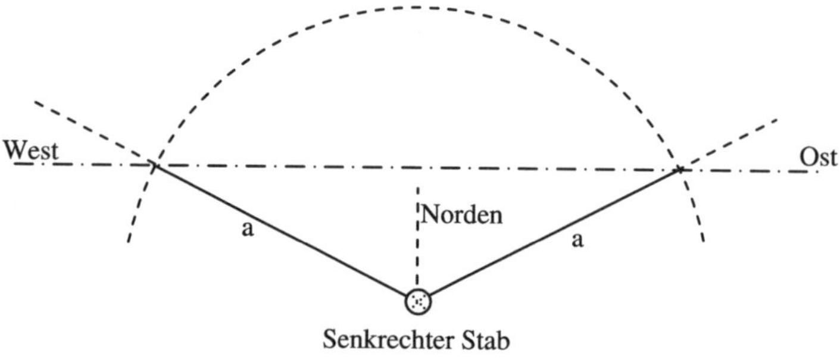

Abb. VII.1: Der sog. „Indische Kreis“

VII.2 Die sog. Cardo/Decumanus-Methode; Bestimmung des Erdumfanges

Die von den Römern Cardo/Decumanus genannte Methode war das von den antiken Bematisten verwendete Verfahren zur Landesvermessung.

Man stellte zunächst in einem Punkt A die Ost-West-Richtung fest und bestimmte die Entfernung E zu einem Punkt B, der in Richtung einer topographischen Geländemarke wie z.B. eines Berggipfels lag, durch Abschreiten (Abb. VII.2).

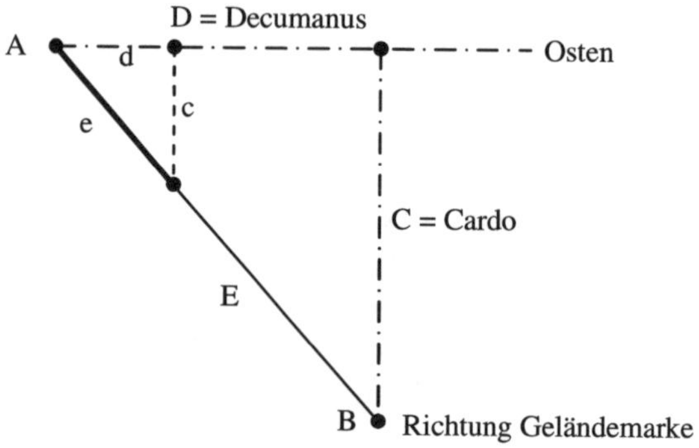

Abb. VII.2: Prinzip der Cardo/Decumanus-Methode

Dann richtete man ein konstantes Maß e auf die Geländemarke aus und bestimmte die beiden Katheten c und d. Damit konnte man die Entfernung E in zwei Komponenten zerlegen, eine Nord-Süd-Komponente C,

Cardo genannt und eine Ost-West-Komponente D, Decumanus genannt, nämlich mittels der einfachen Proportionen

$$C = \frac{c}{e}E \ , \ D = \frac{d}{e}E.$$

Weit entfernte Orte wie z.B. Alexandria und Syene konnten durch einen Cardo/Decumanus-Traversenzug z.B. längs des Nils verbunden werden.

Die Griechen verwendeten das Konzept nicht nur in der Ebene, sondern auch auf der Kugel. Ptolemaios bemerkt dazu in seiner Geographie I.3: *„Berechnungen der Stadienzahl des Erdumfanges aus der Stadienzahl einer beliebigen geraden Entfernung, auch wenn sie nicht unter ein und demselben Mittagskreis* [Meridian] *verläuft und umgekehrt."*

§1. Die vor uns nun suchten nicht nur nach einer geraden Entfernung auf der Erde, wo sie die Peripherie eines Großkreises bildet, sondern auch die Position, die sie in der Ebene eines Meridians hat. Und indem sie mittels der „Schattenfänger" (Skiothera) auf die „gegenüberliegenden Punkte" der zwei Enden der geraden Entfernung achteten, erhielten sie hieraus diejenige [Meridian] *Peripherie, die von den Meridianen* [durch die „gegenüberliegenden Punkte"] *abgetrennt wird und der des Weges entspricht, weil, wenn man das konstruiert, wie wir sagten, es bezüglich einer Ebene der* **Geraden** *stattfindet, die sich, wenn sie verlängert werden, einander schneiden und weil der Schnittpunkt der gemeinsame Mittelpunkt der* [Breiten-] *Kreise ist.*
§2. So wie dabei die Peripherie zwischen den „gegenüberliegenden Punkten" [und den Endpunkten] *als Teil des Kreises durch die Pole* [Meridiankreis] *aufgezeigt wurde, so nahmen sie sich auch die Ausdehnung des gesamten Umfanges* [Perimeter] *auf der Erde vor.*

Zur geometrischen Erläuterung dieser zwei Paragrafen, die jedenfalls beschreiben, mittels welcher Methoden die alten Griechen den Erdumfang bestimmt haben, dient Abb. VII.3.

Die Geraden, die durch die Endpunkte AB und die „gegenüberliegende Punkte" A′B′ geführt werden, sind Mantellinien eines Kegels, der die Erdkugel in den Breitenkreisen der Endpunkte A und B schneidet; ihr Schnittpunkt ist die Kegelspitze.

Das war also die Methode, die die Bematisten oder „Königlichen Landmesser" der Ptolemaios-Herrscher verwendeten, um den „Cardo", den Breitenabstand gemessen längs des Meridians zwischen Alexandria/Syene und Syene/Meroë zu je 5000 Stadien zu ermitteln und auf deren Messungen Eratosthenes seine Berechnung des Erdumfangs stützte.

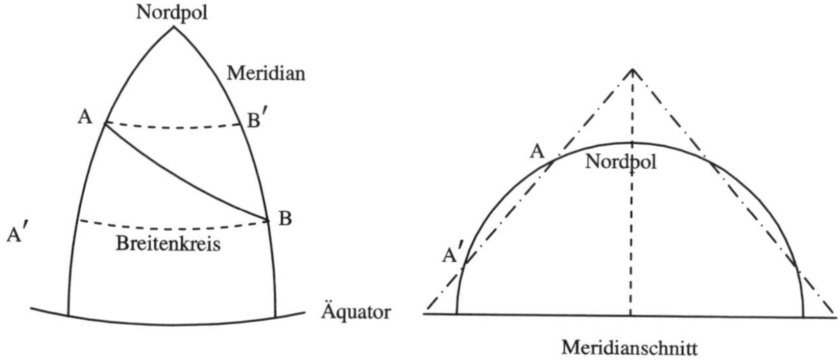

Abb. VII.3: „Gegenüberliegende Punkte“ A′, B′ und die Geraden durch die Punkte AA' bzw. BB'

VII.3 Astronomische Bestimmung geographischer Breiten

Den Griechen standen im Prinzip drei Methoden zur Verfügung, die geographische Breite eines Ortes astronomisch zu bestimmen.

Zwischen dem Äquator und dem südlichen Wendekreis des Krebses, der nahe Syene/Aswan, der Indus-Mündung im Osten und der Peninsula de Yala an der afrikanischen Westküste verlief, konnte man den Tag feststellen, an dem die Sonne im Zenit stand (Brunnen von Syene) und dann nach den Angaben des Kallippos die Deklination δ der Sonne berechnen, die der geographischen Breite φ des Ortes gleich sein musste.

In weiter nördlich liegenden Orten musste die Zenitdistanz z der Sonne im Meridian bestimmt werden, z.B. mittels eines Meridiankreises, eines Schattenquadrates oder eines Skiotherikos Gnomon.

Drittens kann die Länge des längsten Tages gemessen und daraus die geographische Breite bestimmt werden.

Wir wissen insbesondere durch Strabon, dass alle drei Messmethoden von den Griechen benutzt wurden.

VII.3.1 Die Philo-Methode: Zenitsonne

Philo war ein Admiral in der Flotte des Ptolemaios I.; mutmaßlich hat er bereits an dem Feldzug Alexander des Großen teilgenommen. Strabon bemerkt:

[G II.1.20] *Soweit es das „Klima" in Meroë* [Bagrawia im Sudan: $\varphi = 16°59'$] *betrifft, berichtet Philo, der einen Bericht über seine Reise nach Äthiopien verfasste, dass die Sonne 45 Tage vor dem Sommersolstitium im Zenit steht.*

Er gibt aber auch die Verhältnisse des Gnomons zu seinem Schatten sowohl zu den Solstitien als auch zu den Äquinoktien an und sagt, dass Eratosthenes selbst nahezu mit Philon übereinstimmt.

Mit einer Länge für die Frühlingsjahreszeit von 94 Tagen, wie von Kallippos ermittelt, erhält man für die ekliptikale Länge l der Sonne im Zenit $l = (1 - (45/94))90° = 46°55'$ und mit $\sin\delta = (2/5)\sin l$ als Deklination der Sonne $\delta = 16°59' = \varphi$, also exakt den Wert, den der Times Atlas für Bagrawia angibt. Bei Arrian liest man darüber hinaus:

[Indike 21.1 und 25.4] *Als die Handelswinde* [Monsun] *abflauten, die die gesamte Sommersaison stetig vom Ozean zum Land wehen und deshalb die Fahrt* [nach Karmania/Persis] *unmöglich machten, stachen sie zur See* [wahrscheinlich im Sept. 325 BC] … *Als sie längs Indien fuhren – von dort weiter sind die Einheimischen keine Inder mehr – stellte* ***Nearchos*** *fest, dass ihre Schatten nicht mehr in gleicher Weise* [wie vorher] *geworfen wurden.*

Wo sie sich auf die hohe See begaben und einen südlichen Kurs steuerten, fielen ihre Schatten auch in südliche Richtung. Aber wenn die Sonne des Mittags schien, erschien alles schattenlos.

Die makedonischen Navigatoren wussten also, dass der Teil Indiens südlich der Indus-Mündung auch südlich des Wendekreises des Krebses liegen musste, während das dem Skylax von Karyanda um 500 BC mutmaßlich noch nicht bekannt war.

VII.3.2 Die Pytheas-Methode: Skiotherikos Gnomon

Pytheas (~333 BC) war ein Kapitän aus Marseille. Er publizierte ein (verloren gegangenes) Werk „Periodos Ges" (Erdbeschreibung) sowie einen Bericht „Über den Okeanos", in dem er seine berühmte Fahrt in den Norden um Spanien herum nach England und von dort nach Thule (Insel Smøla bei Trondheim) schilderte. Strabon bemerkt Folgendes zur Bestimmung der geographischen Breite von Marseille ($\varphi = 43°18'$):

[G I.4.4] *Denn er sagt, dasselbe Verhältnis des Gnomons zu seinem Schatten, das er* [Pytheas] *in Massalia* [Marseille] *gefunden habe, habe auch Hipparch zu dem gleichnamigen Zeitpunkt* [Sommersolstitium] *in Byzanz gefunden.*

[G II.5.41] *In Byzanz und den umliegenden Gebieten hat der längste Tag eine Dauer von 15 ¼ Äquinoktialstunden und das Verhältnis des Gnomons zu seinem Schatten beträgt zum Sommersolstitium 120/(42 – 1/5).*

[G II.5.8] *Wenn aber der Parallelkreis durch Byzanz etwa durch Massalia* [Marseille] *verläuft, wie Hipparch im Vertrauen auf Pytheas sagt – er sagt nämlich, in Byzanz sei das Verhältnis des Gnomons zu seinem Schatten dasselbe wie das, was Pytheas für Massilia angegeben hat – ...*

Gemäß der Angabe des Pytheas erhält man für die Zenitdistanz der Sonne zum Sommersolstitium mit $tan z = (42 - 1/5)/120$ die Zenitdistanz $z = 19°12'$. Mit $\varepsilon = 24°$erhält man $\varphi = 43°12'$, mit $\varepsilon = 23°51'$ erhält man $43°03'$. Einen Wert $\varphi = 43°05'$ gibt Ptolemaios in der Geographike Hyphegesis sowohl für Massilia als auch für Byzanz (heute: Istanbul) an.

VII.3.3. Die Hipparch-Methode: Dauer des längsten Tages

Tatsächlich ist die geographische Breite von Byzanz (heute: Istanbul) $\varphi = 41°02'$. Entweder hat Hipparch die Breite also grob falsch bestimmt oder er hat sie aus der gemessenen Dauer des längsten Tages berechnet. Bringt man an seinem Wert mit $\delta z = 1°13'$ die noch notwendige Reduktion, $\delta\varphi = (\cos\varphi/\sin\varepsilon)\delta z = 2°15'$, an, erhält man $\varphi_{red} = (43°05' - 2°15') = 40°50'$, also einen erstaunlich guten Wert. Man darf folglich davon ausgehen, dass Hipparch geographische Breiten mittels Messung der Dauer des längsten Tages bestimmt hat.

Eratosthenes wiederum, der sowohl die Pytheas-Methode als auch die Philon-Methode verwendete, muss erkannt haben, dass die Hipparch-Methode (ohne die notwendige Korrektion) zu falschen Ergebnissen führt.

VII.3.4 Die geographische Breite von Karthago

Die in der Geographike Hyphegesis angegebenen Werte für die geographischen Breiten der Seehäfen im Mittelmeer sind i.a. relativ präzise (siehe Tab. V.5), mit einer wesentlichen Ausnahme: Für Karthago ($\varphi = 36°54'$) gibt Ptolemaios an $\Phi = 32°40'$, also einen völlig falschen Wert, wodurch sich in der Geographike Hyphegesis die ganze afrikanische Nordküste in der Region von Tunesien zu weit nach Süden verlagert.

Tatsächlich taucht diese grob falsche Breite bereits früher auf. Wenn Strabon (II.5.38) die „Klimata" (mutmaßlich nach Hipparch) angibt, bemerkt er zur Breite von Karthago: [G II.5.38] ... ***wenn wirklich*** *in Karthago das Verhältnis des Gnomons zum seinem Äquinoktionalschatten elf zu sieben beträgt. Dieser Parallelkreis verläuft auf der einen Seite durch Kyrene und die 900 Stadien südlich von Karthago gelegenen Gegenden bis zur Mitte Maurusiens* [Mauritania] ...

Gemäß seiner Angaben erhalten wir zum einen $\Phi = \arctan(7/11) = 32°28'$ sowie $\Phi = (21\,800 + 900)$ Stadien $= 22\,700$ Stadien $= 32°26'$, in bester Übereinstimmung mit dem falschen Wert, den Ptolemaios angibt.

Tatsächlich ist in Kyrene/Shahhat ($\varphi = 30°50'$) das Gnomon-Verhältnis nahezu 11:7 ($\arctan(7{:}11) = 32°28'$) und Karthago ($\varphi = 36°54'$) liegt ca. 3000 Stadien nördlich von Kyrene und ca. 3900 Stadien nördlich von Alexandria ($\varphi = 31°13'$).

Da die Originalangaben mutmaßlich in Stadien erfolgten, darf man davon ausgehen, dass sie auf Eratosthenes zurückzuführen sind, der geographische Breiten stets in Stadien, 1° = 700 Stadien, angegeben hat.

VII.4 Zur Gradmessung des Eratosthenes

Strabon gibt in G II die Breiten für Meroë, Syene und Alexandria in Stadien an:

Meroë:	$\Phi = 11\,800$ Stadien =	$16°51'$,	$\varphi = 16°59'$,	$f = +8'$
Syene:	$\Phi = 16\,800$ Stadien =	$24°00'$,	$\varphi = 24°05'$,	$f = +5'$
Alexandria:	$\Phi = 21\,800$ Stadien =	$31°09'$,	$\varphi = 31°13'$,	$f = +4'$

Hierbei wurde gemäß Eratosthenes gesetzt: 1° = 700 Stadien. Um den Erdumfang mittels der Meridianbogen-Messungen der Königlichen Landmesser des Ptolemaios-Herrschers bestimmen zu können, musste Eratosthenes geographische Breiten bzw. Breitendifferenzen in allen drei Städten messen. Wir wissen von Strabon, dass er persönlich mittels des Skiotherikos Gnomon die geographische Breite in Alexandria gemessen hat und zwar, wie sein Ergebnis zeigt, äußerst sorgfältig. Diese Messungen wurden weiter im Süden offensichtlich mit der Zenitsonne-Methode überprüft. Wir wissen von Strabon jedenfalls durch die Messung des Philo in Meroë. Das ist aber mutmaßlich auch in Syene durchgeführt worden; denn Plinius berichtet von einem „Brunnen in Syene“, der für diesen Zweck benutzt wurde.

Nicht nur durch die Gradmessung der königlichen Landmesser musste Eratosthenes wissen, dass Syene östlich von Alexandria lag, nämlich $\Delta\lambda = 3°01'$. Es ist schwer zu glauben, dass die Alexandriner nicht wussten, dass sich der Nil von Alexandria aus in südöstlicher Richtung erstreckte.

Tatsächlich hat Eratosthenes angegeben, Syene liege 5300 Stadien vom Meer entfernt, womit offensichtlich die Distanz Syene/Alexandria gemeint war.

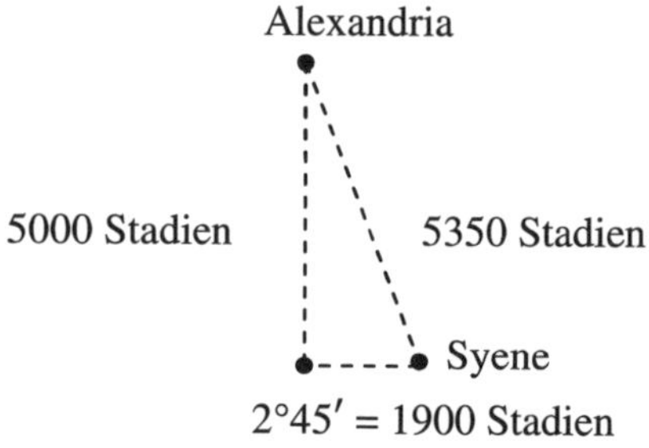

Abb. VII.4: Entfernung Syene/Alexandria = 5350 Stadien

Die Breitenangaben lassen darauf schließen, dass alle Messungen durch einen systematischen Fehler verfälscht worden sind. Welcher könnte das gewesen sein? Verdächtig ist naturgemäß die etwas seltsame Angabe für die Schiefe der Ekliptik zu $\varepsilon = (1/2)(11/83)$ Kreisumfang $= 23°51'$. Hätte Eratosthenes tatsächlich die Schiefe der Ekliptik um $4'$ zu klein gemessen, wäre also $\varepsilon = 23°55'$ gemessen worden, würde dieser Fehler verschwinden.

Die Schiefe der Ekliptik verringert sich um $47''$/Jh., d.h. um 150 AD hätte sie dann tatsächlich $\varepsilon = 23°51'$ betragen. Ptolemaios gibt an, diesen Wert mit dem Meridiankreis bzw. dem Schattenquadrat gemessen zu haben (MS I.1.2). Und zur Zeit des Thales wäre sie $\varepsilon = 23°59' \sim 24°$ gewesen. Leider können diese Angaben nicht überprüft werden; die derzeitigen himmelsmechanischen Modelle lassen das (noch) nicht zu.

Es verbleibt die Frage, warum Eratosthenes mit einem derartigen Aufwand den Erdumfang möglichst genau bestimmen wollte. Tatsächlich benötigte er ihn, wenn er die astronomischen und die Entfernungs-Messdaten des makedonischen Militärs, des Timosthenes und des Pytheas zur Erstellung einer Karte der Oikumene verwenden wollte. Diese war wiederum von größtem Interesse für die Staatsverwaltung und das Militär.

Es war nicht das Streben nach Erkenntnis, es waren höchst praktische Gesichtspunkte, die zu dieser ersten Gradmessung in der menschlichen Geschichte führten. Diese ist durchaus vergleichbar mit der Gradmessung der französischen Akademie in Lappland und Peru, die vor allem dazu diente, festzustellen, ob die Erde an den Polen geringfügig abgeplattet oder geringfügig verlängert war.

VII.5 Astronomische Bestimmung geographischer Längen mittels Mondfinsternissen

Bekannt war bereits im Altertum, dass die Bestimmung geographischer Längen λ durch Beobachtung von Mondfinsternissen grundsätzlich möglich war. Geht man davon aus, dass eine Mondfinsternis von zwei Observatorien zur gleichen Zeit beobachtet wird und misst man die jeweilige lokale Ortssonnenzeit in Äquinoktialstunden, so ist die Zeitdifferenz Δt gleich dem geographischen Längenunterschied, $\Delta\lambda = 15\Delta t$.

Ptolemaios bemerkt dazu, dass er zu diesem Zweck Daten für die berühmte Mondfinsternis vor der Schlacht von Gaugamela nahe Arbil ($\lambda = 44°01'$) benutzte, die am 21.07.331 BC stattfand. Moderne Berechnungen zeigten (Berggren und Jones 2000, S. 29):

- die Finsternis begann 1 ½h nach Sonnenuntergang,
- sie war total von $2\ 2/3^h$ bis $3\ 3/4^h$ nach Sonnenuntergang und
- sie endete um etwas vor 5^h nach Sonnenuntergang.

Plinius gibt hierzu an, dass der Mond sich verfinsterte zur zweiten Stunde der Nacht in Arbil und zum Mondaufgang (d.h. Sonnenuntergang) in Syracusa ($\lambda = 15°18'$). Mutmaßlich verfügte die Bibliothek in Alexandria ebenfalls über diese Daten. Jedenfalls erhält man λ (Arbil) – λ (Syracusa) $= 2 \cdot 15 = 30°$. Moderne Daten ergeben $\Delta\lambda = (44°01' - 15°18') = 28°43'$.

Arbil ($\varphi = 36°12'$), Rhodos ($\varphi = 36°26'$) und Syracusa ($\varphi = 37°04'$) liegen nahezu auf einem Breitenkreis. Lagen Eratosthenes Ost-West-

Entfernungsmessungen der Bematisten/Navigatoren vor, konnte er diese anhand der Mondfinsternisdaten überprüfen.

Insgesamt ist diese Methode nicht besonders genau. Selbst wenn die Messung auf vier Zeitminuten genau erfolgt, beträgt der Fehler in Länge bereits 1°; die Entfernungsmessungen durch Bematisten/Navigatoren waren sicherlich genauer.

Ptolemaios benutzte Zeitangaben in Arbil und Karthago ($\lambda = 10°16'$) für diese Finsternis. Seine Längenangaben (Arbil: $\Lambda = 80°$, Karthago: $\Lambda = 30°50'$) lassen darauf schließen, dass er $\Delta t = (80°\text{-}35°) = 45° = 3^h$ für die Zeitdifferenz angenommen hat. Tatsächlich hätte die Zeitdifferenz $\Delta t = (44°07'\text{-}10°16') = 15° = 2^h20^m$ sein müssen.

Ptolemaios	Λ	modern	λ
Olisipio Sera metr.	5°10′ 177°15′	Lissabon Xi'an	–9°08′ 108°54′
$\Delta\Lambda$	172°05′	$\Delta\varphi$	118°02′

Maßstabsfaktor
$\alpha = 118/172 =$
$0{,}686 \sim 2/3$

Tab. VII.1: Längenausdehnung der Oikumene

Könnte die falsche Angabe für die Zeiten dieser Mondfinsternis der Grund gewesen sein, dass alle Längenangaben des Ptolemaios einen ziemlich konstanten Maßstabsfehler von $\alpha = 2/3$ aufweisen, der unmittelbar ersichtlich wird, wenn man die Daten des Ptolemaios für Lissabon und Xi'an vergleicht (Tab. VII.1)?

VII.6 Antike Abbildungen der Erdoberfläche in die Kartenebene

Zur Kartenerstellung der Oikumene bietet sich zunächst eine Kugel mittels ihren Meridianen und Parallelkreisen an. Strabon (G II. 5.16) weist darauf hin, dass es hierbei sinnvoll sei, zuerst zwei Referenz-Linien festzulegen, die sich rechtwinklig schneiden, die eine durch die gesamte (Ost-West-) Länge, die andere durch die (Nord-Süd-) Breite, die Erste einer der Parallelkreise, die Zweite einer der Meridiane. Er fügt hinzu:

Weil diese Linien durch wohlbekannte Orte genommen werden müssen, ich meine die beiden vorher erwähnten, nämlich Alexandria und Rhodos. Außerdem heißt es:

[G II.5.10] *Aber wenn er* [der Kartenzeichner] *einen Globus hinreichender Größe nicht erstellen kann, sollte er eine Karte entwerfen auf einer ebenen Fläche von zumindest 7 Fuß* [~2 Meter]. Dem entspricht eine Karte der Oikumene im Maßstab von ungefähr 1:6 Millionen. Richtlinien für die Darstellung der Oikumene auf einer Kugeloberfläche gibt auch Ptolemaios an in der Geographike Hyphegesis I.22.

Zur Abbildung der Kugeloberfläche in die Ebene bieten sich zunächst zwei Projektionen an: die zylindrische Projektion (wie sie später von Mercator verwendet wurde) und die konische Projektion, wie sie von den Alten bei der Bestimmung des Umfangs der Erde eingeführt wurde (Abschnitt VII.2).

Eine ebene Karte bietet andererseits einen wichtigen Vorteil, auf den Ptolemaios ausdrücklich hinweist: Sie kann dazu benutzt werden, die immens vielen verschiedenen Messdaten graphisch bezüglich grober Fehler und ihrer Konsistenz zu überprüfen. Das war sicherlich erforderlich hinsichtlich der vielen Entfernungsmessdaten der Bematisten/Navigatoren, wozu eine möglichst längentreue Abbildung der Kugeloberfläche in die Ebene wünschenswert war. Ptolemaios bemerkt hierzu in der Geographike Hyphegesis I.17: *Dies und Ähnliches hat Marinos nicht beachtet,*

- *sei es wegen der Verschiedenartigkeit des Stoffes und des Mangels an Zusammenhang unter seinen Abhandlungen,*
- *sei es, weil er nach seiner eigenen Angabe nicht dazu kam, zur letzten „Ausgabe"* [seiner Abhandlungen] *auch eine Karte zu entwerfen,*

mit deren Hilfe ihm

- *die* ***Richtigstellung*** *der Klimata* [Breiten] *und Stundenweiten* [Längen] *gelungen wäre.*

Das war wohl auch die Auffassung des Eratosthenes: Die Abfassung einer Geographie ohne die Erstellung einer Karte ist nicht sachgerecht; denn die Einzelinformationen können nicht auf mögliche Fehler und Widersprüche überprüft werden.

Ptolemaios bemerkt ferner in der Geographike Hyphegesis I.20.2: *Das Auftragen der Zeichnung in der Ebene ist durchaus frei von diesen Mängeln* [einer Darstellung auf einem Globus], *erfordert aber ein besonderes Verfahren zur Erzielung der Ähnlichkeit mit dem Kugelgebilde, um die dort aufgetragenen* ***Entfernungen*** *auch auf der ebenen Fläche in ein der Wirklichkeit entsprechendes Verhältnis zu bringen.*

VII.6.1 Antike Zylinderabbildungen

Zylinderabbildungen (**nicht** Projektionen) werden bereits bei Strabon beschrieben und später von Marinos verwendet. Ptolemaios bemerkt dazu:

[GH I.20.3] *Obwohl Marinos dies mit außergewöhnlichem Scharfsinn ausgearbeitet und durchwegs alle Arten des Verfahrens der Zeichnung in der Ebene getadelt hat, hat er sich nichtsdestoweniger, wie sich zeigt, jener Art bedient, die am allerwenigsten die Entfernungen im richtigen Verhältnis wiedergibt.*

Denn er hat alle Linien, sowohl diejenigen, welche die Breitenkreise, als auch diejenigen, welche die Mittagslinien darstellen, gerade gezeichnet und überdies, ganz wie die große ***Mehrzahl*** *der Kartographen, die* ***Mittagslinien parallel*** *zueinander gezogen.*

Nur den Breitenkreis von Rhodos hat er im richtigen Verhältnis zur Mittagslinie, im Verhältnis des vom Gleicher [Äquator] *36 Grad entfernten Breitenkreises zum größten Kreis gehalten, entsprechend dem Verhältnis von nahezu 4:5* [= cos37°] *der entsprechenden Bogenabschnitte auf der Kugel. Bei den anderen Breitenkreisen hat er sich sichtlich um nichts gekümmert, weder um das richtige Verhältnis noch um das sphärische Bild.*

Nach dieser Beschreibung des Ptolemaios ist es einfach, die antiken Zylinderabbildungen zu rekonstruieren (siehe Abb VII.5).

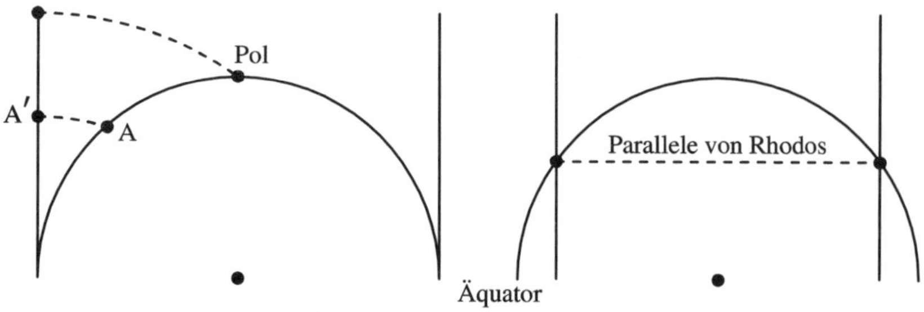

Abb. VII.5: Zylinderabbildungen des Altertums

Eratosthenes berichtet, dass Anaximandros als Erster eine Karte der Oikumene gezeichnet habe; mutmaßlich hat er dabei die zweite Zylinderabbildung benutzt. Jedenfalls dürften die Zylinderabbildungen sehr alt sein. Probleme damit konnten nur auftreten, wenn jemand viele Entfernungsmessungen auf ihre Konsistenz und auf grobe Fehler **überprüfen** wollte. In dieser Hinsicht war es nahe liegend, die sphärische Cardo/Decumanus-Methode zur Bestimmung des Erdumfangs zu einer (nahezu) längentreuen Kegelabbildung weiterzuentwickeln.

VII.6.2 Antike Kegelabbildungen

Ptolemaios beschreibt in der Geographike Hyphegesis I.24 zwei Formen von Kegelabbildungen (**nicht** Kegelprojektionen). Da die Beschreibung des Ptolemaios ziemlich verwirrend ist, sollen im Folgenden nur die beiden Grundkonzepte erläutert werden.

Ausgangspunkt ist die Idee, die Meridiane längentreu auf den Mantellinien eines Kegels abzubilden. Weiterhin sei gefordert, dass sowohl der Äquator als auch ein bestimmter Breitenkreis längentreu abgebildet werden. Dazu ist zunächst die Entfernung R der Kegelspitze vom Äquator in geeigneter Weise festzulegen.

Auf den Mantellinien werden vom Äquator aus die Meridianbogenlängen, 1° = 700 Stadien, abgetragen, ebenfalls auf dem Äquator die geographischen Längen, 1° = 700 Stadien. Bögen auf dem Referenzparallel betragen auf der Einheitskugel $b_k = \Delta\lambda \cdot \cos\varphi$, in der Ebene auf dem Referenzparallel $b_E = (R - \varphi)(\Delta\lambda/R)$. Als Bedingung für R ergibt sich $b_R = b_E$ oder $\Delta\lambda\cos\varphi = \Delta\lambda(R - \varphi)/R$, also

$$\boxed{R = \varphi/(1 - \cos\varphi)}.$$

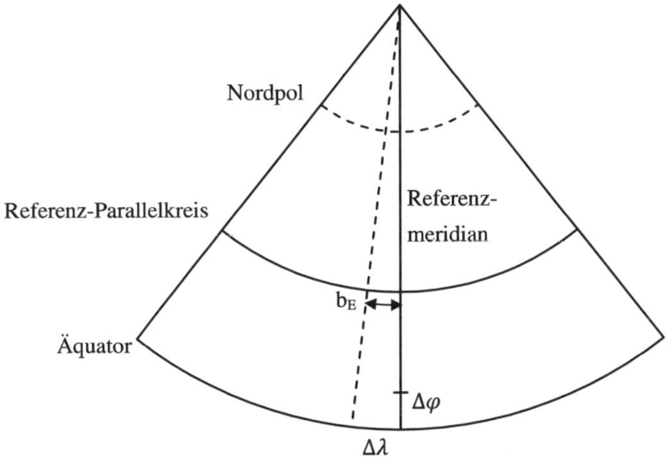

Abb. VII.6: Grundform der Kegelabbildung

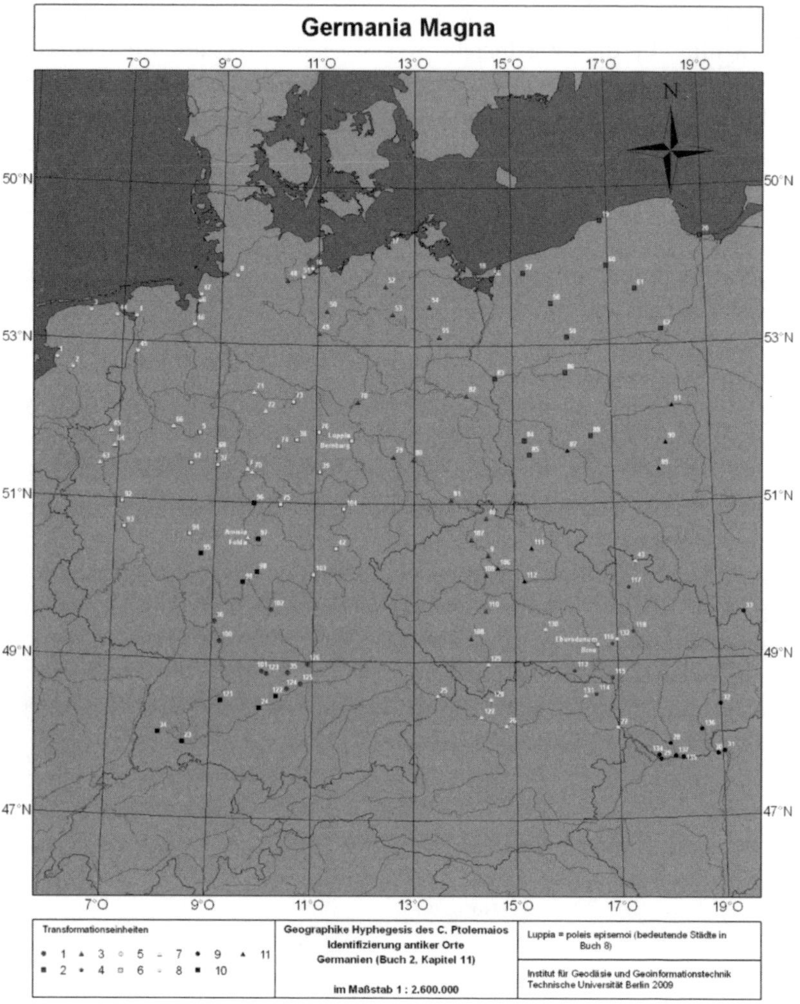

Abb. VII.7: Entzerrte Angaben des Ptolemaios für Germania Magna

Für $\varphi = 63°15'$ erhält man $R = 115°,02 \sim 115$, für $\varphi = 38°$ erhält man $R = 179°,25 \sim 180$; beide Größen, 115 und 180, tauchen bei Ptolemaios auf.

Diese Grundform der Abbildung ist zu einer näherungsweise längentreuen Abbildung regionaler Gebiete bzw. einzelner Länder hervorragend geeignet. Man wählt einen zentralen Punkt möglichst in der Mitte des Landes und benutzt seinen Meridian Λ_R als Referenzmeridian und seine Breite Φ_R als Breite des Referenzparallels. Für jedes Land ergibt sich natürlich ein anderer Abstand R für die Kegelspitze.

Alle Breitenkreise werden hierbei als Kreise um die Kegelspitze abgebildet. Die Längenverzerrung der Breitenkreise wird umso stärker, je weiter sie von dem Referenzbreitenkreis entfernt sind.

Diese Grundform der Abbildung ist nur für einzelne Länder (Abb. VII.7) geeignet und nicht für die ganze Oikumene. Bei der Erweiterungsform werden zunächst der Äquator und der Breitenkreis von Thule ($\varphi = 63°$) als Grenzen der Oikumene mittels R = 115 längentreu abgebildet. Für einen beliebigen Breitenkreis, z.B. $\Phi = 63°/2 = 31°30'$, wird dann ein Δb berechnet, mit dem die Längentreue des Breitenkreises hergestellt wird: $\Delta b = b_K - b_E$ bzw. $\Delta b = (\cos\varphi - (1 - \varphi/R))\Delta\lambda$.

Für $\varphi = 31°30'$ und $\Delta\lambda = 30°$ erhält man $\Delta b = \sim 4°$. Die Korrekturwerte Δb werden natürlich proportional größer, je weiter der Ortsmeridian von dem Referenzmeridian entfernt ist.

Abgesehen von dem Referenzmeridian bilden die Ortsmeridiane nunmehr gekrümmte Linien, die punktweise konstruiert werden müssen (Abb. VII.8).

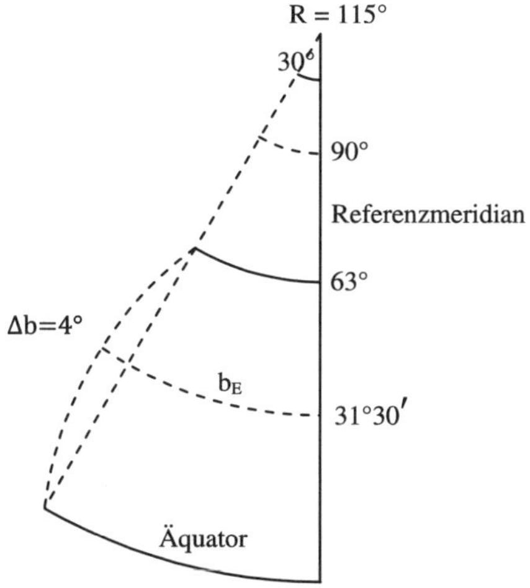

Abb. VII.8: Erweiterungsform der Kegelabbildung

Ptolemaios sagt nicht, dass die beiden Kegelabbildungen von ihm stammen. Die Meinung des Autors ist, dass sie von Eratosthenes entwickelt wurden; denn dessen Karte der Oikumene wies, im Gegensatz zu der des Ptolemaios, nur relativ geringe Verzerrungen auf, wie im nächsten Kapitel gezeigt werden wird.

VIII Eratosthenes' Karte der Oikumene: Genauigkeitsanalysen

VIII.1 Vorbemerkungen

Eratosthenes war im Altertum nicht zuletzt wegen seiner Karte der Oikumene berühmt. Ist es möglich, nach den spärlichen überlieferten Informationen darüber eine Abschätzung über die Genauigkeit dieser Karte zu erlangen?

Tatsächlich verfügen wir im Wesentlichen an geographischen Angaben vor Ptolemaios nur über

- die „Geographika" des Strabon von Amaseia (~63 BC–28 AD),
- den „Periplus" der Erythräischen See (Indischer Ozean) aus der Mitte des 1. Jahrhunderts AD,
- Einzelangaben des Plinius (~32–79 AD) und
- das Buch „Indike" des Arrian (~95–175 AD), seine detaillierte Beschreibung der Route des makedonischen Admirals Nearchos von der Indus-Mündung nach Karmania und zur Tigris-Mündung.

In der Geographike Hyphegesis erwähnt Ptolemaios Eratosthenes, seinen berühmten Vorgänger aus Alexandria, nicht ein einziges Mal. Sicherlich kannte Ptolemaios aber den äußerst kritischen Kommentar „Gegen Eratosthenes" des Hipparchs; denn dessen (falsche) Breitenangaben für Byzanz und Karthago hat er übernommen.

Fast alle Angaben zur Karte des Eratosthenes verdanken wir Strabon. Der Stoa-Anhänger Strabon war sicherlich kein Freund des Eratosthenes, einer der „Abgefallenen der Stoa", nicht zuletzt hinsichtlich dessen skandalöser Auffassung über Homer, den die Stoa als ernst zu nehmenden Geographen sehr verehrte. Strabon erregt sich beispielsweise über die folgenden Kommentare des Eratosthenes:

- [G I.2.3] *Er* [Eratosthenes] *sagt, Ziel jedes Dichters sei Unterhaltung, nicht Belehrung.*
- [G I.2.3] *Er* [Eratosthenes] *fragt, was es zu der Vortrefflichkeit des Dichters* [Homer] *beitrage, Kenntnis von vielen Orten zu haben*

oder von Feldherrnkunst oder Landwirtschaft oder Redekunst oder was immer ihm manche Leute [Anhänger der Stoa] *zuschreiben wollten.*

- [G I.2.7] *Was diese* [die Irrfahrt des Odysseus] *betrifft, geht er* [Eratosthenes] *oft fehl, indem er die Kommentatoren* [Homers] *als auch den Dichter selbst für Schwätzer erklärt.*
- [G I.2.15] *Dann erst dürfte man herausfinden, wo Odysseus herumgeirrt sei, wenn man den Riemer findet, der den „Sack der Winde" genäht hat* [bemerkt Eratosthenes].

Tatsächlich hinterlassen die Geographika den Eindruck, Strabon habe sie nur verfasst, um nachzuweisen, welch großartiger Geograph Homer gewesen sei. Nichtsdestotrotz scheint Strabon die Angaben des Eratosthenes korrekt – allerdings mit wenigen Ausnahmen – übermittelt zu haben. Denn er erklärt:

[G II.1.41] *Aber in den Fällen, in denen wir auf einen Blick sehen, dass der eine* [Eratosthenes] *sich gänzlich irrt, und der andere* [Hipparch] *ihn zu recht beschuldigt, da ist es unserer Ansicht nach ausreichend, wenn wir ihn* [Eratosthenes] *in der Erdbeschreibung selbst durch die Angabe der Fakten korrigieren.*

Vor allem gilt es also herauszufinden, an welchen Stellen Strabon den Eratosthenes stillschweigend „korrigierte". Das scheinen insbesondere zwei Stellen zu sein. Die erste ist die geographische Breite von Thule.

[G II.5.8] *Pytheas aus Massilia sagt, die Gegend von Thule, der nördlichsten der Britannischen Inseln, sei die letzte, wo der Sommerwendekreis gleich dem „Arktischen Kreis" ist* [im antiken Sinne, d.h. $(90° - \varphi) = \varepsilon$ = nördlicher Polarkreis]. Anscheinend hat Strabon die Angaben des Eratosthenes für Punkte nördlich des Taurus derart „korrigiert", dass sie mit dieser seiner Meinung übereinstimmten. Vorhergehend hatte Strabon dazu bemerkt:

[G II.4.2] *Obgleich Eratosthenes gänzlich im Zweifel war, ob man diesen Berichten* [des Pytheas über „Erstarrtes Meer", „Meereslungen", also die Wattgebiete in der Helgoländer Bucht usw.] *glauben solle, habe er dennoch denen über Britannien und die Gegenden von Gadeira* [Cádiz] *und Iberia* [Spanien] *Glauben geschenkt* [– wie Polybios sagt]. …

Eratosthenes [– fügt Polybios hinzu –] *glaube jedoch dem Pytheas, und das obwohl nicht einmal Dikaiarchos diesem glaubte. Nun, die Bemerkung „obwohl nicht einmal Dikaiarchos diesem glaubte" ist lä-*

cherlich; als ob es schicklich gewesen wäre [für Eratosthenes], *jenen zum Maßstab zu nehmen, gegen den er selbst so viel Kritik äußert.*

Die oft geäußerte moderne Vermutung, Eratosthenes hätte sich auf Dikaiarchos gestützt, ist lächerlich, wie Strabon es formuliert. Tatsächlich vertraute Eratosthenes den Angaben des Pytheas wahrscheinlich deshalb, weil er diese soweit wie möglich mit den Angaben des Timosthenes anhand einer (längentreuen) Kartenabbildung verglichen hatte.

Wenig Zweifel kann daran bestehen, dass der „Mathematikos" Eratosthenes die Karte nicht zuletzt zu dem Zweck genutzt hat, die Einzelinformationen der verschiedenen Personen nicht nur sachgerecht zu verknüpfen, sondern auch graphisch auf Widersprüche und grobe Fehler zu kontrollieren. Jedenfalls bemerkt Strabon mehrere Male, dass Eratosthenes fast oder nicht mit anderen Personen übereinstimme, deren Informationen er nutzte, wie beispielsweise:

[G II.1.40] *Aber so groß ist dabei* [bei den Vorgebirgen des südlichen Europas] *die Menge an Fehlern, die von Eratosthenes begangen werden wie von Timosthenes, der „Die Häfen"* [Periplus des Mittelmeeres] *geschrieben hat und den jener* [Eratosthenes] *zwar mehr als alle Anderen lobt, mit dem er jedoch, wie es sich nachweisen lässt, in den meisten Punkten* ***nicht*** *übereinstimmt.*

Eine zweite Ansicht des Strabon ist insbesondere im Hinblick auf die Festlegung des Referenzmeridians von gravierender Bedeutung: die Lage der beiden Kyanea-Klippen.

[G VII.6.1] *Die Kyanea sind zwei Inselchen nahe der Mündung des Pontos, die eine nahe Europa, die andere nahe Asien. Sie sind durch einen Sund von ungefähr 20 Stadien getrennt und ebenso weit sind sie sowohl vom Heiligtum der Byzantier* [in Europa] *als auch vom Heiligtum der Chalkedonier* [in Asien] *entfernt, wo die engste Stelle der Mündung des Schwarzen Meeres ist.*

Tatsächlich ist die Mündung des Bosporus ins Schwarze Meer nahezu 8 km = 60 Stadien breit; aber dort befinden sich keine Inselchen. Davon hat sich der Autor anlässlich eines vorzüglichen Mahles im Hafenrestaurant von Rumelifeneri bei Gelegenheit selbst überzeugt.

Zu Breitenangaben hat Eratosthenes, soweit wir wissen, ausschließlich Stadien verwendet, also 1° = 700 Stadien, niemals „Klimata" oder „Stundenintervalle" bezüglich der Länge des längsten Tages, im Gegensatz zu Hipparch. Man kann daher davon ausgehen, dass alle Breitenangaben in Stadien in den Geographika des Strabon von Eratosthenes stammen.

Entscheidend für das Verständnis der von Strabon angegebenen Daten ist die Frage, was Eratosthenes unter der **Distanz zweier Meridiane** verstanden hat, wiederum von ihm in Stadien angegeben. Waren es Abstände am Äquator? Oder waren es Abstände an den jeweiligen Parallelkreisen, $\Delta p = \Delta\Lambda \, cos\Phi$, wie Strabon und Hipparch offensichtlich angenommen haben? Wenn Eratosthenes damit Äquatorabstände meinte, während Strabon/Hipparch Abstände an Parallelkreisen annahmen, dann konnte es schnell z.B. zu folgender Meinung des Strabon gekommen sein:

[G II.1.33] *Demgemäß werden die Längen* [durch Eratosthenes] *nicht gut bestimmt und auch die nördlichen Teile nicht.*

An vielen von Strabon und Hipparch diskutierten Einzelheiten wird deutlich, dass beide nur die Bücher und nicht die dazugehörige Karte des Eratosthenes gekannt haben; dadurch kam es bei beiden zu Miss- und Unverständnissen. Hinzu kommt, dass Hipparch die Geographie von einem vorwiegend rein astronomischen Standpunkt aus betrachtete. Strabon merkt an:

[G I.1.12] *Richtig lehrt auch Hipparch in seiner Schrift „Gegen Eratosthenes", dass es unmöglich ist, obwohl sich geographische Kenntnis für jeden, sowohl den Laien als auch den Gelehrten, geziemt, diese zu erlangen ohne die Beurteilung der Himmelserscheinungen und der Beobachtungen von Finsternissen.*

Zum Beispiel ist es nicht möglich zu bestimmen, ob Alexandria in Ägypten nördlicher oder südlicher als Babylon liegt, auch nicht in welchem Abstand, ohne die Untersuchung mittels der „Klimata" [d.h. der Dauer des längsten Tages].

In gleicher Weise könnte man nicht die Punkte genau bestimmen, die nach Osten oder Westen in größerer oder kleinerer Distanz voneinander abweichen außer durch die Vergleiche der [Ortssonnenzeiten der] *Sonnen- und Mondfinsternisse.*

Er [Hipparch] *also sagt derartiges.*

Ähnlich wie Hipparch wird im Folgenden eine kritische Analyse der Zahlenangaben des Eratosthenes, soweit von Strabon berichtet, durchgeführt. Im Gegensatz zu Hipparch kennen wir allerdings die Realität, z.B. in Form des Times-Atlas.

VIII.2 Zu den Messdaten des Eratosthenes

Die Daten, die dem Eratosthenes zur Erstellung seiner Karte der Oikumene vorlagen, waren im Wesentlichen:

- im Osten die Daten der makedonischen militärischen Landmesser/Navigatoren, wobei die sog. Bematisten von den Offizieren Diognetos und Baiton, die Navigatoren von dem Admiral Nearchos angeführt wurden;
- in der später von den Ptolemaiern beherrschten Region vom Hellespont und den vorderasiatischen Küstenregionen bis nach Äthiopien die Daten der ptolemaischen Armee/Flotte;
- im Westen die Daten des Timosthenes und des Pytheas, die sich auf die Küsten des Mittelmeeres, des Atlantik und der Nordsee bezogen, möglicherweise ergänzt durch andere Informationen über das Landesinnere.

VIII.2.1 Daten im Osten

Strabon bemerkt dazu:

[G I.2.1] *Denn die Vorherrschaft der Römer und der Parther hat in der Tat den jetzt Lebenden einen beträchtlichen Zuwachs derartiger* [geographischer] *Kenntnis gebracht, ebenso wie* [es der Fall war bei] *denen, die nach dem Feldzug Alexanders lebten, wie Eratosthenes sagt. Denn er* [Alexander] h*at uns einen großen Teil Asiens eröffnet und den gesamten nördlichen Teil Europas bis zum Istros* [Donau].

Deutlich wird aus dieser Bemerkung des Strabons, dass die Hauptinformation antiker Geographen von militärischen Messtrupps/Kundschaftertrupps stammen und nicht, wie oft vermutet, von Handelsreisenden, die weder die Zeit noch die Fähigkeiten hatten, derartige Arbeiten durchzuführen.

[G I.1.5] *Obgleich Eratosthenes viele Zeugnisse nutzte, sagt er* [Hipparch], *dass Eratosthenes nur eines nutzte – das des Patrokles.*

[G I.6] *Weder mangelt es der Behauptung des Patrokles an Plausibilität, das nämlich diejenigen, die den Feldzug mit Alexander machten, nur flüchtige Informationen über alles erwarben, aber Alexander selbst akkurate Untersuchungen anstellen ließ; denn die Männer bestens ver-*

traut mit dem Land haben das ganze Land für ihn beschrieben [aufgemessen].

Tatsächlich wurden Alexander und seine Freunde von Aristoteles ausgebildet und dazu gehörte sicherlich eine Ausbildung im militärischen Vermessungswesen.

Und diese Beschreibung wurde später dem Patrokles (wie Patrokles sagt) durch Xenokles, dem Schatzmeister des Alexanders, übergeben. Patrokles verkaufte dann mutmaßlich diese Unterlagen an Ptolemaios I., der sie in der Bibliothek von Alexandria aufbewahren ließ.

[G II.1.7] *Hipparch sagt ferner, in seinem zweiten Buch* [„Gegen Eratosthenes], *dass Eratosthenes selbst Unglaubwürdigkeit auf Patrokles wirft, im Hinblick auf die Meinungsverschiedenheit des Patrokles mit Megasthenes über die Länge von Indien auf der Nordseite, die Megasthenes mit 16 000 Stadien angibt, während Patrokles behauptet, sie sei 1000 Stadien kürzer.*

[G II.1.8] *Jedoch, ausgehend von einem gewissen* ***Itinerarium*** *als Basis, misstraut Eratosthenes beiden aufgrund ihrer Meinungsverschiedenheit* [des Patrokles] *mit Megasthenes, an der Eratosthenes etwas auszusetzen hatte, sondern er fand Fehler, indem er ihre Meinungsverschiedenheit verglich mit der Übereinstimmung und Glaubwürdigkeit des Itinerariums* [und seiner Kartenzeichnung].

Strabon erklärt später:

[G II.1.41] *Eratosthenes erklärt: Wenn es sich um eine Frage sehr weit entfernter Regionen handelt, dann will er bloß die traditionell überlieferten Distanzen wiedergeben, ohne für diese zu bürgen und er gibt zu, dass er diese durch bloße Überlieferung erhielt.*

VIII.2.2 Daten im ptolemaischen Herrschaftsgebiet

Das ptolemaische Herrschaftsgebiet reichte von Meroë im tiefen Süden bis zum Hellespont (Dardanellen) und Thrace im hohen Norden. Theokrit von Syracusa (~310–250 BC) nannte Ptolemaios II. (reg. 285–254 BC) den Herrscher über Phönizien und Arabien, Syrien, Libyen, Äthiopien und Pamphylien, Cilicien, Lycien, Karien und die Kykladen; in der Adulis-Inschrift wurden zu diesen sogar Thrace und der Hellespont hinzugezählt. Administrative und militärische Logistik eines derart großen Imperiums erforderte gute Karten; die ptolemaische Armee/Flotte war die Institution, diese Daten und Karten zu beschaffen.

Man sollte jedenfalls davon ausgehen, dass die ptolemaische Armee/Flotte in der makedonischen Tradition Alexander des Großen eine Vermessung dieses riesigen Gebietes durchführte, nicht zuletzt die Gradmessung, auf die Eratosthenes seine Berechnung des Erdumfanges stützte. Ptolemaios IV., der Schüler des Eratosthenes, war fasziniert von großen Schiffen und daher mutmaßlich auch an allem, was mit Navigation zusammenhing.

VIII.2.3 Daten im Westen

Pytheas hat zwei Bücher verfasst, ein *περιοδοζ γηζ* (Periodes Ges = Erdbeschreibung), von dem nur noch ein Fragment über die Liparischen Inseln überliefert ist und die Schrift Τ*α περι του ωχεανου* (Über den Okeanos) als Resultat seiner berühmten Nordlandfahrt, die ihn bis nach Thule führte.

Timosthenes hat eine Beschreibung der Häfen (Periplus) im Mittelmeer verfasst.

Über weitere Informationen, die dem Eratosthenes sicherlich vorgelegen haben, sind wir nicht informiert.

Mutmaßlich hat der Eratosthenes dem Pytheas vor allem deshalb vertraut, weil seine geographischen Angaben (Breiten, Entfernungen, Windrichtungen bzw. Azimute) mit denen des Timosthenes gut übereinstimmten.

VIII.3 Geographische Breitenangaben des Eratosthenes

VIII.3.1 Breiten nahe des Referenzmeridians bis zum Tauros

Für die Breiten von Orten in der Nähe des Referenzmeridians gibt Strabon in G II folgende Stadienwerte an (1° = 700 Stadien):

- für den Parallelkreis durch Meroë Φ = 11 800 Stadien (= 16°51′; φ = 16°59′);

- für den Parallelkreis durch Syene Φ = 16 800 Stadien (= 24°00′; φ = 24°05′);
- für den Parallelkreis durch Alexandria Φ =21 800 Stadien (= 31°09′; φ = 31°13′);
- für den Parallelkreis durch Rhodos Φ = 25 550 Stadien (= 36°30′; φ = 36°26′);

Letzterer ist 3750 Stadien von Alexandria entfernt, wie von Eratosthenes selbst gemessen wurde. Weiter gibt Strabon an, dass der Parallelkreis durch Syrakus 400 Stadien weiter nördlich liege; man erhält

- für den Parallelkreis durch Syrakus Φ = 25 950 Stadien (= 37°04′; φ = 37°04′).

Zusätzlich gibt er an, das Zentrum von Rhodos (Berg Attaviros, h = 1215 m), eine weitsichtbare Geländemarke zur Navigation, sei 3640 Stadien von Alexandria entfernt; man erhält

- für den Parallelkreis durch Attaviros Φ = 25 440 Stadien (= 36°21′; φ = 36°12′).

Ferner berichtet er, Eratosthenes habe angegeben, dass der Parallelkreis von Athen 15000 Stadien nördlich von Meroë liege; man erhält

- für den Parallelkreis durch Athen Φ = 26 800 Stadien (= 38°17′; φ = 38°00′).

VIII.3.2 Die Tauros-Bergkette

Als Tauros bezeichneten die Griechen die Bergkette, die sich von Kleinasien bis zum Himalaya hinzieht und der $\Delta\Phi$ = 3000 Stadien = 4°17′ als Breite zugewiesen wurde. Zur südlichen Grenze des Tauros bemerkt Strabon:

[G II.1.1] *Im dritten Buch seiner Geographika entwirft er* [Eratosthenes] *seine Karte der Oikumene und teilt sie in zwei Teile mit einer Linie, die von Westen nach Osten parallel zum Äquator verläuft. Als ihre Endpunkte bestimmt er im Westen die ‚Säulen des Herakles'* [Gibraltar: φ = 36°09′], *im Osten die äußersten Enden des Gebirges, das die Nordseite Indiens begrenzt. Er zeichnet die Linie von den ‚Säulen' durch den* [südlichen] *Sizilischen Sund* [Cape Bon: φ = 37°08′], *die südlichen Vorgebirge der Peloponnes* [Akra Tanairon: φ = 36°23′] *und von Attika* [Akra Sounion: φ = 37°38′] *bis zum Gebiet der Insel Rhodos* [Attaviros: φ = 36°12′] *und dem Golf von Issos* [Iskanderun: φ = 36°37′].

Bis zu diesem Punkt, sagt er, verlaufe die genannte Linie durch das [Mittel-]*Meer und die angrenzenden Kontinente – denn das ganze Meer, das bei uns liegt, erstrecke sich selbst auf diese Weise der Länge nach bis Cilicien –, dann setze sie sich ungefähr auf einer Geraden am ganzen Bergland des Tauros entlang bis Indien fort. Der Tauros nämlich, der sich auf gerader Linie zu dem an den ‚Säulen' beginnenden* [Mittel-] *Meer erstreckt, teile ganz Asien der Länge nach in zwei Teile, indem er den einen Teil davon zum Nördlichen macht, den anderen zum Südlichen. Daher liegen sowohl er selbst* [der Tauros in Asien] *als auch das Meer von den Säulen bis hierher in gleicher Weise auf dem durch Athen gezogenen Parallelkreis* [der nahezu durch die Mitte des Taurus verläuft: $\varphi = 38°00'$].

Strabon ergänzt die Beschreibung des südlichen Randes des Tauros im östlichen Mittelmeer wie folgt:

[G II.5.19] *Die östliche Seite des Meeres bildet Sizilien und die beiderseits davon liegenden Sunde; der eine gegen Italien* [bei Messina: $\varphi = 38°13'$] *ist sieben Stadien breit, der andere gegen Karthago 1500* [Marsala/Karthago: 1350 Stadien]. *Die Linie von den ‚Säulen' bis zu dem Sund von sieben Stadien ist ein Teil der* [Linie] *nach Rhodos und dem Tauros; sie schneidet das genannte Meer etwa in der Mitte durch und soll eine Länge von 12* 000 *Stadien haben.*

Zum nördlichen Rand des Tauros bemerkt Strabon:

[G II.1.3] *Als weiteren Nachweis bringt er* [Eratosthenes] *diesen, dass die Entfernung vom Golf von Issos bis zum Pontischen Meer* [Schwarzes Meer], *wenn man nach Norden zur der Gegend um Amisos und Sinope geht, ungefähr 3000 Stadien beträgt, soviel wie auch die Breite des Gebirges betragen soll* [Iskanderun/Samsun: $\Delta\varphi = 4°40'$]; *zieht man aber in Äquatorrichtung nach Osten, kommt als erstes die Kolchis, als nächstes der Übergang* [Poti/Baku] *zum Hyrkanischen Meer* [Kaspisches Meer] *und schließlich, wenn man das Gebirge zur Rechten hat, die Straße nach Baktrien und zu den jenseits wohnenden Skythen* [nördlich des Iaxartes/Syrdar'ya, Samarkand: $\varphi = 39°40'$].

Verlängert man diese durch Amisos [Samsun: $\varphi = 41°17'$] *laufende Linie nach Westen, führt sie durch die Propontis* [Marmara-Meer] *und den Hellespont* [Dardanellen; Lysimacheia/Baklaburnu: $\varphi = 40°36'$]; *und von Meroë zum Hellespont sind* es *nicht mehr als 18* 000 *Stadien*

$$[\Phi\ 0\ 11\,800 + 18\,000 = 29\,800 \text{ Stadien} = 42°34';\ \varphi = 40°36'].$$

Tatsächlich entspricht der Breitenunterschied zwischen Attivaros und Lysimacheia, $\Delta\varphi = (40°36'-36°12') = 4°24' = 3080$ Stadien, fast exakt der dem Taurus zugewiesenen Breite von 3000 Stadien, was dem Eratosthenes nicht entgangen sein dürfte. Der von Strabo angegebene Wert ist um $\Delta\Phi = 2°$ zu groß; möglicherweise wurde er durch die Messung der Dauer des längsten Tages in Lysimacheia ermittelt, dürfte jedoch keinesfalls von Eratosthenes stammen.

VIII.3.3 Zu den Breiten der Orte nördlich des Tauros

[G I.4.2] *Die Breite der Oikumene bestimmend sagt er* [Eratosthenes], *von Meroë seien es auf dem dadurch verlaufenden Meridian bis* [zum Breitenkreis von] *Alexandria* [$\varphi = 31°13'$, $\lambda = 29°55'$] *10 000 Stadien,*

- *von dort bis zum Hellespont ungefähr 8100,*
- *dann bis zum Borysthenes 5000,*
- *dann bis zu dem Kreis durch* [die Insel] *Thule, das nach der Angabe des Pytheas sechs Tagesreisen von Britannien nach Norden entfernt ist und nahe am ‚Gefrorenen Meer' liegt, sind es ungefähr weitere 11 500 Stadien.*

Tatsächlich sind es von den Shetland-Inseln bis Måløy in Norwegen drei Tagesfahrten [1500 Stadien] und dann geradeaus weiter längs der Küste bis zur Insel Smøla bei Trondheim ebenfalls drei Tagesfahrten.

[G I.4.4] *Aber durch welche Mutmaßung Eratosthenes sagen konnte, die Distanz vom Parallelkreis von Thule zu dem durch die Mündung des Borysthenes ist 11 500 Stadien, kann ich nicht sehen.*

Dazu verbleibt eine und nur eine sinnvolle Möglichkeit: Eratosthenes (bzw. ein Navigator der Flotte des Herrschers Ptolemaios) hatte die geographische Breite der Mündung des Borysthenes bestimmt und Pytheas die geographische Breite von Thule. Aus diesen Messungen konnte Eratosthenes dann die Breitendifferenz zu $\Delta\Phi = 11\,500$ Stadien berechnen. Hinsichtlich der Breite der Mündung des Borysthenes ist noch folgende Bemerkung des Strabon zu beachten:

[G II.1.12] … *wenn wirklich*

- *der Parallelkreis durch Byzanz derselbe ist wie der durch Massalia* [Marseille], *wie es Hipparch im Vertrauen auf Pytheas sagt,*

- *und der Meridian durch Byzanz derselbe ist wie der durch Borysthenes, was Hipparch ebenfalls gutheißt*
- *und er auch gutheißt, dass die Entfernung von Byzanz bis zum Borysthenes 3700 Stadien beträgt, …*

Die Angabe dieser Nord-Süd-Entfernung in Stadien (Ochakov/Istanbul: $\Delta\varphi = (46°37'\text{-}41°02') = 5°35' = 3900$ Stadien), die Hipparch gutgeheißen hat, lässt auf ihre Angabe durch Eratosthenes schließen.

Nun ist der Breitenunterschied zwischen Byzanz und Lysimacheia $\Delta\varphi = (41°02'\text{-}40°36') = 26' = 300$ Stadien. Addiert man diese zu den 3700 Stadien erhält man 4000 Stadien. Möglicherweise unterlag hinsichtlich des Breitenunterschiedes Hellespont/Borysthenes Strabon einem Schreibfehler: 5000 Stadien anstatt korrekt 4000 Stadien.

Jedenfalls erhielt er dann, ausgehend von seiner um 2° verfälschten Breite für den Hellespont/Lysimacheia, für die geographische Breite von Thule $\Phi = (11\,800 + 18\,100 + 5000 + 11\,500) = 46\,400$ Stadien $= 66°17'$. Thule lag demnach am nördlichen Polarkreis, wie Strabon glaubte.

Mit der korrekten Breite des Taurus und einer Breitendistanz von 4000 Stadien zwischen Lysimacheia und Borysthenes sollte Eratosthenes für die geographische Breite von Thule $\Phi = (25\,550 + 3000 + 4000 + 11\,500) = 44\,050$ Stadien $= 62°56' \sim 63°$ erhalten haben.

Das erklärt dann auch die nicht weiter begründete Angabe das Marinos/Ptolemaios in der Geographike Hyphegesis, Thule sei 63° vom Äquator entfernt. Wer sollte diese Angabe bezweifeln, wenn sie von Eratosthenes gutgeheißen war und zudem niemand mehr wusste, wo die Insel Thule lag.

VIII.4 Geographische Längenangaben des Eratosthenes

VIII.4.1 Referenzmeridian:Thapsakos und die Kyanea-Klippen

Zum Referenzmeridian des Eratosthenes bemerkt Strabon:

[G II.1.39] *Gemäß Eratosthenes selbst ist der Meridian durch die Kanobische Mündung des Nils* [$\varphi = 31°31'$, $\lambda = 30°21'$] *und durch die Kyanea ein und derselbe und dieser* ***Meridian*** *ist 6300 Stadien entfernt von dem* ***Meridian*** *durch Thapsakos.*

Bei Thapsakos war der Euphrates-Übergang, den Alexander nutzte, als er mit einem riesigen Heer von Damaskus Richtung Arbela/Gaugamela aufbrach. Eine vorläufige Entzerrung der Angaben in der Geographike Hyphegesis des Ptolemaios für „Arabia Deserta" ergab, dass Thapsakos das heutige As Sabkhah war (φ = 35°48′, λ = 39°17′), etwas östlich von Nikephorion (Ar Raqqah: φ = 35°57′, λ = 39°03′) auf der südlichen Euphrates-Seite.

Man erhält als Distanz zwischen den Meridianen der Kanobischen Mündung und Thapsakos $\Delta\lambda$ = (39°17′-30°21′) = 8°56′ = 6250 Stadien, **gemessen am Äquator**, in bester Übereinstimmung mit der Angabe des Eratosthenes. Strabon bemerkt ferner:

[G II.1.39] *Eratosthenes bestimmte die Distanz vom Ausgang* [des Bosporus bei Rumelifeneri: λ = 29°07′] *und Phasis* [Poti: λ = 41°41′] *zu 8000 Stadien.*

Der Meridianabstand zwischen Rumelifeneri/Poti ist $\Delta\lambda$ = (41°47′ – 29°07′) = 12°34′ = 8800 Stadien, **gemessen am Äquator**, in guter Übereinstimmung mit der Angabe des Eratosthenes. Strabon fährt fort:

Hipparch verkürzt die Strecke und sagt, von den Kyanea nach Phasis sei die Distanz 5600 Stadien.

Die Kefken Adasi (φ = 41°14′, λ = 30°15′), sicherlich eine wichtige Geländemarke für die Navigation, liegen von Poti Δp = (41°41′ – 30°15′)cosφ = 8°56′ = 6000 Stadien entfernt. Nach Hipparch waren also die Kyanea-Klippen die Kefken Adasi; denn ½° weiter östlich bei 5600 Stadien befinden sich keine Inseln. Strabo bemerkt später noch:

[G IV.3.8] *Die Chelidoniai scheinen ungefähr gegenüber von Kanobos zu liegen.*

Tatsächlich liegen die auf der Südseite des Taurus gelegenen Gelidoniya Burun (φ = 36°14′, λ = 30°25′) nahezu auf demselben Meridian wie sowohl die Kanobische Mündung des Nils als auch die auf der Nordseite des Taurus gelegenen Kefken Adasi.

Interessant ist ferner, dass Strabon weit im Norden auf seinem Referenzmeridian die Mündung des Borysthenes (Ochakov: φ = 46°37′, λ = 31°33′) legt. Real liegt diese Mündung dagegen um 1° östlich des Referenzmeridians des Eratosthenes (Tab. VIII.1).

Ort	Kanob. Münd.	Chelidoniai	Kyanea	Borysthenes
▯	31°13′	36°14′	41°14′	46°37′
▯	30°21′	30°25′	30°15′	31°33′

Tab. VIII.1: Orte auf dem Referenzmeridian des Eratosthenes

Bemerkenswerterweise ist die Entfernung Kefken Adasi/Mündung des Borysthenes Δφ = (46°37′-41°14′) = 5°23′ = 3750 Stadien, also fast genau die Entfernung von 3700 Stadien, die Hipparch für die Entfernung Byzanz/Borysthenes gutgeheißen hat.

Der Leser beachte: Der Referenzmeridian des Eratosthenes war nicht durch Städte, sondern durch sehr markante, unvergängliche Geländemarken festgelegt.

VIII.4.2 Die Längenausdehnung der Oikumene

Dazu bemerkt Strabo Folgendes:

[G I.4.5] *Nachdem er* [Eratosthenes] *aber die besagte Breite* [der Oikumene] *bestimmt hat – die von den äußersten Äthiopen bis zum* [Parallelkreis] *durch Thule –, dehnt er die Länge mehr als nötig aus, um mehr als das Doppelte der besagten Breite zu erhalten.*

Auf diese seltsame Begründung kommt Strabon wohl deswegen, weil er nicht erkannt hat, dass der „Mathematikos" Eratosthenes die Längenausdehnung am Äquator gemessen hat; Eratosthenes hätte über diese seltsame Begründung gelächelt.

Daher sagt er [Eratosthenes],

- *der schmalste Teil Indiens bis zum Indus sei 16 000 Stadien lang, (denn der Teil, der sich bis zu den Vorgebirgen erstreckt, sei 3000 Stadien länger),*
- *der Teil von dort bis zu den Kaspischen Pforten sei 14 000 Stadien lang* [Qolleh-ye Damavand: φ = 35°56′, λ = 52°08′],
- *dann zum Euphrates seien es 10 000 Stadien,*
- *dann vom Euphrates zum Nil 5000* [bei Pelusion: φ = 31°03′, λ = 32°36′] *und weitere 1300 bis zur Kanobischen Mündung,*
- *weiter seien es bis Karthago 13 500 Stadien,*
- *dann bis zu den ‚Säulen' mindestens 8000 Stadien.*

Das überschreite allerdings die 70 000 Stadien um 800.

Addiert man die angegebenen Ost/West-Entfernungen, erhält man s = (16 000+14 000+10 000+5000+1300+13 500+8000) = 67 800 Stadien. Um 70 800 Stadien zu erreichen, hat Strabo offensichtlich die erwähnten 3000 Stadien bis zum Vorgebirge im Osten hinzugerechnet.

Es gibt aber noch eine andere, sinnvollere Möglichkeit. Eratosthenes hat als Längendifferenz zwischen Thapsakos/Kanobische Mündung die Länge zwischen den Meridianen am Äquator angegeben. Das Gleiche gilt offensichtlich für die Längendifferenz Kanobische Mündung/Karthago, $\Delta\lambda = (30°21' - 10°16') = 20°05' = 14\,050$ Stadien, in guter Übereinstimmung mit dem von Eratosthenes angegebenen Wert 13500 Stadien.

Berechnet man den Meridianabstand Karthago/Gibraltar am Äquator, $\Delta\lambda = (10°16' + 5°20') = 15°36' = 10\,900$ Stadien~11 000 Stadien, erhält man exakt (11 000 – 8000) = 3000 Stadien mehr als von Strabon angegeben.

Irgendwo mag Eratosthenes auch die tatsächliche Entfernung Karthago/Gibraltar = 8000 Stadien angegeben haben, die Strabon dann in diese Liste mit übernommen hat. Strabon fährt fort:

Man müsse aber noch [sagt Eratosthenes] *die jenseits der ‚Säulen des Herakles' gelegene Wölbung Europas hinzufügen, die den Iberern gegenüberliegt und nach Westen nicht weniger als 3000 Stadien vorspringt.*

Tatsächlich ist der Meridianunterschied zwischen Cabo Raso bei Lissabon [$\varphi = 38°42', \lambda = -9°30'$] und Gibraltar $\Delta\lambda = 9°30' - 5°20') = 4°10' = 2900$ Stadien.

Und er [Eratosthenes] *fügt zu den genannten Längen noch weitere Stadien hinzu, nämlich 2000 im Westen und 2000 im Osten.*

Da Cabo Raso der westlichste Punkt Europas ist, kann es sich im Westen nur um einen Punkt an der afrikanischen Westküste handeln, z.B. Kap Juby ($\varphi = 27°59', \lambda = 12°54'$) bei den „Inseln der Glückseligen", den Kanarischen Inseln, durch die später Ptolemaios (und noch später die Franzosen) den Nullmeridian legte. Man erhält real $\Delta\lambda = (12°54' - 9°30') = 2°36' = 1800$ Stadien.

Ungenau ist die Angabe von 10 000 Stadien für die Meridiandifferenz Thapsakos/Kaspische Pforten; man erhält $\Delta\lambda = (52°08' - 39°17') = 12°51' = 9000$ Stadien.

14 000 Stadien = 20° im Osten der Kaspischen Pforten liegt die Quelle des Flusses Gilgit nahe des Shandur-Passes (($\varphi = 36°05'$, $\lambda = 72°40'$); $\Delta\lambda = 20°32' = 14\,350$ Stadien), der mutmaßlich von den Griechen als Oberlauf des Indus angesehen wurde. Die spätere Verlagerung der Indusquelle sehr weit nach Osten scheint eine Ursache erheblicher Unstimmigkeiten in der Karte des Ptolemaios zu sein.

Die weiteren Daten im Osten (16 000, 3000, 2000) werden im nächsten Abschnitt untersucht werden.

Der Leser beachte, dass die von Eratosthenes angegebenen Meridianunterschiede (gemessen am Äquator) sich auf Punkte beziehen, mit denen er eine Unterteilung der Oikumene in sog. Sphragiden vorgenommen hat.

VIII.5 Die sog. Sphragiden des Eratosthenes

VIII.5.1 Die Sphragide Indike

VIII.5.1.1 Breitenangaben der makedonischen Navigatoren

Eratosthenes benötigte zur Festlegung der geographischen Breiten in Indien zumindest eine vertrauenswürdige astronomische Bestimmung der Breite eines Punktes, um die Cardo/Decumanus-Methode der Bematisten/Navigatoren anwenden zu können. Geradezu bot sich an der Indus-Mündung ($\varphi = 23°50'$, $\lambda = 67°30'$) die Methode des Admirals Philo an.

Wir wissen jedenfalls von Strabon, dass die Navigatoren des Nearchos in Südindien astronomische Breitenbestimmungen vorgenommen haben und Eratosthenes diese verwendet hat.

[G II.1.19] *Er* [Deïmachos] *widerspricht Megasthenes, der behauptet hatte, in den südlichen Gegenden Indiens entzögen sich die Bären* [Großer und Kleiner Bär] *der Beobachtung und die Schatten fielen in die entgegengesetzte Richtung* [d.h. Südindien muss südlich des Parallelkreises von Syene liegen]; *denn keines von beiden komme irgendwo in Indien vor. Wenn er* [Deïmachos] *dies behauptet*, [sagt Eratosthenes,] *sei es dumm gesagt.*

Der nördlichste Stern des Kleinen Bären (siehe Abb. V.1) hatte im Altertum die Deklination $\delta = 81°$. Nach Megasthenes mussten daher die südlichsten Gegenden in Indien eine Breite kleiner als $\Phi = 90°\text{-}\delta = 9°$

haben (Cape Comorin: $\varphi = 8°04'$, $\lambda = 77°35'$). Strabon greift das Thema etwas später noch einmal auf und bemerkt:

[G II.1.20] *Niemand* [behauptet Hipparch] *berichtet über das ‚Klima' in Indien, auch Eratosthenes selbst nicht. Wenn sich dort aber wirklich beide Bären der Beobachtung entziehen, wie er* ***im Vertrauen auf Nearchos und seine Begleiter*** *meint, dann ist es unmöglich, dass Meroë und die* [südlichsten] *Vorgebirge Indiens auf demselben Parallelkreis liegen.*

Deutlich wird hier, über welche Daten Eratosthenes verfügte, nämlich die astronomischen Beobachtungen und die Cardo/Decumanus-Daten der Navigatoren des Nearchos, die mutmaßlich sowohl die Philo-Methode als auch den Kleinen Bären zur Breitenbestimmung benutzten. Ist es auszuschließen, dass die Flotte Cape Comorin umrundete und in den Golf von Bengalen vorstieß, um einen Seeweg nach Palimbothra zu erkundigen?

Wenn Eratosthenes sich nun hinsichtlich der beiden Bären der Meinung derer anschließt, die gesagt haben, dass sie sich der Beobachtung entziehen, [also der Meinung der Navigatoren des Nearchos und der des Megasthenes,] *wie kann es dann sein, dass sich niemand, nicht einmal Eratosthenes selbst, über das ‚Klima' in Indien äußert? Denn diese Aussage betrifft das ‚Klima'. ... Weil Deïmachos behauptet hat, dass nirgendwo in Indien sich die Bären der Beobachtung entzögen oder die Schatten in die entgegengesetzte Richtung fielen, was Megasthenes angenommen hatte, wirft er* [Eratosthenes] *ihm Unkenntnis vor.*

Im Hinblick auf eine Rekonstruktion der Karte und einer Analyse der Daten des Eratosthenes ist es von entscheidender Bedeutung, zur Kenntnis zu nehmen, dass Eratosthenes offensichtlich über Angaben der makedonischen Navigatoren bezüglich der Küstenregionen von Indien verfügte.

VIII.5.1.2 Die generelle Form Indiens nach Eratosthenes

Strabon bemerkt in seiner Beschreibung von Indike:

[G XV.1.11] *Was Eratosthenes sagt, ist Folgendes:*
- *Indien begrenzen im Norden von* [der Sphragide] *Ariane bis zum östlichen Meer die äußersten* [südlichsten] *Enden des Tauros, die*

die Einheimischen in den einzelnen Teilen Paropamisos, Emodon, Imaon und noch anders nennen, die Makedonen aber Kaukasos,
- *im Westen der Fluss Indus.*
- *Die südliche und die östliche Seite aber, die viel größer als die anderen sind, ragen in das Atlantische Meer hinein.*

Die Gestalt des Landes wird rautenförmig, wobei jede der beiden größeren Seiten die gegenüberliegende Seite um 3000 Stadien übertrifft; ebenso viel beträgt die Länge des gemeinsamen Vorgebirges der Ost- und der Südküste, das auf beiden Seiten gleich weit über die übrige Küste hinausragt.

Die Länge der westlichen Seite nun wird von den Kaukasischen Bergen bis zum südlichen Meer entlang des Indus-Flusses bis zu seiner Mündung mit maximal 13 000 Stadien angegeben; daher wird die gegenüberliegende östliche Seite, die noch die 3000 Stadien des Vorgebirges hinzunimmt, 16 000 Stadien lang. Das ist nun die kleinste und die größte Breite des Landes.

Die Länge aber wird von Westen nach Osten gezählt. Von ihr dürfte man das Stück bis Palibothra [Patna: $\varphi = 25°37'$, $\lambda = 85°12'$] *ziemlich zuverlässig angeben können; es ist nämlich mit Messseilen vermessen und eine Königsstraße von 10 000 Stadien.*

Tatsächlich ist die Großkreisdistanz vom Zusammenfluss Kabul/Indus [$\varphi = 33°24'$, $\lambda = 72°19'$] nach Patna s = 9750 Stadien.

Die jenseits davon liegenden Gebiete können nur durch eine Schätzung erfasst werden anhand von Schiffsfahrten stromaufwärts vom Meer auf dem Ganges bis Palibothra; es dürften etwa 6000 Stadien sein.

Anhand einer modernen Karte erhält man von Patna bis Sahibganj 1600 Stadien, von dort bis zur Mündung des Ganges bei Sagaria 3100 Stadien, also insgesamt nur 4700 Stadien.

[G XV.1.11] *Somit wird die ganze Länge, wo sie am kürzesten ist, 16 000 Stadien sein, wie es Eratosthenes aus dem glaubwürdigsten Streckenverzeichnis* [der Flotte des Nearchos] *entnommen hat.*

Eindeutig erscheint hier, dass Eratosthenes die Gesamtlänge Indiens zu 16 000 Stadien nach einem „Register der Tagesfahrten“ der Navigatoren berechnet hat.

[G XV.1.14] *Von Taprobane* [Sri Lanka] *sagt man, es sei eine Insel im offenen Meer, die von der südlichsten Gegend Indiens bei den Konia-*

kern eine Schiffsreise von sieben Tagesfahrten [à 500 Stadien = 3500 Stadien = 5°] *entfernt sei; ihre Länge betrage ungefähr 5000 Stadien in Richtung Äthiopien und sie habe auch Elefanten. Dies sind die Angaben des Eratosthenes.*

In Buch II hatte Strabon bereits bemerkt:

[G II.1.22] *Er* [Eratosthenes] *sagt nämlich, Indien sei rautenförmig, weil von seinen Seiten die einen vom südlichen und östlichen Meer* [Arabische See/Golf von Bengalen] *umspült werden, ohne dass es sehr buchtenreiche Küsten bildet, von den übrigen aber die eine durch das Gebirge* [Himalaya], *die andere aber durch den Fluss* [Indus], *wobei auch dort die geradlinige Form einigermaßen bewahrt wird.*

[G II.1.34] *Er* [Eratosthenes] *sagt, … wie sich die östliche Seite* [Indiens] *weit nach Osten erstreckt – und besonders an dem äußersten* [östlichen] *Vorgebirge, das auch weiter nach Süden vorspringt als die übrige Küste –, so auch die Seite entlang des Indus* [nämlich von der Indus-Mündung Richtung Bombay ($\varphi = 18°56'$, $\lambda = 72°51'$)].

Drei der vier Eckpunkte sind leicht zu identifizieren, nämlich die Quelle des Indus/Gilgit, die Mündung des Indus und Cape Comorin. Mit dem östlichen Vorgebirge, das „außerdem weiter südwärts gerichtet ist“, kann nur Cape Negrais ($\varphi = 16°00'$, $\lambda = 94°15'$) gemeint sein, das ca. $\Delta\varphi = 6° = 4200$ Stadien südlich der Ganges-Mündung liegt. Von Cape Negrais bis zur weiter östlich gelegenen Küste bei Kyaikkami sind es 375 km = 2350 Stadien, was die von Eratosthenes angegebenen zusätzlichen 2000 Stadien im Osten erklärt.

Tatsächlich ist die Längendifferenz von der Indus-Mündung ($\varphi = 23°50'$, $\lambda = 67°30'$) bis zum Cape Negrais $\Delta\lambda = (94°15' - 67°30') = 26°45' = 18\,725$ Stadien, in bester Übereinstimmung mit der Angabe des Eratosthenes von $\Delta\Lambda = (16\,000 + 3000) = 19\,000$ Stadien. Die östliche Ausdehnung Indiens reichte dann von der Indus-Mündung bis zu den Garo Hills/Nokrek Peak ($\varphi = 25°59'$, $\lambda = 90°19'$), also $\Delta\lambda = (90°19' - 67°30') = 22°49' = 16\,000$ Stadien östlich der Indus-Mündung gelegen, ebenfalls in exakter Übereinstimmung mit der Angabe des Eratosthenes.

Das Nordkap von Sri Lanka liegt auf ca. 1° nördlicher Breite. Der Breitenunterschied zum Cap Negrais ist $\Delta\varphi = 6° = 4200$ Stadien = 8 ½ Tagesreisen, also in befriedigender Übereinstimmung mit der Angabe des Eratosthenes von sieben Tagesreisen. Und die Ostküste von Sri

Lanka liegt bei 82° Länge, also $\Delta\lambda = (94°15'-82°) = 12°15' = 8600$ Stadien von dem Meridian durch Cape Negrais in Richtung Äthiopien, ebenfalls in befriedigender Übereinstimmung mit der Angabe 8000 Stadien des Eratosthenes.

In Tab. VIII.2 ist eine Zusammenstellung der Eckpunkte und der Seitenlängen des rautenförmigen Gebildes Indike gegeben. Der Leser beachte, dass die Quelle des Gilgit/Indus und Bombay nahezu auf einem Meridian liegen. Die Distanz Shandur/C. Comorin stimmt bestens mit der Angabe sowohl von Deimachos als auch Megasthenes über die Breitenausdehnung von Indien überein: 20 000 Stadien.

Eckpunkte	φ	λ	Seiten	Stadien
Shandur Pass	36°05′	72°40′	Shandur/Mündung	9100
Nokrek Peak	25°59′	90°19′	Shandur/Bombay	12 000
Indus-Mündung	23°50′	67°30′	Shandur/Nokrek	12 700
Bombay	18°56′	72°51′	Mündung/Bombay	4900
Cape Comorin	8°04′	77°35′	Bombay/C. Comorin	8250
			Mündung/C. Comorin	13 000
			Nokrek/C. Comorin	15 150
			Shandur/C. Comorin	19 900

Tab. VIII.2: Eckpunkte und Seitenlängen von Indike

VIII.5.2 Die Sphragide Ariana

VIII.5.2.1 Beschreibung des Landes

[G XV.2.1] *Nach Indien kommt die Ariane ... sie bewohnen zuerst die Arbier, – gleichnamig mit dem Fluss Arbis* [Hab, Mündung nahe Karachi], *der sie von den nächstfolgenden Oreitern trennt – auf einem Küstenstrich von ungefähr 1000 Stadien, wie Nearchos sagt; dieser gehört aber auch noch den Indern.*

Die Küste von der Indus-Mündung bis zum Kap Karachi ist ca. 190 km = 1200 Stadien.

Dann kommen die Oreitai, ein unabhängiges Volk. Die Küstenfahrt an ihnen vorbei ist 800 Stadien lang.

Die Küstenfahrt vom Kap Karachi bis zum Ras Ormara ist 280 km = 1750 Stadien.

Die nächste [Küstenfahrt] *entlang der Ichthyophagoi* [Fischesser] *ist 7400 Stadien lang.*

Der Längenunterschied zwischen Ras Ormara/Ras al-Kuh ist $\Delta\lambda = (64°34' - 57°18') = 7°16' = 5100$ Stadien, $p = \Delta\lambda = \cos(26°) = 4600$ Stadien. Diese Angabe ist also bei Weitem übertrieben. Nach den Angaben bei Arrian ist Nearchos zunächst an der Mündung des Persischen Golfes vorbeigefahren, dann im Golf von Oran Richtung Südosten längs der arabischen Küste bis Masquat und sodann zurück Richtung Norden nach Jask.

Und die [Küstenfahrt] *entlang der Karmanier bis zur Persis ist 3700 Stadien lang, sodass alle zusammen 12 900 Stadien ergeben.*

Von Ras al-Kuh bis Nay Band beträgt die Küstenfahrt längs der Nordküste des Persischen Golfes ca. 625 km = 3900 Stadien.

[G XV.2.8] *Denn er* [Eratosthenes] *sagt, die Ariane werde im Osten durch den Indus begrenzt, im Süden durch das große Meer* [Arabische See, Golf von Oman, Persischer Golf], *im Norden durch den Paropamisos* [Hindukusch] *und das anschließende Gebirge* [Elburz] *bis zu den Kaspischen Pforten* [am Qolleh-ye Damavand: $\varphi = 35°56'$, $\lambda = 52°08'$], *im Westen von denselben Grenzen, durch die Parthyene nach Medien hin und Karmania zur Paraitakene und Persis hin begrenzt ist.*

Die Breite des Landes entspricht der Länge des Indus vom Paropamisos bis zu seinen Mündungen: 12 000 Stadien [= 17°10′].

Von Jiwani ($\varphi = 25°$) erreicht man einen Breitenkreis von ca. 42°, also die Nordgrenze der Tauros-Bergkette, mit ca. 9000 Stadien den Südrand der Tauros-Bergkette.

[G XV.2.8] *Die Länge aber von den Kaspischen Pforten, wie es in den ‚Asiatischen Stationen' aufgezeichnet ist, ist zweifach:*

Bis Alexandreia bei den Ariern [Herat: $\varphi = 34°20'$, $\lambda = 62°12'$] *ist es von den Kaspischen Pforten durch Parthyaia* [Parthien] *ein und derselbe Weg. Dann führt der eine Weg in gerader Richtung über Baktriane und den Gebirgspass* [Nil Pass: $\varphi = 34°52'$, $\lambda = 67°11'$ und Bamian] *nach Ortospana* [Kabul: $\varphi = 34°31'$, $\lambda = 69°12'$] *zu der Kreuzung der drei Wege aus Baktra, das bei den Paropamisadai liegt. Der andere biegt ein wenig von Aria ab in südlicher Richtung nach Prophthasia in*

Drangiane [Farah: $\varphi = 32°22'$, $\lambda = 62°07'$], dann führt der Rest *wieder bis zu den Grenzen Indiens und zum Indus. Daher ist dieser Weg durch das Gebiet der Drangai und der Arachotoi länger, im ganzen 15 300 Stadien.*

[G XV.2.14] *Das erste Vorgebirge* [von Karmania] *ragt nach Süden in das große Meer hinein* [Ras al-Kuh: $\varphi = 25°47'$, $\lambda = 57°18'$]. *Nachdem es* [Karmania] *zu dem in Sichtweite liegenden Vorgebirge von Arabia Eudaimon* [Ru'us al Jibal: $\varphi = 26°00'$, $\lambda = 56°15'$] *hin die Mündung des Persischen Golfs gebildet hat, biegt es sich zum Persischen Golf, bis es die Persis* [bei Nay Band] *erreicht.*

VIII.5.2.2 Weitere Entfernungsangaben des Eratosthenes

[G XI.8.9] *Eratosthenes gibt die Entfernungen wie folgt an.*

- *Vom Berg Kaspios* [Hoher Berg nahe Tsagveri: $\varphi = 41°50'$, $\lambda = 43°38'$] *zum Kyros Fluss* [Zusammenfluss von Kura, Iora und Alazani: $\varphi = 41°$, $\lambda = 46°38'$; s = 1700 Stadien] *ungefähr 1800 Stadien.*
- *Dann zu den Kaspischen Pforten 5600 Stadien.*

Die gradlinigen Entfernungen Kura, Rasht ($\varphi = 37°18'$, $\lambda = 49°38'$), Kaspische Pforten ergeben nur s = (3050+1700)=4750 Stadien.

- *Dann nach Alexandreia bei den Ariern 6400.*

Die gradlinige Entfernung Kaspische Pforten/Herat ist 5900 Stadien.

Dann zum Iaxartes Fluss, zu dem Alexander gekommen ist [Alexandria Eschate] *ungefähr 5000. Insgesamt eine Distanz von 22 670 Stadien.*
Er [Eratosthenes] *gibt auch die Entfernungen von den Kaspischen Pforten bis Indien wie folgt an.*

- *Nach Hekatompylos* [ ] *sagen sie 1960 Stadien.*
- *Nach Alexandreia bei den Ariern 4530.*

Die gradlinige Entfernung von den Kaspischen Pforten bis Herat beträgt 5900 Stadien

- *Dann nach Prophthasia in Drange 1600 (andere sagen 1500).*

Die gradlinige Entfernung ist 1400 Stadien.

- *Dann zu der Stadt Arachotoi 4120.*
- *Dann zu Ortospana, zu der Kreuzung der drei Wege von Baktra, 2000.*

Von Gul Kach ($\varphi = 31^\circ 57'$, $\lambda = 69^\circ 33'$) nach Farah ist die gradlinige Ost-West-Entfernung 4400 Stadien, nach Kabul die gradlinige Nord-Süd-Entfernung 1800 Stadien.

- *Dann zu den Grenzen von Indien 1000.*

Die gradlinige Entfernung Kabul/Khyberpass ($\varphi = 34^\circ 08'$, $\lambda = 71^\circ 05'$) ist 1100 Stadien.

Die [gesamte] Entfernung ist, wie alle meinen, 15 300. Offensichtlich sind mit diesen Angaben des Eratosthenes tatsächliche Wegstrecken gemeint.

VIII.5.2.3 Zur westlichen Grenze von Ariana

Etwas Schwierigkeiten macht zunächst die Rekonstruktion der westlichen Grenze von Ariana nach den etwas verwirrenden Angaben des Strabon. Eine Analyse der von Ariana überlieferten Daten des Nearchos ergab zunächst, dass die Grenze zwischen Persis (Persien) und Karmania an der Küste des Persischen Golfs bei dem Vorgebirge Nay Band ($\varphi = 27^\circ 22'$, $\lambda = 52^\circ 38'$) lag. Strabon bemerkt:

[G II.1.26] *Von der östlichen Seite* [der 3. Sphragide Mesopotamien] *verläuft nach seiner* [Eratosthenes] *Meinung das eine Stück durch die Persis vom Roten Meer etwa in Richtung Medien und Norden in einer Länge von nicht weniger als 8000 Stadien (von bestimmten Vorgebirgen an gerechnet sogar über 9000); das verbleibende Stück durch die Paraitakene und Medien zu den Kaspischen Pforten ungefähr 3000 Stadien.*

Das ist etwas widersprüchlich zu dem, was Strabon später sagt:

[G XV.3.1] *Die Länge nach Norden nun* [also die Breite] *und zu den Kaspischen Pforten beträgt nach Eratosthenes ungefähr 8000 Stadien, mancherorts auch 9000 an einigen vorspringenden Vorgebirgen; übrig bleiben bis zu den Kaspischen Pforten nicht mehr als 3000.*

Bedeutsam für die Rekonstruktion ist auch die folgende Bemerkung Strabons:

[G II.1.25] *Von Babylon* [$\varphi = 32^\circ 33'$, $\lambda = 44^\circ 25'$] *aber über Susa* [$\varphi = 32^\circ 12'$, □ $= 48^\circ 20'$] *und Persaipolis* [$\varphi = 29^\circ 57'$, $\lambda = 52^\circ 59'$] *bis zu der Grenze zwischen der Persis und Karmania seien es nach seiner* [Eratosthenes] *Angabe 9200 Stadien; er nennt das zwar die Südliche, sagt aber nicht, dass die Südliche parallel zur Nördlichen sei.*

Entfernung	Babylon/ Susa	Susa/ Persaip.	Persaip/ Nay B.	Nay B./ Bandar	Bandar/ Mineb	Mineb/ Ras al-Kuh
Stadien	2340	3200	1820	1500	1450	950

Tab. VIII.3: Zur „südlichen Seite" der 2. und 3. Sphragide

Die Entfernungen von Babylon bis Ras al-Kuh über Bandor-e Lengeh ($\varphi = 26°34'$, $\lambda = 54°22'$) und Minab ($\varphi = 27°07'$, $\lambda = 57°06'$) sind in Tab. VIII.3 aufgelistet. Als Entfernungen von Babylon bis Ras al-Kuh erhält man 11 260 Stadien. Andererseits ergibt sich als Abstand zwischen den Meridianen von Babylon/Ras al-Kuh $\Delta\lambda = (57°18' - 44°15') = 12°53'$ = 9000 Stadien, in guter Übereinstimmung mit der Angabe des Eratosthenes für die „südliche Seite".

Die Entfernung Nay Band/Kaspische Pforten, beide nahezu auf einem Meridian gelegen, ist s = 8800 Stadien, was gut mit der Angabe von 9000 Stadien übereinstimmen würde. Hinzu käme noch der Breitenunterschied zwischen Nay Band/Ras al-Kuh, $\Delta\varphi = (27°22' - 25°47') = 1°35'$ = 1100 Stadien und der Breitenabstand Kaspische Pforten/Kaspisches Meer von $\Delta\varphi$ = 650 Stadien.

Alles in allem ergibt eine Überprüfung der Angaben des Eratosthenes mit der Realität keine schlechten Resultate.

VIII.5.3 Zur 3. Sphragide Mesopotamien

[G II.1.23] *Er* [Eratosthenes] *sagt, er stelle den dritten Abschnitt nur in groben Umrissen dar; denn er habe die Distanzen aus Berichten vieler Autoren zusammengetragen, die Itinerarien ausgearbeitet haben, von denen er einige nennt, die ohne Titel verfasst sind.*

[G II.1.24] *Er* [Eratosthenes] *sagt, der dritte Abschnitt werde auf diese Weise nur in groben Umrissen dargestellt mit einer Länge von 10 000 Stadien von den Kaspischen Pforten bis zum Euphrates* [bei Thapsakos: $\varphi = 35°48'$, $\lambda = 39°17'$].

[G XVI.1.17] *Die Persis* [das Land der Perser] *in ihrer großen Ausdehnung umfasst Karmania.*

[G XVI.1.9] *Und diese* [beiden Flüsse Euphrates und Tigris] *sind stromaufwärts schiffbar:*

Der eine [Tigris] *bis Opis und dem heutigen Seleukeia …, der andere* [Euphrates] *bis Babylon, eine Entfernung von mehr als 3000 Stadien.*

[G XVI.1.5] *Auch Babylon liegt in einer Ebene. Der Umfang ihrer Mauer ist 385* [4 · 96 = 384] *Stadien, die Stärke der Mauer ist 32 Fuß* [~ 10 ½ m], *ihre Höhe zwischen den Türmen ist 50 Ellen* [50 · 0,496 = 25 m], *die der Türme 60 Ellen* [30 m] (zu der damit korrespondierenden Fuß/Ellen/Stadion-Definition siehe Abschnitt III.1.2.3.).

[G XVI.1.22] *Die Distanz von Thapsakos nach Babylon, wie von Eratosthenes angegeben, ist 4800 Stadien* [As Sabkhah/Babylon längs des Euphrates ~ 4000 Stadien], *die von der Brücke in Kommagene* [bei Birecik], *wo Mesopotamien beginnt, bis nach Thapsakos ist nicht kleiner als 2000 Stadien* [~ 1600 Stadien].

Mutmaßlich hat Eratosthenes hierbei die vielen kleinen Flussbiegungen mit berücksichtigt.

[G II.1.21] [Eratosthenes sagt,] *dass die Entfernung von Babylon nach Thapsakos 4800 Stadien ist und dann nordwärts zu den Armenischen Bergen 2100. … Eratosthenes sagt nicht, dass die Entfernung von Thapsakos zu den Bergen 2100 Stadien ist, sondern dass ein Rest verbleibt, der nicht gemessen wurde.*

Die Mündung des großen Nebenflusses Murat in den Euphrates liegt bei $\varphi = 38°55'$, $\lambda = 38°50'$; der Breitenunterschied zu Thapsakos beträgt $\Delta\varphi = (38°55' - 35°48') = 3°07'$ = 2200 Stadien.

[G II.1.26] *Die Distanz von Thapsakos nordwärts bis zu den Armenischen Pforten sei vermessen und betrage etwa 1100* [Stadien, sagt Eratosthenes].

Die alte Stadt Edessa (Urfa: $\varphi = 37°08'$, $\lambda = 38°45'$) an der Persischen Königsstraße von Zeugma nach Niniveh liegt $\Delta\varphi = (37°08' - 35°48') = 1°20'$ = 950 Stadien nördlich von Thapsakos.

[G XVI.1.21] *Die größte Entfernung, die die Flüsse voneinander trennt, ist bei den Gebirgen. Diese Distanz dürfte die gleiche sein wie die, die Eratosthenes angibt für die Strecke von Thapsakos, wo sich die alte*

Brücke über den Euphrates befand, bis zu dem Übergang über den Tigris [bei Niniveh: $\varphi = 36°24'$, $\lambda = 43°08'$], *wo Alexander ihn überquerte – 2400 Stadien.*

Von Birecik ($\varphi = 37°03'$, $\lambda = 37°59'$) bis Cizre ($\varphi = 37°21'$, $\lambda = 42°11'$) ist die Entfernung auf dem Parallelkreis s = 2350 Stadien.

[G II.1.24] [Vom Übergang über den Euphrates bei Thapsakos] *Bis zum Tigris, an dem Punkt, wo Alexander ihn überschritt, legt er* [Eratosthenes] *2400 Stadien zugrunde.*

Die Entfernung Thapsakos/Niniveh ergibt sich zu s = 2200 Stadien, der Meridianunterschied zu $\Delta\lambda = (43°08' - 39°17') = 3°51'$ = 2700 Stadien. Wenn Eratosthenes den Längenunterschied zwischen Thapsakos/Kaspische Pforten mit 10000 Stadien um 1000 Stadien zu groß angibt, müssen die Bematisten in den gebirgigen Medien zwischen Arbil und Damavand die Ost-West-Strecken zu lang gemessen haben, ein technisch durchaus erklärbarer Effekt.

VIII.5.4 Arabia Eudaimon (Arabia Felix) nach Eratosthenes

Einleitend bemerkt Strabon dazu Folgendes:

[G XVI.3.1] *Oberhalb von Judäa und Koilesyrien bis nach Babylonien und dem Flussgebiet des Euphrates liegt südwärts das ganze Arabien mit Ausnahme der Skeniten* [Zeltbewohner] *in Mesopotamien. ... Die Gebiete jenseits des Euphrates, die nahe seinen Mündungen liegen, bewohnen die Babylonier und das Volk der Chaldäer,... Von den Gebieten, die nach Mesopotamien folgen bis Koilesyrien, besitzen die Region, die nahe am Fluss und an Mesopotamien liegt, die arabischen Skeniten ...*

Darüber liegt eine ausgedehnte Wüste [Syrische Wüste]; aber die Gebiete, die noch weiter südlich liegen, besitzen die Bewohner des sog. Arabia Eudaimon [„Glückliches Arabien“]. Dessen nördliche Seite ist die erwähnte Wüste, die Östliche der Persische Golf, die Westliche der Arabische [Rotes Meer], die südliche das große Meer, das außerhalb der beiden Golfe liegt, welches als ganzes Erythra [Rote See = Arabisches Meer] genannt wird.

VIII.5.4.1 Der Persische Golf

[G XVI.3.2] *Der Persische Golf wird auch das „Meer bei den Persern" genannt. Eratosthenes sagt darüber Folgendes.*

Seine Mündung, sagt er, sei so eng, dass man von Harmoza [Ras al-Kuh], *dem Vorgebirge Karmanias, das* [Vorgebirge] *in Arabien bei den Maken* [Jebel al Harim, h = 2081 m] *sehen kann. Von der Mündung an verläuft die Küste zur Rechten gekrümmt, anfangs von Karmania an ein wenig nach Osten, dann neigt sie sich nach Norden und anschließend nach Westen bis Teredon und der Mündung des Euphrates. Sie umfasst die Küste der Karmanier, der Perser, der Susier und der Babylonier, eine Entfernung von ungefähr 10 000 Stadien* [s ~8000 Stadien] … *Von dort weiter sind es bis zur Mündung wiederum so viel* [10 000 Stadien, s ~12 000 Stadien], *wie es nach seiner* [Eratosthenes] *Aussage auch Androsthenes der Thasier berichtet, der nicht nur zusammen mit Nearchos die Reise gemacht hat, sondern* [später] *auch selbständig entlang der Arabischen Küste gefahren* ist. *Auch sagt er* [Eratosthenes], *jener* [Androsthenes], *der mit seiner Flotte rund um den Golf gesegelt ist, gebe an, dass man von Teredon aus bei einer Küstenfahrt mit dem Festland zur Rechten auf die vorgelagerte Insel Ikaros* [Faylakah: $\varphi = 29°26'$, $\lambda = 48°20'$] *treffe und auf ihr ein Apollotempel und ein Orakel der* [Artemis] *Tauropolos sei.*

[G XVI.3.3] *Wenn man längs der arabischen Küste ungefähr 2400 Stadien* [380 km] *gesegelt ist, so liegt dort in einer tiefen Bucht* [Golf von Bahrain] *die Stadt Gerrha. Dort bewohnen chaldäische Flüchtlinge aus Babylon ein salzhaltiges Land und haben Häuser aus Salz … Die Stadt ist 200 Stadien* [30 km] *vom Meer entfernt.*

Gerrha ist noch nicht identifiziert. Nach den Angaben von Androsthenes sollte es sich um Buqayq ($\varphi = 25°56'$, $\lambda = 49°40'$) handeln, 30 km von der Küste und 2600 Stadien (400 km) von Faylakah entfernt.

[G XVI.3.6] *Über das „Meer bei den Persern", von dem wir sagten, es sei die östliche Seite von Arabia Eudaimon, hat nun Eratosthenes dies gesagt.*

VIII.5.4.2 Arabia Eudaimon

[G XVI.4.2] *Ich kehre zurück zu den Aussagen des Eratosthenes, die er sodann über Arabien macht. ...*

Er sagt ..., von Heroonpolis [$\varphi = 30°22'$, $\lambda = 32°05'$], *das am innersten Teil des Arabischen Golfes beim Nil liegt, nach Petra der Nabatäer* [$\varphi = 30°20'$, $\lambda = 35°26'$] *seien es* ⟨*** Stadien, von Petra*⟩ *nach Babylon* [$\varphi = 32°36'$, $\lambda = 44°26'$] *5600 Stadien; die ganze Strecke liegt in Richtung des Sommeraufganges der Sonne* [$\delta \sim 24°$].

Tatsächlich ist die Entfernung Petra/Babylon 5600 Stadien und das Ostazimut $\alpha \sim 16°30'$.

Darüber liegt [Arabia] *Eudaimon, das sich über 12 000 Stadien nach Süden zum Atlantischen Meer* [Golf von Aden] *erstreckt.*

Der Breitenunterschied zwischen Petra/Heroonpolis und der arabischen Südküste bei $\varphi = 13°$ ist tatsächlich $\Delta\varphi = (30° - 13°) = 17° = 11\,900$ Stadien.

[G XVI.4.4] *Dies* [Weihrauch und Myrrhe] *sowie die anderen Gewürze werden* [von den Einheimischen] *mit den Kaufleuten getauscht. Diese kommen zu ihnen aus Ailana* [Elat: $\varphi = 29°33'$, $\lambda = 34°57'$] *bis Minaia in 70 Tagen* [1 Tagesreise = 200 Stadien; $70 \cdot 200 = 14\,000$ Stadien]; ... *aber die Gerrhaier kommen in die Chatramotitis* [Sabata: $\varphi = 15°59'$, $\lambda = 48°44'$] *in* [nur] *40 Tagen.* [Gerrha/Sabata: s = 7000 Stadien = 35 Tagesreisen].

Der Teil des Arabischen Golfes längs der arabischen Seite, angefangen am Ailanitischen Winkel, ist, wie die Begleiter des Alexander und des Anaxikrates geschrieben haben, 14 000 Stadien lang; es ist aber auch eine höhere Zahl angegeben worden.

Von Elat ($\varphi = 29°33'$, $\lambda = 34°57'$) bis Bab al Mandab ($\varphi = 12°41'$, $\lambda = 43°29'$) sind es Luftlinie 13 000 Stadien, längs der Küste also sicherlich 14 000.

Der Teil an der Troglodytike, der zur Rechten liegt, wenn man von Heroonpolis segelt, bis Ptolemais [$\varphi = 17°38'$, $\lambda = 38°50'$] *und dem Gebiet der Elefantenjagd, erstreckt sich 9000 Stadien nach Süden und leicht nach Osten, von da aber bis zur Meeresenge ungefähr 4500 Stadien in mehr östlicher Richtung. Die Meeresenge wird in Richtung Arabien durch ein Vorgebirge gebildet, genannt Deire* [$\varphi = 12°29'$, $\lambda = 43°17'$], *und einem Städtchen gleichen Namens* [Assab Bai]. ... *Die Meeresenge bei Deire zieht sich bis auf 60 Stadien* [10 km] *zusammen. Es ist jedoch nicht diese, die jetzt Meeresenge genannt wird, sondern ein Ort abseits davon auf der Weiterreise, wo der Abstand zwischen den Kontinenten ungefähr 200 Stadien* [30 km] *beträgt* [bei der Insel Perim ($\varphi = 12°40'$, $\lambda = 43°24'$) am Kap Bab el Mandeb]. *Sechs Inseln, die einander in dichter Reihe folgen, füllen den Zwischenraum und lassen nur ganz enge Durchfahrten übrig, durch die sie die Waren in Booten hin und her transportieren, und diese nennen sie Meeresenge.*

Nach diesen Inseln ist die weitere Fahrt, wenn man den Buchten folgt, längs des Myrrhe tragenden Landes nach Süden und zugleich nach Osten bis zum Zimt tragenden Land [Nordsomalia] *ungefähr 5000 Stadien* [bis zum Kap Raas Caseyr: $\varphi = 11°50'$, $\lambda = 51°16'$; Perim/Raas Caseyr: s = 5400 Stadien]. *Über dieses Land hinaus soll aber bis jetzt noch niemand gekommen sein.*

Das sind dann die Angaben des Eratosthenes über Arabien.

VIII.5.5 Eratosthenes zum Oberlauf des Nils

Strabon bemerkt dazu:

[G XVII.1.2] *Auch hier muss ich zunächst die Angaben des Eratosthenes vorlegen. Er sagt also, der Nil sei gegen Westen 900 oder 1000 Stadien vom Arabischen Golf entfernt und in seinem Lauf ähnlich geformt wie ein umgekehrtes „N“* [Idfu/Küste 1050 Stadien, Quena/Küste 800 Stadien].

Denn nachdem er von Meroë [Bagrawia: $\varphi = 16°59'$, $\lambda = 33°45'$] *ungefähr 2700 Stadien nach Norden geflossen ist, wendet er sich wieder nach Süden* [bei Abu Hamed: $\varphi = 19°32'$, $\lambda = 33°20'$], *Richtung Wintersonnenuntergang, ungefähr 3700 Stadien lang.*

Hat er sich dann ungefähr [bis auf 1°] *bis in die Gegend von Meroë erhoben und ist weit nach Libyen vorgestoßen, macht er seine zweite Biegung* [bei Ed Debba: $\varphi = 18°01'$, $\lambda = 30°54'$] *nach Norden und bewegt sich erst mit einer kleinen Abbiegung nach Osten 5300 Stadien bis zum Großen Katarakt* [2. Katarakt bei Wadi Halfa: $\varphi = 21°46'$, $\lambda = 31°17'$], *dann 1200 Stadien bis zum Kleineren* [Katarakt] *bei Syene* [Aswan: $\varphi = 24°05'$, $\lambda = 32°56'$] *und dann weitere 5300 Stadien bis zum Meer* [Kanobische Mündung: $\varphi = 31°13'$, $\lambda = 30°21'$].

Exakt stimmt die letzte Angabe: Aswan/Kanobische Mündung = 5300 Stadien. Von Wadi Halfa nach Aswan biegt der Nil tatsächlich $\Delta\lambda = (32°56' - 31°17') = 1°39'$ = 1150 Stadien nach Osten. Die Entfernung Ed Debba/Syene beträgt 4500 Stadien, die Entfernung Abu Hamed/Ed Debba 2000 Stadien und die Entfernung Meroë/Abu Hamed 1800 Stadien; die Angaben des Eratosthenes für diese Entfernungen sind alle viel zu groß. Strabon fährt fort:

[G XVII.1.2] *Zwei Flüsse ergießen sich in den Nil, aus irgendwelchen Seen im Osten kommend, und umschließen eine Insel von beträchtlicher Größe, Meroë. Von diesen wird der eine Astaboras* [Atbara] *genannt und fließt an ihrer östlichen Seite, der andere ist der Astapus* [Bahr e-Abiad, Blauer Nil]*; andere nennen ihn Astasobas und behaupten, der Astapus sei ein anderer Fluss* [Weißer Nil], *der aus irgendwelchen Seen im Süden fließe, und dass dieser ungefähr das gerade Stück des Nils bilde; sein Anschwellen aber besorgten die Sommerregen.*

700 Stadien oberhalb des Zusammenflusses von Astaboras [Atbara] *und Nil liege die mit der Insel gleichnamige Stadt Meroë* [Atbara/Bagrawia = 95 km = 600 Stadien]. ...

Die Ausdehnung Ägyptens längs des [Mittel-]*Meeres von der Pelusischen Mündung zur Kanobischen beträgt 1300 Stadien.*
So sagt es nun Eratosthenes.

Die Quelle des Atbara ist nahe dem Tana-See, dem der Blaue Nil entspringt; Meroë war tatsächlich eine von Flüssen umgebene Insel.

VIII.6 Resultat

Die Karte der Oikumene des Eratosthenes vom Atlantik bis Indien wies eine Genauigkeit von besser als 1° auf, also durchaus vergleichbar mit einem modernen Atlas.

Nimmt man die hohe Genauigkeit nicht zur Kenntnis, mit der Eratosthenes von Kyrene nicht nur den Umfang der Erde und die Astronomische Einheit bestimmt, sondern auch eine Karte der Oikumene erstellt hat, so erhält man ein verzerrtes Bild über den hohen Stand, den die Naturwissenschaften Geodäsie und Astronomie bereits im Altertum erreicht hatten.

Strabon stellt genug Informationen zur Verfügung, um diese Genauigkeit anhand moderner Informationen zu überprüfen. Zu Recht wurde die Karte der Oikumene des Eratosthenes im Altertum hoch gerühmt; sie war das Werk eines hochbegabten „Mathematikos“.

Die hier vorgenommene Analyse beruht vor allem auf der Identifizierung von Thapsakos als ein zentraler Punkt am Südrand des Tauros, ferner auf der Identifizierung der Kyanea-Klippen, der Kaspischen Pforten, der Quelle des Gilgit/Indus sowie des mysteriösen Vorgebirges im Osten der Oikumene.

Die drei Bücher seiner Geographie enthielten mutmaßlich eine Beschreibung seiner Methoden sowie eine generelle Beschreibung der Oikumene anhand markanter topographischer Geländemarken, aber nur wenig Angaben über Städte, deren Lage wohl nur seiner Karte zu entnehmen war. Zur Identifizierung der antiken Städte ist eine Entzerrung der Angaben des Ptolemaios in der Geographike Hyphegesis unumgänglich.

IX Heliozentrische Methodik im Altertum

Neugebauer (1975, S. 277) bemerkt über Hipparch:

Das Hauptproblem für uns besteht in der Aufklärung der Stellung von Hipparch im Hinblick auf seine Vorgänger und Nachfolger. Er selbst nennt Archimedes, der ihm in der Untersuchung der Jahreslänge vorausginge.

Wir wissen, dass Apollonios die Kinematik von Exzenter und Epizyklen voll beherrschte. *Wir wissen auch, wie viel Ptolemaios beitrug zur Mond- und Planetentheorie. Und wir wissen von wichtigen Daten, benutzt von Hipparch, die ursprünglich aus Mesopotamien stammen. Offensichtlich kann man nur durch eine*

sorgfältige Analyse technischer Details

hoffen, ein korrektes Bild der Astronomie des Hipparchs und seiner Zeit zu erlangen. Ihn „Vater der Astronomie" zu nennen, löst das Problem nicht.

Zu den technischen Details gehören insbesondere:

- die Rolle von Entfernungsmessungen in der Astronomie,
- die Erfindung der geozentrischen Methodik in der Astronomie,
- eine Analyse der Exzenter/Epizykel-Methode in der Astronomie und
- der Vergleich der antiken Resultate mit modernen Informationen.

Eine zentrale Rolle spielt dabei die bis heute umstrittene Frage, welche Rolle die heliozentrische Hypothese im Altertum spielte. Bekanntlich werden dazu verschiedene Meinungen vertreten; während van der Waerden der Meinung ist, dass sie eine weitaus größere Rolle spielte, als gewöhnlich angenommen, lehnt Neugebauer dies strikt ab. Er fasst seine Auffassung wie folgt zusammen (Neugebauer 1975, S. 698):

Ohne die Sammlung einer riesigen Fülle empirischer Daten und ohne eine seriöse Methodik zu ihrer Analyse war die heliozentrische Idee nur ein nutzloses Spiel mit Worten.

Tatsächlich wissen wir von Ptolemaios, dass derartige empirische Daten von den „Alten“ ermittelt wurden. Er bemerkt (MS IX.2):

Die mehr zusammenhängenden Beobachtungsreihen [der „Alten“] *betreffen nämlich Stillstände und heliakische Auf- und Untergänge.*

Das sind aber genau die Daten, die zur Untersuchung der planetaren Bahnen von größter Bedeutung sind. Es verbleibt daher vor allem zu untersuchen, inwieweit die Griechen die heliozentrische Hypothese zu einer „seriösen heliozentrischen Methodik“ ausgebaut haben.

IX.1 Die Rolle der Entfernungen in der antiken Astronomie

Bereits Platon hatte eindringlich darauf hingewiesen, dass vor der Astronomie die Stereometrie zu studieren sei, d.h., dass die Entfernungen zu den Himmelskörpern im Gegensatz zu dem planetaren Modell der „Homozentrischen Sphären“ des Eudoxos und des Aristoteles mit in Betracht zu ziehen seien.

Wenn Archimedes in seiner Abhandlung „Psammites“ (Sandrechner) seinem König Gelon II., Sohn und Mitregent des Hieron II., die heliozentrische Hypothese des Aristarchos (sowie sich daraus ergebende Schlussfolgerungen über die riesige Größe des Kosmos) beschreibt, beendet er diese Beschreibung mit dem folgenden Urteil:

Ich glaube, König Gelon, dass das den vielen Leuten unglaubhaft erscheinen wird, die keinen Anteil an den mathematischen Wissenschaften haben. Keinesfalls aber den Gebildeten, die nachgedacht haben über die

Distanzen und Größen

der Erde, der Sonne, des Mondes und des ganzen Universums.

Und im Rahmen einer geozentrischen/heliozentrischen Diskussion kann nur sein berühmter Ausspruch gefallen sein: *Gib mir einen Platz, wo ich stehen kann, und ich werde die Erde bewegen.*

Tatsächlich war es sein Freund Erastosthenes, der den Durchmesser der Erde zu 25 2000/π = 80 000 Stadien, die Entfernung Erde/Sonne zu AE = (10 000 + 50) Erddurchmesser = 804 Millionen Stadien ~ 130 Millionen km und den Sonnendurchmesser zu 100 Erddurchmessern bestimmte (siehe Anhang).

Es erschien dann natürlich extrem unwahrscheinlich, dass die riesige Sonne mit rasender Geschwindigkeit einmal am Tag um die winzige Erde kreiste. Wenn man allerdings die Angaben des Eratosthenes (und des Poseidonios) über die Astronomische Einheit nicht zur Kenntnis nehmen will, da diese den eigenen Überzeugungen widersprechen, dann versperrt man sich die Sicht über die Entwicklung der astronomischen Modellbildung im Altertum.

Ptolemaios kannte jedenfalls die Methoden der „Anhänger des Aristarchos". Er bemerkt in der Einleitung zur Mathematike Syntaxis I.7:

Wenn auch vielleicht, was die Erscheinungen in der Sternenwelt anbelangt, bei der größeren Einfachheit des [heliozentrischen] *Gedankens nichts hinderlich sein würde, dass dem so wäre, so ist doch diesen Männern entgangen, dass aus den uns selbst anhaftenden Eigenschaften und den eigenartigen atmosphärischen Verhältnissen die ganze Lächerlichkeit einer solchen Annahme ersichtlich werden muss.*

Tatsächlich macht dann Ptolemaios später in MS IX.2 *„Schwierigkeiten des Vorhabens, eine Theorie der Planeten aufzustellen"* einige kurze Anmerkungen, die es erlauben, die heliozentrische Methodik der Antike zu rekonstruieren.

Hinsichtlich der Entfernungsbestimmungen zu den Himmelskörpern verfügten die alten Griechen jedenfalls über drei Methoden:

- Topozentrische Parallaxen (1° für den Mond, < 1′ für Venus und Sonne) und damit Vorwärtseinschnitt (Thales),
- Rückwärtseinschnitt (benutzt von Ptolemaios für die äußeren Planeten),
- Equant-Modell als Approximation einer Keplerellipse.

IX.2 Die Methoden der „anderen Astronomen" zur Zeit Hipparchs

Im Hinblick auf die planetarischen Theorien des Hipparchs meint Neugebauer (1975, S. 342):

Wir wissen so gut wie nichts über Hipparchs planetarische Theorien, ausgenommen das, was wir schließen können aus den wenigen einführenden Bemerkungen des Ptolemaios im Almagest.

Ptolemaios bemerkt dazu in MS IX.2:

…, dass er [Hipparch] *dagegen zu einer Theorie der fünf Wandelsterne in den auf uns gekommenen Kommentaren überhaupt gar nicht erst den Grund gelegt, sondern lediglich die Beobachtungen derselben zu ersprießlicherer Verwendung geordnet und an ihnen den Beweis geführt hat, dass die Erscheinungen mit den* ***Hypothesen der damaligen Astronomen*** *nicht in Einklang zu bringen seien.*

Vorher bemerkt Ptolemaios noch in demselben Kapitel:

Wenn wir uns die Aufgabe gestellt haben, auch für die fünf Wandelsterne, wie für die Sonne und für den Mond, den Nachweis zu führen, dass ihre scheinbaren Anomalien alle vermöge

- ***gleichförmiger Bewegungen auf Kreisen***

zum Ausdruck gelangen, weil nur diese Bewegungen der Natur der göttlichen Wesen entsprechen, während Regellosigkeit und Ungleichförmigkeit ihnen fremd sind, so darf man wohl das glückliche Vollbringen eines solchen Vorhabens als eine Großtat bezeichnen, ja in Wahrheit als das Endziel der ***auf philosophischer Grundlage*** *beruhenden mathematischen Wissenschaften.*

Freilich ist dieses Unternehmen aus vielen Gründen mit großen Schwierigkeiten verbunden und begreiflicherweise noch ***von niemandem vorher mit Erfolg*** *in Angriff genommen worden.*

Kann nach diesen Ausführungen Zweifel daran bestehen, dass die Ausarbeitung einer geozentrischen Methodik das Werk des Klaudios Ptolemaios war? Aber nach welcher Methodik arbeiteten dann die Astronomen vor ihm? Auch darüber gibt Ptolemaios in dem Kapitel Auskunft.

Denn allem Anscheine nach glaubte er [Hipparch] *nicht lediglich die Erklärung abgeben zu dürfen, dass jeder Planet*

- *eine doppelte Anomalie zeige*
- *oder bei jedem ungleiche Rückläufigkeitsstrecken*

von so und so großer Länge einträten, während die ***übrigen Astronomen*** *ihre Beweise führten*

- *auf dem Wege geometrischer Konstruktion*
- *unter Annahme* ***ein und derselben*** *Anomalie und Rückläufigkeitsstrecke.*

Tatsächlich erhält man nur eine Anomalie und ein und dieselbe Rückläufigkeitsstrecke dann und nur dann, wenn die Planetenbahnen nach der heliozentrischen Hypothese des Aristarchos konzentrische Kreise um die Sonne bilden.

Auch beschränkte er [Hipparch] *sich nicht auf die Erklärung, dass diese Erscheinungen*

- *bei Annahme von Exzentern*
- *oder mit der Ekliptik konzentrischen Kreisen, welche Epizyklen in Umlauf versetzen*
- *oder wohl gar unter Kombination beider Kreisarten*

zum Ausdruck gelangen, wobei ausfalle

- *so und so groß die auf die Ekliptik bezogene Anomalie,*
- *so und so groß die im Verhältnis zur Sonne eintretende Anomalie.*

Denn darauf haben sich so ziemlich alle verlegt, die an der Hand der sog. „Tafeln für ewige Zeiten" die gleichförmige Bewegung auf Kreisen nachweisen wollten, es aber grundfalsch anstellten …

Eine anschließende, ziemlich nichtssagende Erläuterung dessen, was Hipparch tatsächlich wollte, beendet Ptolemaios mit *…, kurz und gut so ziemlich die gesamten Erscheinungen mit der Eigenart der Kreishypothese in Einklang zu bringen.* ***Diese Aufgabe, meine ich, ist auch ihm mit unüberwindlichen Schwierigkeiten verknüpft erschienen.***

Zum Verständnis dessen, was die **„anderen"** oder **„übrigen"** Astronomen zur Zeit Hipparchs taten, sind vor allem zunächst die technischen Details der Exzenter/Epizykel-Methode gründlichst zu klären.

IX.3 Kinematik der Exzenter/Epizykel-Methode

IX.3.1 Rotierende Exzenter und Epizyklen; Sonnenanomalie

Das Hauptproblem, mit dem Aristarchos bei seiner heliozentrischen Hypothese konfrontiert war, war sicherlich Folgendes: Wie sehen die Bahnen der äußeren Planeten aus Sicht eines Erdbeobachters aus?

Auskunft darüber gibt Ptolemaios in MS XII.1: Rückläufigkeitsphänomene.

Ehe sie an die Untersuchung dieser Erscheinung [der Rückläufigkeitsphänomene] *herantreten, schicken sowohl* ***die anderen Mathematiker als auch Apollonios*** *einen Lehrsatz voraus, welcher verschieden lautet, je nachdem*

- *die Anomalie zur Sonne,* ***die hierbei allein für maßgebend gehalten wird,*** *nach der epizyklischen oder nach der exzentrischen Methode zum Ausdruck gelangt.*

Die beiden Konzepte sind in Abb. IX.1a und IX.1b geometrisch dargestellt.

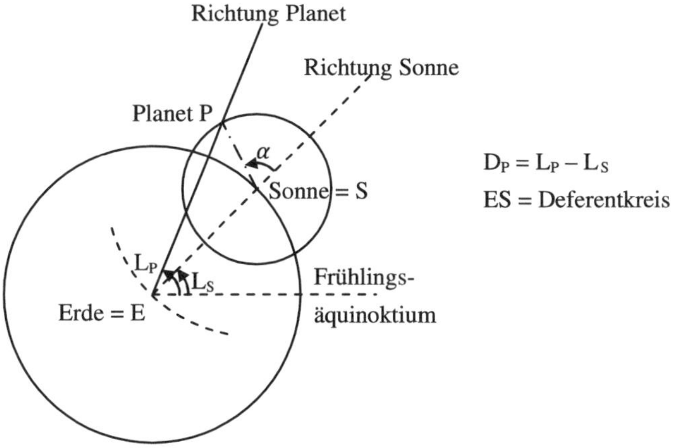

Abb. IX.1a: Rotierendes Epizykel; innere Planeten

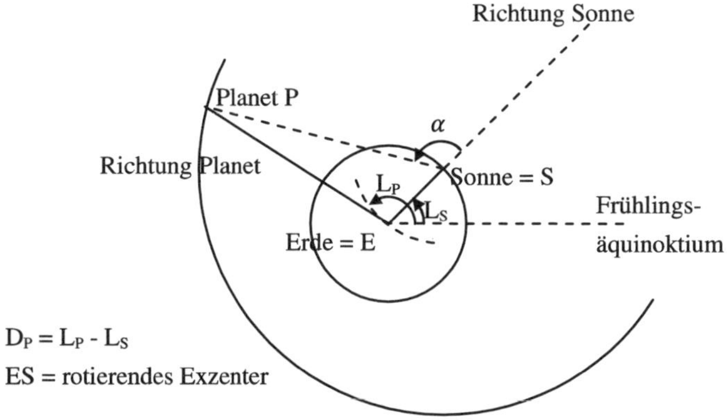

Abb. IX.1b: Rotierendes Exzenter; äußere Planeten

Mit dem rotierenden Exzenter war das Hauptproblem des Aristarchos erledigt. Wer dieses geniale Konstrukt erfunden hat, bereits Aristarchos oder erst Apollonios, ist unbekannt. Jedenfalls können damit die **Anomalien bezüglich der Sonne** für die äußeren Planeten relativ zufriedenstellend berücksichtigt werden.

IX.3.2 Statisches Exzenter und Epizykel; Ekliptikanomalie

Bereits Aristarchos muss gewusst haben, dass die Planeten keine **konzentrischen** Kreisbahnen um die Sonne ausführen; denn dagegen sprechen folgende Phänomene, die alle abhängen von den sich ändernden Entfernungen zur Sonne, denen nach Archimedes in Alexandria besondere Aufmerksamkeit gewidmet wurde:

1. unterschiedliche Längen der Jahreszeiten, abhängig von der ekliptikalen Länge;
2. unterschiedliche Längen der Rückläufigkeitsstrecken der äußeren Planeten, abhängig von der ekliptikalen Länge;
3. unterschiedliche maximale Elongationen der inneren Planeten, abhängig von der ekliptikalen Länge.

Das gleiche galt für den Mond:

4. unterschiedliche Winkeldurchmesser des Mondes, abhängig vom Winkel (wahre Anomalie) zum Perigäum seiner Bahn;
5. unterschiedliche topozentrische Parallaxen für den Mond.

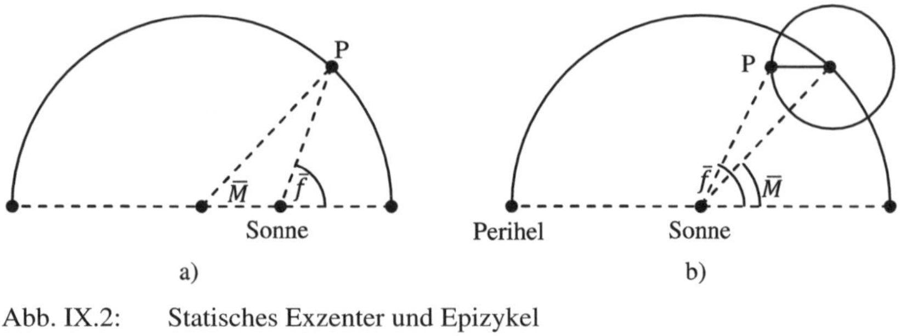

Abb. IX.2: Statisches Exzenter und Epizykel

Die einfachste Methode, diese Effekte zu berücksichtigen, besteht in der Einführung exzentrischer Kreisbahnen um die Sonne, wie in Abb. IX.2 dargestellt, bzw. einer exzentrischen Kreisbahn für den Mond. Tatsächlich können diese **Anomalien bezüglich der Ekliptik** mit einem derartigen Modellansatz relativ zufriedenstellend berücksichtigt werden.

IX.3.3 Ptolemaios zur Einführung des Equant-Modells

Ptolemaios bemerkt dazu:

[MS IX.5] *Der einfachsten Bewegungen, die zugleich zur Lösung des vorliegenden Problems ausreichen, gibt es wie gesagt zwei:*

- *die eine geht auf Kreisen vor sich, welche zur Ekliptik* ***exzentrisch*** *liegen* [MS IX.3.2],
- *die andere auf Kreisen, welche mit der Ekliptik konzentrisch sind* [MS IX.3.1] *und Epizyklen in Umlauf versetzen.*

Nun gibt es gleicherweise für jeden Planeten auch zwei scheinbare Anomalien:

- *die eine wird theoretisch auf die Teile der Ekliptik bezogen,*
- *die andere auf die Stellungen der Sonne.*

Ptolemaios bemerkt ferner

[MS IX.5] *Nun fanden wir aber weiter bei fortgesetzter genauer Anpassung und Vergleichung des von Fall zu Fall durch die Beobachtung festgestellten Laufs mit den aus der Kombination beider Hypothesen sich ergebenden Leitpunkten, dass der Verlauf der Bewegung nicht ganz so einfach sein könne*

Erstens *können die Ebenen, in denen wir die Exzenter beschreiben* [Bahnebenen], *nicht unbeweglich sein, weil dann die durch beide Mittelpunkte – durch den des betreffenden Exzenters und den der Ekliptik – gehende Gerade, auf welche die Theorie die Apogeen und die Perigeen verlegt, ewig in derselben Entfernung von den Wende- oder den Nachtgleichenpunkten verharren müsste.*

Zweitens *können die Epizyklen wieder ihre Mittelpunkte nicht auf diesen Exzentren zum Umlauf gelangen lassen, deren Zentren es sind, an denen bei gleichförmiger Herumleitung der Bewegung in der Richtung der Zeichen die Epizyklen in den gleichen Zeiten die gleichen Winkel bilden müssen.*

Erstens *fanden wir vielmehr, dass auch die Apogeen der Exzenter einen ganz geringen von den Wendepunkten aus in Richtung der Zeichen vor sich gehenden Fortschritt bewerkstelligen, welcher wieder gleichförmig um den Mittelpunkt der Ekliptik verläuft und für alle Planeten ungefähr ebenso groß ist, wie er an der Fixsternsphäre wahrgenommen worden ist – d.h. in 100 Jahren vom Betrage eines Grades –, soweit es wenigstens möglich ist, an dem vorliegenden Material einen Einblick zu gewinnen.*

***Zweitens** fanden wir, dass die Mittelpunkte der Epizyklen auf Kreisen umlaufen, die zwar gleichgroß sind wie die Exzenter* [-Kreise], *welche die Anomalie bewirken, aber nicht um dieselben Zentren beschrieben werden.*

Vielmehr liegen bei den anderen Planeten [mit der Ausnahme von Merkur] *diese Zentren in den Halbierungspunkten* [M] *der Strecke, welche zwischen den Mittelpunkten E* [Equant] *jener (die Anomalie bewirkenden) Exzenter und dem Mittelpunkt* [B] *der Ekliptik liegt* [siehe Abb. IX.3a].

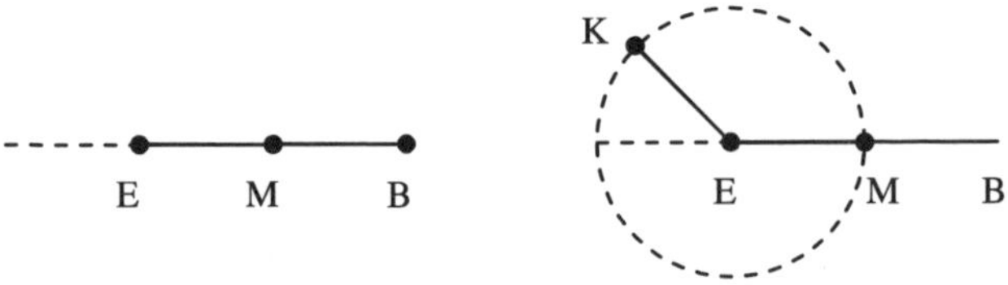

a) Equant-Modell b) „Kurbel"-Modell

Abb. IX.3: Zur Definition des Equant- bzw. „Kurbel"-Modells

Ptolemaios ergänzt diese Bemerkungen durch Angaben über das sog. „Kurbel"-Modell, das er für die Beschreibung von Merkur und Mondbahn benutzt.

Diese äußerst kurz gefasste Einführung des Equant-Modells lässt vermuten, dass es sich um ein Ergebnis handelt, das zu denen gehört, von denen Ptolemaios sagt:

[MS I.1] *Um aber die Darstellung in gewissen Grenzen zu halten, werden wir die von den Alten mit voller Sicherheit gewonnenen Ergebnisse nur referierend behandeln, dagegen die überhaupt noch nicht oder wenigstens nicht praktisch genug in Angriff genommenen Probleme nach Kräften einer sorgfältig ergänzenden Behandlung unterziehen.*

IX.3.4 Ellipsenförmige Planetenbahnen

Man kann zunächst **rein geometrisch** das statische Exzentermodell modifizieren durch eine „Kombination beider Kreisarten", indem man ein kleineres Epizykel hinzufügt (siehe Abb. IX.4).

Wenn das Zentrum des Epizykels um einen Winkel z in retrograder Richtung (gegen den Uhrzeigersinn) rotiert, soll der Planet P auf dem

Epizykel in prograder Richtung (mit dem Uhrzeigersinn) um den gleichen Winkel z rotieren.

Das Ergebnis ist eine ellipsenförmige Planetenbahn, nämlich eine sog. Keplerellipse. Interessanterweise ist eine derartige Konstruktion einer Ellipse nirgendwo in der modernen mathematischen Literatur angegeben.

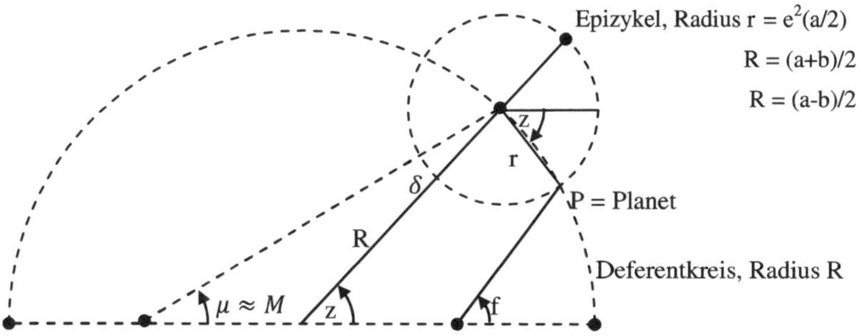

Abb. IX.4: Ellipsenkonstruktion mittels Lineal und Zirkel

Der Leser mag selbst erkennen, dass

$a = R+r$	= Große Halbachse der Ellipse
$b = R-r$	= Kleine Halbachse der Ellipse
z	= Exzentrische Anomalie
f	= Wahre Anomalie
$\mu \sim M$	= Mittlere Anomalie

Sollte diese Ellipsenkonstruktion dem Verfasser der „Konika“ Apollonios entgangen sein, der außerdem nach Neugebauer die Exzenter/Epizykelkonstrukte völlig beherrschte? Das ist schwer vorstellbar.

IX.3.5 Approximation einer Keplerellipse: Equant-Modell

Wenn die Bahnexzentrizität $e = E/a$ klein ist, wie im Falle des Mondes und der Planeten, erhält man für den skalierten Epizykelradius $(r/a) = (e^2+(e^2/2)^2+\ldots)/2 \sim 0$.

Setzt man also den Epizykelradius $r = 0$, erhält man das sog. Equant-Modell, das als exzentrische oder epizyklische Equant-Konstruktion beschrieben werden kann (Abb. IX.5).

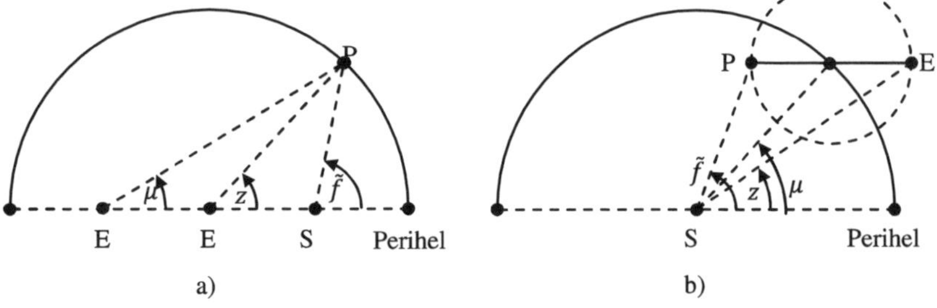

Abb. IX.5: Exzentrisches (a) und epizyklisches (b) Equant-Modell

Das Equant-Modell muss jedenfalls von einem genialen „Mathematikos" entwickelt worden sein. Denn Ptolemaios verwendet im Zusammenhang damit eine exakte Lösung des normierten Rückwärtseinschnitts; die Entwicklung dieser Lösung erforderte sicherlich außergewöhnliche mathematische Kenntnisse und Fähigkeiten. Ob Ptolemaios dieser geniale „Mathematikos" war oder z.B. Apollonios bleibt ungewiss und sei als Meinung dem Leser überlassen.

IX.3.6 Rotierende Equant-Konstrukte

Ebenso wie bei den konzentrischen Kreisbahnen in Abschnitt IX.3.1 erhebt sich die Frage: Wie sehen die Bahnen der inneren und äußeren Planeten aus der Sicht eines Erdbeobachters dann aus, wenn sowohl für die Erde/Sonne als auch für den Planeten eine Equant-Bahn anzunehmen ist?

Modelliert man die Sonnenbahn mittels eines Epizykelequants SZ_EE_E und die Bahn eines inneren Satelliten P mittels eines Exzenterequants SZ_PE_P, so erhält ein Geometer unmittelbar das in Abb. IX.6 dargestellte geometrische Konstrukt. Der Leser beachte, dass das Konstrukt E_ESE_P aus Sicht eines Erdbeobachters mit der Sonne rotiert, nicht jedoch gegenüber dem Fixsternhimmel. Für die Venus wird E_PS näherungsweise Null, nicht jedoch für Merkur mit seiner großen Bahnexzentrizität e = 0,2.

Im Falle der äußeren Planeten kann man das Konstrukt insofern vereinfachen, als die Exzentrizität der Erdbahn e_E skaliert werden muss auf die jeweilige Entfernung R~a des Planeten: $\bar{e}_E = e_E/a$. Damit ergibt sich als Exzentrizität der Erdbahn für Mars: $\bar{e}_E = 0{,}01$, Jupiter: $\bar{e}_E = 0{,}003$, Saturn: $\bar{e}_E = 0{,}002$, also – mit Ausnahme für den Mars – vernachlässigbar kleine Werte.

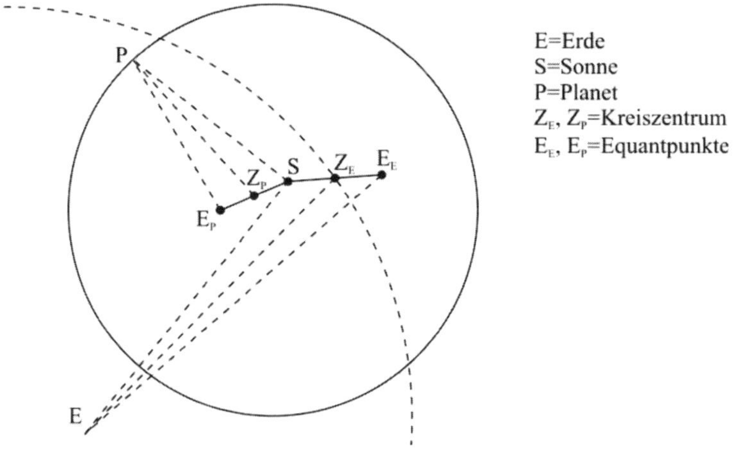

Abb. IX.6: Equant-Bahn eines inneren Planeten aus Sicht eines Beobachters

Man kann also bei den äußeren Planeten den Erdequant E_ES gleich Null setzen. Nur bei sehr präzisen Beobachtungen des Mars, wie sie später von Tycho Brahe durchgeführt wurden, wäre $E_ES \neq 0$ einzuführen. Setzt man den Erdequant gleich Null, ergibt sich das in Abb. IX.7 dargestellte Konstrukt für die äußeren Planeten.

Ein derartiges Modell verwendet Ptolemaios für die äußeren Planeten; wenn diese stets in Opposition zur Sonne beobachtet werden, vereinfacht sich das Konstrukt.

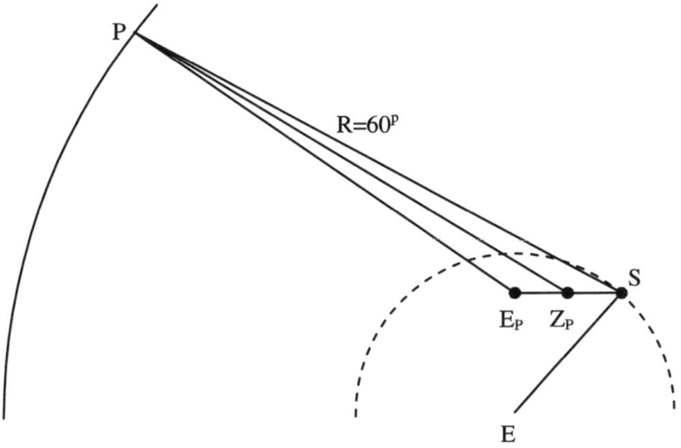

Abb. IX.7: Approximative Equant-Bahn eines äußeren Planeten

Abschließend sei bemerkt, dass die Exzenter/Epizykel-Methode eine ungemein anschauliche, rein geometrische und für viele Zwecke ausreichende Darstellung der Kinematik des Sonnen-/Planetensystems ermöglicht; man wird sie ohne Zweifel als genial bezeichnen, sobald man sie verstanden hat. Die Epizykel/Exzenter/Equant-Methodik ist eine geniale Methode zur Beschreibung der Planetenbahnen, die auch heutzutage noch nützlich sein kann.

IX.4 Ptolemaios' Auffassung zu den Planetenbahnen

Dazu äußert sich Ptolemaios wie folgt in MS IX.1:

Wir sehen, dass die Sphären der [inneren Planeten] *Venus und Merkur bei den älteren Astronomen* ***unter*** *die Sphäre der Sonne gesetzt werden. Dagegen werden sie bei einigen älteren gleichfalls* ***über*** *dieselbe verlegt, weil niemals ein Vorübergang dieser Planeten vor der Sonne stattgefunden hat.*

Uns scheint dieser angeblich entscheidende Grund deshalb nicht stichhaltig zu sein, weil es Planeten ***unter*** *der Sonne geben kann, ohne dass dieselben in einer durch die Sonne und unser Auge gehenden* [Ekliptik-] *Ebene zu liegen brauchen. Sie können vielmehr in einer anderen Ebene* [als die Ekliptik] *liegen und aus diesem Grunde keinen scheinbaren Vorübergang an der Sonne bewerkstelligen.*

Denn auch bei Passierung der unterhalb der Sonne verlaufenden Bahnstrecke des Mondes zur Zeit der Konjunktionen treten ***meistens*** *keine Finsternisse ein.*

Aber auch sonst kann die Frage nicht entschieden werden, weil ***keiner*** *der Planeten eine* ***wahrnehmbare*** *Parallaxe zeigt, eine Erscheinung,* ***nach welcher allein*** *die Entfernungen sich bestimmen lassen.*

Daher scheint die Anordnung der Planeten größere Glaubwürdigkeit zu verdienen, welche, der ***Mittellage der Sonne*** *natürlicher entsprechend, die zur Opposition gelangenden* [äußeren] *Planeten von denen scheidet, welche die Stellung nicht erreichen, sondern immer in der Nähe der Sonne verweilen.*

Wenigstens darf diese Anordnung letztere Planeten von der Sonne weg nicht in so große Erdnähe versetzen, dass die Annäherung eine bemerkenswerte Parallaxe zur Folge haben könnte.

In MS V.15 berechnet Ptolemaios

- die mittlere Entfernung des Mondes in den Syzygien zu 59 Erdradien,
- die Entfernung zur Sonne zu 1210 Erdradien.

Das Verhältnis beider Entfernungen, also 1210/59 ~ 20, stimmt gut überein mit der Angabe der alten Mathematiker, nämlich das 18-fache (siehe Anhang).

Die maximale topozentrische Parallaxe α der Sonne, sin α = r/E = 1/1210, ergibt sich damit zu $\alpha = 2{,}85' \sim 3'$. Geht man davon aus, dass für die punktförmigen Planeten Venus und Merkur eine maximale topozentrische Parallaxe von $\alpha = 3'$ messbar war, blieben dem Ptolemaios zwei Möglichkeiten:

- entweder die Entfernung zur Sonne von 1210 Erdradien muss vergrößert werden
- oder die inneren Planeten müssen ebenfalls über die Sonne verlegt werden.

Während in der Mathematike Syntaxis keine Angaben über die Entfernungen zu den Planeten gemacht werden, gibt Ptolemaios derartige Angaben in seiner Abhandlung „Planetarische Hypothesen". In Neugebauer (1975, S. 919) findet man dazu folgenden Kommentar.

Für die innerste Schale wird ein Radius von 33 [Erdradien] *angenommen, ein etwas gerundeter Wert für die Minimaldistanz von 33,33 des Mondes* [wie fälschlicherweise von Ptolemaios berechnet]. *Dessen maximale Distanz 64,10 wird gerundet zu 64 und dient als innerster Radius für den Raum des Merkurs.*

Um den Radius der äußeren Kugel für Merkur zu erhalten, müssen wir m = 64 multiplizieren mit dem Verhältnis M/m seiner extremalen Distanzen, nach Ptolemaios näherungsweise M/m = 88/34. Das ergibt M = 166 für die Maximumdistanz des Merkurs und damit für die Minimaldistanz der Venus.

Für die Venus ist M/m = 104/16 zu nehmen, was zu einer Maximaldistanz von M = 1079 führt, nur geringfügig kleiner als die Minimaldistanz m = 1160 der Sonne.

Den Minimaldistanzen von 64 bzw. 116 für Merkur bzw. Venus müssen maximale topozentrische Parallaxen von $\alpha = (1210/64) \cdot 3' = 57'$ bzw. $\alpha = (1210/166) \cdot 3' = 22'$ entsprechen; beide sind von einer Größenordnung, die auch im Altertum sicherlich messbar war.

Das Resultat ist: Versucht man wie Ptolemaios die Distanzen zu den Planeten in die geozentrische Methodik einzubeziehen, wird diese schnell äußerst fragwürdig. Sollte das den anderen Astronomen im Altertum entgangen sein?

Jedenfalls wird an der Einbeziehung der Entfernungen in das Modell sehr deutlich, wie wichtig Größe und Entfernungen für eine korrekte Modellbildung des Planetensystems waren, worauf Archimedes deutlich hingewiesen hatte.

IX.5 Analyse der numerischen Angaben des Ptolemaios für die Bahnparameter der Planeten

IX.5.1 Moderne Bahnparameter der Planeten

Für einen Vergleich sind in der folgenden Tabelle die modernen Bahndaten der Planeten zusammengestellt. Der mittlere Radius R ergibt sich mittels $R = (a + b)/2 = a(1 + (1 - e^2)^{1/2})/2$. Die Hilfsgrößen $\bar{e}$ ergeben sich zu $\bar{e} = eR$ für die inneren Planeten und $\bar{e} = e_E R$ für die äußeren Planeten, wobei e_E die Erdbahnexzentrizität ist. Alle Exzentrizitäten sind in „Partes", $e^p = e60^p$, umgerechnet.

Die Größe ω ist die ekliptikale Länge des Perihelions der Planetenbahn. Die Größe $d\omega/dt$ wurde um die allen gemeinsame Präzessionskonstante p = 1,526 [°/100′J.] reduziert; deutlich sichtbar wird dadurch, dass sich die Perigäumsrichtungen nur sehr geringfügig, um weniger als ½ °/Jh., gegenüber dem Fixsternhimmel drehen.

Die ekliptikale Länge Ω des Bahnknotens auf der Ekliptik ist der Vollständigkeit halber hinzugefügt, wobei $d\Omega/dt$ ebenfalls um die Präzession reduziert wurde. Die Drehung der Perihelionrichtung gegenüber dem Fixsternhimmel ergibt sich also zu $d\omega/dt + d\Omega/dt$.

Planet	R [AE]	e 60^p	$\bar{e}$ 60^p	ω 200 BC	$d\omega/dt$ [°/100J.]
Merkur	0,383	$12^p; 19$	$4^p; 43$	43° 15′	+2′
Venus	0,723	$0^p; 28$	$0^p; 20$	100° 36′	−7′
Erde	1,000	$1^p; 03$	–	65° 10′	+11′
Mars	1,524	$5^p; 29$	$0^p; 41$	295° 34′	+19′
Jupiter	5,200	$2^p; 43$	$0^p; 12$	338° 54′	+5′
Saturn	9,537	$3^p; 45$	$0^p; 07$	49° 58′	+26′

Planet	Sid.P. [Tage]	Syn.P. [Tage]	i 200 BC	Ω 200 BC	dΩ/dt [°/100J.]
Merkur	87,969	115,88	6° 58′	22° 16′	–20′
Venus	224,701	583,92	3° 22′	56° 46′	–37′
Erde	365,256	–	–	–	–
Mars	686,980	779,94	1° 52′	32° 32′	–45′
Jupiter	4332,588	398,88	1° 25′	78° 14′	–31′
Saturn	10759,210	378,09	2° 34′	94° 27′	–39′

Tab. IX.1: Moderne Bahnparameter der Planeten

IX.5.2 Die periodischen Bewegungen der Planeten

Zu den Perigäumsrichtungen merkt Ptolemaios an:

[MS IX.6] *Die Bewegung der ganzen* [Bahn-]*Ebene in Richtung der Zeichen trägt die Apogeen und Perigeen in 100 Jahren einen Grad weiter,* also genau um den Wert, den Hipparch für die Präzessionskonstante p angegeben hatte. Das bekräftigt er durch das Folgende:

[MS IX.7] *Wir fanden,*

1. *dass die durch Apogeen und Perigeen gehenden* [Bahn-] *Durchmesser bei den fünf Wandelsternen einen Fortschritt um den Mittelpunkt der Ekliptik in der Richtung der* [Tierkreis-] *Zeichen bewerkstelligen und*
2. *dass zeitlich dieser Fortschritt gleichgroß ist wie der der Fixsternsphäre.*

Planet	Siderische Periode		Synodische Periode	
	Modern	Ptolemaios	Modern	Ptolemaios
Merkur	4° 05′ 32,″ 46	–	3° 06′ 23,″ 98	3° 06′ 24,″ 12
Venus	1° 36′ 07,″ 66	–	0° 36′ 59,″ 48	0° 36′ 59,″ 43
Erde	0° 59′ 08,″ 20	–	–	–
Mars	0° 31′ 26,″ 52	0° 31′ 26,″ 60	0° 27′ 41,″ 67	0° 27′ 41,″ 67
Jupiter	0° 04′ 59,″ 13	0° 04′ 59,″ 32	0° 54′ 09,″ 10	0° 54′ 09,″ 05
Saturn	0° 02′ 00,″ 45	0° 02′ 00,″ 55	0° 57′ 07,″ 76	0° 57′ 07,″ 72

Tab. IX.2: Siderische und synodische Perioden der Planeten

Zu einem Vergleich mit den von Ptolemaios angegebenen Werten für die siderischen und synodischen Perioden der Planeten wurden die modernen Werte in [°/Tag] umgerechnet (siehe Tab. IX.2).

Mittlere Bewegung in Länge nennt Ptolemaios die siderische Periode, mittlere Bewegung in Anomalie nennt Ptolemaios die synodische Periode.

Die numerischen Werte waren bereits den babylonischen Astronomen bekannt und wurden von Hipparch und Ptolemaios übernommen. Der Leser beachte mit welcher Präzision diese Perioden bereits im Altertum gemessen worden sind.

IX.5.3 Planetenbahninklinationen

Bei einer Weiterentwicklung der geozentrischen Hypothese zu einer geozentrischen Methodik treten die größten Schwierigkeiten bei der Berechnung der Neigung der Planetenbahnen gegenüber der Ekliptik auf, die Ptolemaios in Buch XIII behandelt. Die theoretische Beschreibung der Bahnebene wird im Rahmen der geozentrischen Hypothese sehr kompliziert. Ptolemaios bemerkt dazu:

[MS XIII.2] *Es wird sich wohl niemand im Hinblick auf die Dürftigkeit menschlicher Machwerke der Technik Gedanken machen, dass die hier vorgetragenen Hypothesen zu künstlich seien.*
Die „Einfachheit" der Vorgänge am Himmel darf man nicht nach dem beurteilen, was uns Menschen als einfach gilt, zumal man auf Erden über den Begriff „einfach" keineswegs einig ist.

Beides klingt ganz danach, als ob Ptolemaios seine komplizierten Inklinationsmodelle gegenüber Kollegen durchsetzen wollte, die über einfachere Methoden verfügten.

Zum Vergleich mit modernen Daten muss man die Ausgangsdaten, das sind die ekliptikale Breiten zur Konjunktion, Opposition und heliakischen Auf- und Untergängen heranziehen, die er in MS XIII.3 angibt ohne allerdings eine weitere Erklärung, wie und wann diese gewonnen wurden (in Tab. IX.3 bedeutet + = nördlich, - = südlich der Ekliptik).

Im Falle der inneren Planeten erhält man die in Abb. IX.8 dargestellten Konstrukte.

Planet	Merkur	Venus	Planet	Mars	Jupiter	Saturn
Konjunktion	+4°	± 6 1/3 °	Opposition	–7°	2°	3°
Opposition	–1 ¾ °	± 1°	Hel. Auf-/ Untergang	+ 4 1/3 °	1°	2°

Tab. IX.3: Ekliptikale Breiten zur Inklinationsbestimmung

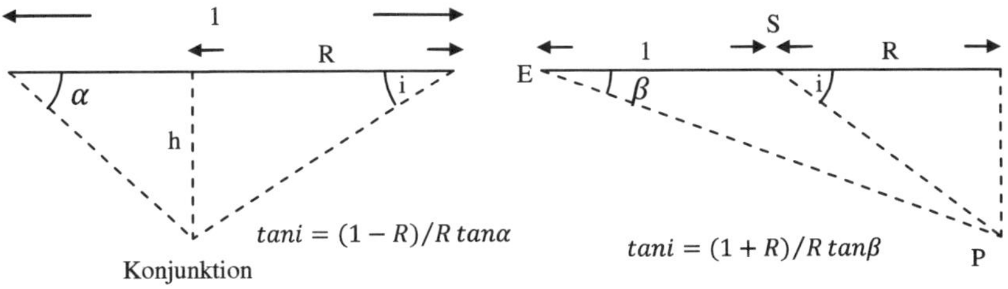

Abb. IX.8: Bahninklination i im Falle der inneren Planeten

Man erhält mittels dieser Konstrukte demnach die in Tab. IX. angegebenen Werte für die Inklination des Merkurs und der Venusbahn.

Planet	R	α	β	$i(\alpha)$	$i(\beta)$	Mittel	Modern	f
Merkur	0,387	~4°	-1 ¾°	6° 19′	6° 15′	6° 17′	6° 58′	41′
Venus	0,723	~6 1/3°	1°	2° 26′	2° 23′	2° 25′	2° 25′	57′

Tab. IX.4: Bahninklination i im Falle der inneren Planeten

Im Falle der äußeren Planeten erhält man die in Abb. IX.9 dargestellten Konstrukte.

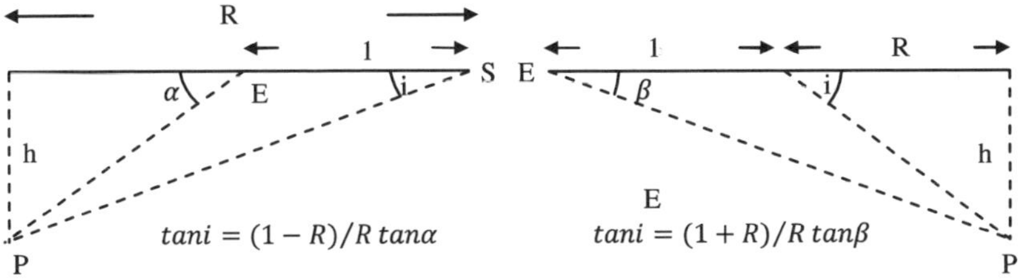

Abb. IX.9: Bahninklination der äußeren Planeten

Nach Korrektion eines Schreibfehlers für Mars (4 1/3 anstatt korrekt 1 1/3), erhält man mittels dieser Konstrukte die in Tab. IX.5 angegebenen Werte für die Inklination der äußeren Planeten.

Planet	R	α	β	i(α)	i(β)	Mittel	Modern	f
Mars	1,524	~7°	**~ 1 1/3** °	2° 25′	2° 13′	2° 19′	1° 52′	–27′
Jupiter	5,200	~2°	~1°	1° 44′	1° 12′	1° 28′	1° 25′	–3′
Saturn	9,537	~3°	~2°	2° 41′	2° 13′	2° 27′	2° 34′	+7′

Tab. IX.5: Bahninklination i im Falle der äußeren Planeten

Tatsächlich muss man die ekliptikalen Breiten um Δl = 90° entfernt von dem Bahnknoten der Planetenbahn mit der Ekliptik messen, um gute Werte für die Bahninklination i zu erhalten, was bei den äußeren Planeten offensichtlich ist.

IX.5.4 Angaben für Epizykelradius, Exzentrizität, Perihelion

In Tab. IX.6 sind die numerischen Angaben des Ptolemaios für Epizykel, Exzentrizität sowie Perihelion/Aphelion-Richtungen für die Erde und die äußeren Planeten zusammengestellt. Entnommen sind die Angaben der Mathematike Syntaxis den folgenden Seiten: Erde (S. 170), Mars (S. 190, 194, 198), Jupiter (S. 215, 219, 223) und Saturn (S. 238, 242, 247).

Planet	Exzentrizität	f	Perihelion	f
Erde	2^p; 30/2 = 1 15	-0^p; 12	65° 30′	–20′
Mars	$12^p/2 = 6^p$; 00	0^p; 31	295° 30′	4′
Jupiter	5^p; 30/2 = 2^p; 45	0^p; 02	341°	–2° 06′
Saturn	6^p; 50/2 = 3^p; 25	-0^p; 20	53°	–3° 02′

Planet	Epizykelradius	f	R	f
Erde	–	–	1,000	–
Mars	39^p; 30	-0^p; 08	1,519	0,005
Jupiter	11^p; 30	0^p; 02	5,217	–0,017
Saturn	6^p; 30	-0^p; 12	9,230	–0,307

Tab. IX.6: Numerische Bahnparameter in der Mathematike Syntaxis

Zum Vergleich mit den modernen Daten wurden aus den Epizykelradien die mittleren Bahnradien R berechnet. R ergibt sich hierbei für die inneren Planeten durch R = Epizykelradius/60^p, für die äußeren Planeten durch R = 60^p/Epizykelradius.

Fast unglaublich ist die Genauigkeit zu nennen, mit der die Resultate des Ptolemaios zu Entfernungen mit den modernen Daten übereinstimmen, nicht zuletzt die der Perihelion-Richtungen.

IX.5.5 Ptolemaios' Angaben für die Venus

Das Konzept der Venusbahn ist vor allem deshalb von zentralem Interesse, weil es mit der Entstehung des Equant-Konstrukts in Zusammenhang gebracht wird. Neugebauer (1975, S.155) bemerkt dazu: *Es scheint wahrscheinlich, dass durch diese Erfahrung mit der Bewegung der Venus das* [Equant-] *Konzept eines separaten Zentrums für die gleichförmige Bewegung entstanden ist.*

Von größtem Interesse muss die Venusbahn für Eratosthenes zur Bestimmung der Astronomischen Einheit, der Entfernung Erde/Sonne, mit Hilfe der topozentrischen Parallaxe der Venus, gewesen sein.

IX.5.5.1 Apogeum des Venus-Epizykels

Ptolemaios geht zunächst von folgenden vier Beobachtungen maximaler Elongationen der Venus (Tab. IX.7) aus:

Beob.	Beobachtungs-epoche	Venus: l_r	Mittlere Sonne: l_s	Elongation: Δl
Theon	07.03.132 AD, $(12+7)^h = 19^h$	30°+1° 30′ = 31° 30′	330°+ 14° 15′ = 344° 15′	$l_r - l_s$ = 47° 15′
Ptolemaios	30.07.140 AD, $5\frac{1}{2}^h$	60°+18° 30′ = 78° 30′	120°+ 5° 45′ = 125° 45′	$l_s - l_r$ = 47° 15′
Theon	11.10.127 AD, $17\frac{1}{2}^h$	150°+0° 20′ = 150° 20′	180°+ 17° 52′ = 197° 52′	$l_s - l_r$ = 47° 32′
Ptolemaios	25.12.136 AD, $(12+7\frac{1}{2})^h = 19\frac{1}{2}^h$	300°+19° 36′ = 319° 36′	270°+ 2° 04′ = 272° 04′	$l_r - l_s$ = 47° 32′

Tab. IX.7: Beobachtungsdaten des Ptolemaios

Er bemerkt dann lakonisch:

[MS X.2] *Dass zu unseren Zeiten das Apogeum des Exzenters in* [l] *55° und das Perigeum in* [l =] *235° liegt, ist von uns hiermit festgestellt worden.*

Aufgrund der von Ptolemaios angegebenen Daten ergibt sich tatsächlich (125°45′ - 344°15)/2 = (141°30′)/2 = 70°45′, also (125°45′ - 70°45) = 55°; (272° 04′ - 197° 52)/2 = (74° 12′)/2 = 37° 06′, also (272° 04′ - 37° 06) = 234° 58′ ~ 235°.

IX.5.5.2 Epizykelradius (Bahnradius) der Venus

Ptolemaios geht von folgenden zwei Beobachtungen (Tab. IX.) aus:

Beob.	Beobachtungs-epoche	Venus: l_r	Mittlere Sonne: l_s	Elongation: Δl
Theon	20.05.129 AD,5^h	10° 36′	55° 24′	$l_s - l_r = 44° 48' = \alpha$
Ptolemaios	18.11.136 AD, $(12+5)^h = 17^h$	282° 50′	235° 30′	$l_r - l_s = 47° 20' = \beta$

Tab. IX.8: Beobachtungsdaten des Ptolemaios

Ptolemaios bemerkt dazu:

[MS X.2] *Daraus* [dass letzterer Winkel der größere ist] *geht deutlich hervor, dass in* [l =] *55° das Apogeum und in* [l =] *235° das Perigeum liegt.*

Ferner ist uns ersichtlich geworden, dass der Exzenter, welcher den Epizykel der Venus trägt, ein ***festbleibender*** *ist, weil an keiner Stelle der Ekliptik die Summe der beiderseits eintretenden größten Elongationen vom Mittleren Ort*

- *weder kleiner gefunden wird als die Summe* [2·(44° 48′)] *der beiden Elongationen im Stier,*
- *noch größer gefunden wird als die Summe* [2·(47° 20′)] *der beiden Elongationen im Skorpion,*

wobei gilt: Stier [30°≤ l <60°], Skorpion [210°≤ l <240°].

Anhand der Abb. IX.10 ermittelt Ptolemaios dann den Exzenterabstand EM und den Epizykelradius r.

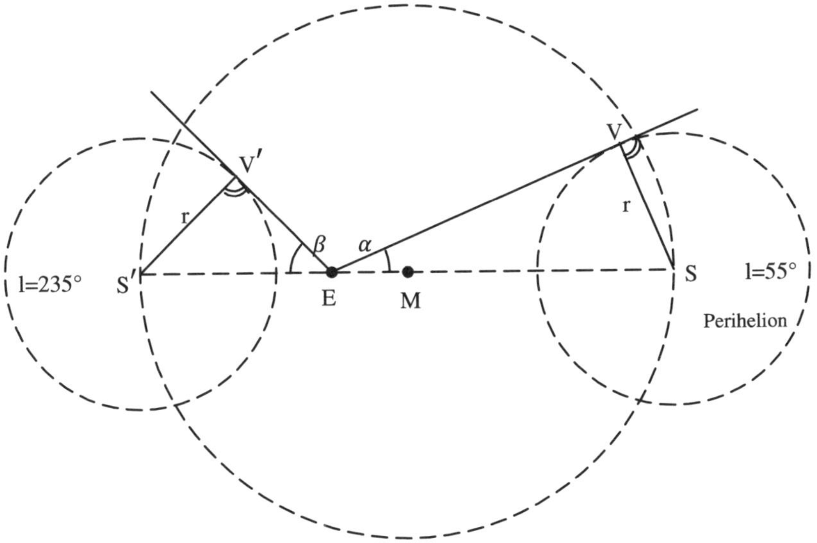

Abb. IX.10: Maximale/Minimale Elongation der Venus

Er erhält mit $\alpha = 44° 48'$ und $\beta = 47° 20'$ zunächst

$$r = (60^p + EM)\sin\alpha,\ r = (60^p - EM)\sin\beta.$$

Damit ergeben sich

$$EM = 60^p(\sin\alpha - \sin\beta)/\ (\sin\alpha + \sin\beta) = 1^p;\ 17 \sim 1^p;\ 15$$

sowie

$$r = 43^p;\ 11 \sim 43^p;\ 10.$$

Die Venusbahn bildet nahezu einen konzentrischen Kreis um die Sonne. Tatsächlich ist hiermit eine Methode vorgelegt, um unabhängig von der Länge der Jahreszeiten die **Perihelion-Richtung und die Exzentrizität der Erdbahn** mit Hilfe von Venusbeobachtungen zu bestimmen. Ist diese Tatsache allen antiken Astronomen, wie es offensichtlich bei Ptolemaios der Fall war, unbekannt geblieben? Das Ergebnis l = 55° 30′ für die Perihelion-Richtung weicht allerdings eigenartigerweise um exakt 10° von l = 65° 30′ ab; diese exakte Abweichung benötigt noch eine Erklärung.

IX.5.5.3 Equant-Modell für die Venusbeobachtungen

Zur Einführung des Equant-Modells benutzt Ptolemaios zwei maximale Elongationen der Venus zu den speziellen Epochen, als die **Mittlere Sonne** senkrecht zur Perihelion-Richtung der Erdbahn stand (Tab. IX.9).

Beob.	Beobachtungsepoche	Venus: l_r	Mittlere Sonne: l_s	Elongation: $\Delta l = \alpha$
Ptolemaios	18.02.134 AD; 06^h	281° 55′	325° 30′	$l_s - l_r =$ 43° 35′
Ptolemaios	18.02.140 AD; 18 ½ ^{h}	13° 50′	325° 30′	$l_s - l_r =$ 48° 20′

Tab. IX.9: Beobachtungsdaten des Ptolemaios

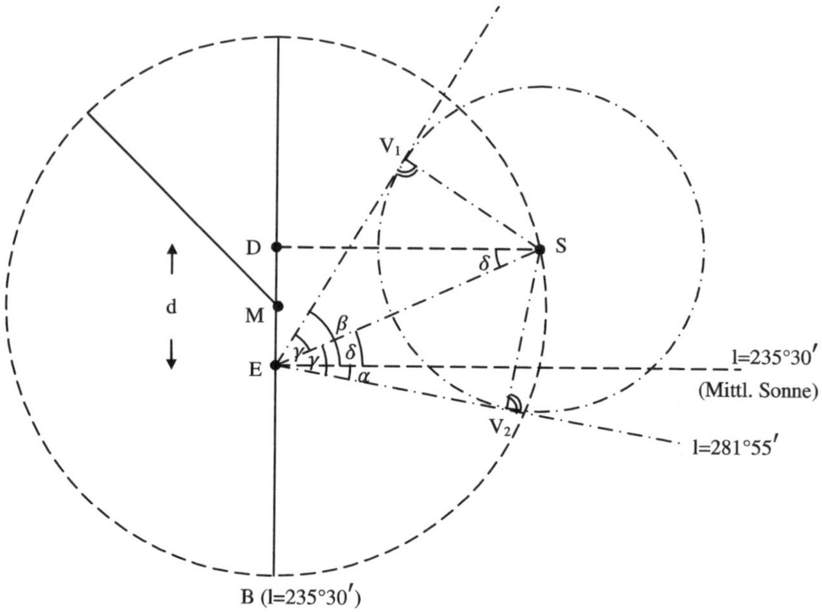

Abb. IX.11: Equant-Modell und Venusbahn

Ptolemaios berechnet zunächst (siehe Abb. IX.11)

$$2\gamma = (V_1\,E\,V_2) = (\alpha+\beta) = (40°\,35'+48°\,20') = 91°\,55',$$

$$\gamma = (V_1\, ES) = (V_2\, ES) = 91°\, 55'/2 = 45°\, 58' = (\alpha+\beta)/2.$$

Es ist ferner $ES = V_1S/\sin\gamma = 60^p;03$.

Wegen $\gamma = (\beta - \delta)$ und $\gamma = (\alpha + \delta)$ folgt

$$\delta = (\beta - \alpha)/2 = (4°\, 45')/2 = 2°\, 22'\, 30''.$$

Mit $d = ES \sin\delta$ und $V_1S = V_2S = r = ES \sin\gamma$ erhielt Ptolemaios

$$d = 2e = 2^p;\, 29 \sim 2^p;\, 30 \text{ und } r = 43^p;\, 10,$$

also die gleichen Werte wie in IX.5.4.2.

Eine weitere Überprüfung der Ausgangsdaten anhand moderner Informationen über die Erd- und die Venusbahn dürfte nicht uninteressant sein.

IX.6 Die Bahnparameter des Mondes

IX.6.1 Mittlere Bewegungen/Monatslängen

Die von Ptolemaios in der Mathematike Syntaxis dafür angegebenen Werte sind in Tab. IX.10 den modernen Werten gegenübergestellt.

Ptolemaios hat diese Werte von den „Alten“ übernommen. Auffallend ist die hohe Genauigkeit, mit der diese Bewegungen bereits im Altertum bestimmt worden sind.

Mittlere tägliche Bewegung		
der Sonne	0°59′08″; 17; 13; 12; 31	0°, 985 635
in Länge	13°10′34″; 58; 33; 30; 30	13°, 176 382
in Anomalie	13°03′53″; 56; 29; 38; 38	13°, 064 984
in Breite	13°13′45″; 40; 17; 19	13°, 229 350
in Elongation	12°11′26″; 41; 20; 17; 59	12°, 190 746

Monat	Tage	°/Tag	Diff:10^{-6}
Trop. Jahr	365,242 328	0°,985 647	+ 22
Tropischer	27,321 586	13°,176 395	+ 13
Anomalistischer	27,534 580	13°,064 978	- 6
Nodischer	27,212 220	13°,229 351	+ 0,7
Synodischer	29,530 592	12°,190 748	- 0,2

Tab. IX.10: Periodische Bewegungen verknüpft mit der Mondbahn

Die Ursache der relativ großen Fehler für die mittlere tägliche Bewegung der Sonne und des Mondes in ekliptikaler Länge liegt an der antiken Bestimmung der Präzessionskonstante zu p = 1°/Jt. anstatt korrekt zu p ~ 1,5°/Jt. Addiert man die Differenz von 0,5°/Jt. bzw. $14{,}6° \cdot 10^{-6}$/Tag zu den Daten des Ptolemaios, verbleiben auch für diese beiden Werte gegenüber den modernen Angaben überraschend kleine Differenzen.

IX.6.2 Anmerkungen zu den weiteren Bahnelementen

Die Richtung zum Mond $\Delta l = l_M - l_P$ setzt sich, wie bereits im Altertum bekannt war, zusammen aus der sog. Zentrumsgleichung ζ plus der sog. Evektion ε,

$$\Delta l = l_M - l_P = M + \zeta + \varepsilon ,$$

wobei $\zeta = (6°{,}29\sin M + 0°{,}22\sin 2M + \ldots)$ und $\varepsilon = 1°{,}27\sin(2D\text{-}M)$.

Zu den Konjunktionen (Neumond) bzw. Oppositionen (Vollmond) wird D = 0° bzw. D = 180°; man erhält in diesen speziellen Fällen

$$(\zeta + \varepsilon) = (6°{,}29 - 1°{,}27)\sin M = 5°{,}02\sin M.$$

Zum aufgehenden bzw. untergehenden Halbmond, der in der Methode des Aristarchos zur Bestimmung der Entfernung und Größe von Sonne und Mond eine zentrale Rolle spielt, wird D = 90° bzw. D = 270°; man erhält

$$(\rho + \varepsilon) = (6°{,}29 + 1°{,}27)\sin M = 7°{,}56\sin M.$$

Die auftretenden Winkelwerte α dieser modernen Darstellung können mit den Radien r von Epizyklen bzw. mobilen Exzentren verknüpft werden mittels

$$r = 60^P \sin\alpha.$$

Man erhält die in Tab. IX.11 aufgeführten modernen Werte.

$\alpha_1 = \quad = 6°\ 29'$	$r_1 = \quad = 6^P;34$
$\alpha_2 = \quad = 1°\ 27'$	$r_2 = \quad = 1^P;20$
$\alpha_3 = (\alpha_1 - \alpha_1) = 5°\ 02'$	$r_3 = (r_1 - r_2) = 1^P;20$
$\alpha_4 = (\alpha_1 + \alpha_1) = 7°\ 56'$	$r_4 = (r_1 + r_2) = 7^P;54$

Tab. IX.11: Anomalie-Winkel und Epizyklen/Exzenter-Radien

Der Radius r_1 entspricht der doppelten Mondbahnexzentrizität (e = 0,0549), also

$$r_1 = 2e60^P = 6^P;35.$$

Ptolemaios modelliert die Mondbahn mittels eines Epizykels (erste Anomalie des Mondes) sowie die Evektion mittels eines mobilen Exzenters (zweite Anomalie des Mondes).

Anhand obiger Formeln wird allerdings schnell deutlich: Berechnet man wie Hipparch und Ptolemaios mittels Mondfinsternissen die erste Anomalie **ohne** Berücksichtigung der Evektion, so ergibt sich ein Epizykelradius von $r_3 = 60^P \cdot \sin\alpha_3 = 5^P; 15$. Zu diesem Wert wäre $r_2 = 1^P;20$ zu addieren, um einen Epizykelradius von $r_1 = r_3 + r_2 = 6^P;35$ zu erhalten. Um die Evektion zu berücksichtigen, ist dann für den Exzenterradius $r_2 = 1^P;20$ zu wählen.

Ptolemaios erhält als Epizykelradius den Wert $r_3 = 5^P;15$, wie im folgenden Abschnitt gezeigt. Um die Richtungen vernünftig zu erhalten, führt er dann für die zweite Anomalie des Mondes ein (später sog. Kurbel-)Konstrukt ein, das zwar für die Richtungen gute Resultate ergibt, jedoch bekanntlich katastrophale Auswirkungen auf die Entfernungen und damit sowohl auf den variablen Winkeldurchmesser des Mondes als auch auf dessen topozentrische Parallaxen – beides einfach zu messende Größen – hat.

Jeder antike Astronom, der wie Eratosthenes und Apollonios den **Größen und Entfernungen der Himmelskörper** eine zentrale Bedeutung zugemessen hat, konnte sich durch Messungen schnell überzeugen, dass das Mondbahnkonstrukt des Ptolemaios keine vernünftige Beschreibung der Realität vermittelte.

IX.6.3 Die einfache Mondhypothese des Ptolemaios

Ptolemaios bemerkt zunächst:

[MS IV.6] *Um die Übertragung des theoretischen Verfahrens auf die ähnlichen Beweise (für die Planeten) leicht durchführbar zu machen,*

- *sei es, dass wir sie, wie folgt, nach der epizyklischen Hypothese führen,*
- *sei es nach der exzentrischen, wo dann der Mittelpunkt B innerhalb angenommen werden muss,*

sei folgende allgemeingültige Vorschrift gegeben.

Ptolemaios beschreibt dann die in Abb. IX.12 dargestellten Konstrukte.

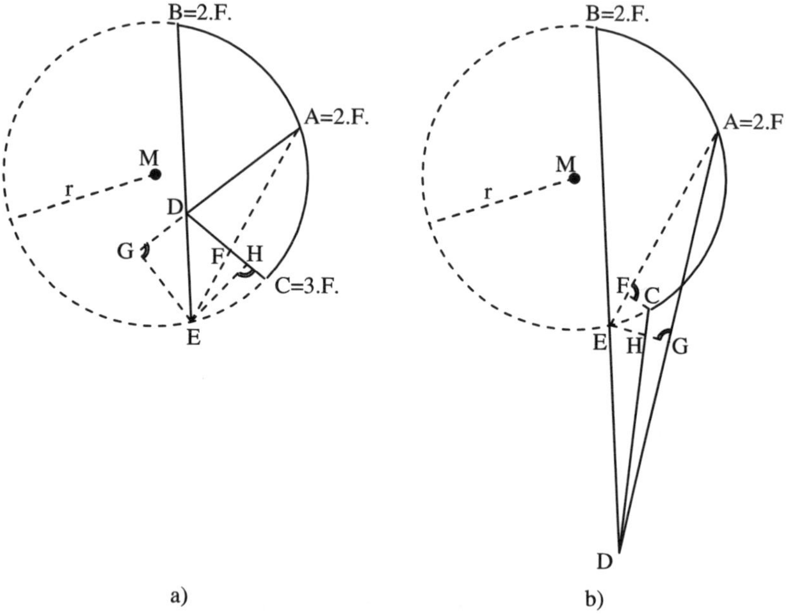

Abb. IX.12: Exzentrische (a) und epizyklische (b) Methode

Ptolemaios geht von den in Tab. IX.12 angegebenen Beobachtungsepochen aus und berechnet zunächst die ekliptikalen Längen der Sonne l_S und des Mittleren Mondes $l_{\overline{M}}$.

Man beachte: Die Stundenangaben beziehen sich auf den **Mittag** des jeweils angegebenen Tages, wie auch heute noch in der Astronomie gebräuchlich. Ptolemaios reduzierte die Zeiten in Babylon auf die Ortszeit von Alexandria und bemerkt dazu:

[MS IV.6] *Da wir die nach (Äquinoktial-) Stunden angegebenen Epochen auf den Meridian von Alexandria reduzieren und dieser etwa 5/6 Äquinoktialstunden* [= $50^m = \Delta\lambda = (5/6)15° = 12°30'$] *westlich des Meridians von Babylon liegt …*

Tatsächlich ist $\Delta\lambda = (44°25' - 31°13') = 13°12'$. In der Geographike Hyphegesis gibt Ptolemaios für diesen Längenunterschied interessanterweise an: $\Delta\lambda = (79° - 60°30') = 18°30'$. Das entspricht einem Maßstabsfaktor von $\alpha = 13°12'/18°30' = 0{,}73\ldots = 11/15 \sim 5/7$, ein Maßstabsfaktor, mit dem alle Längenangaben in der Geographike Hyphegesis verzerrt sind. Die Verzerrung tritt also, soweit erkennbar, noch nicht in der Mathematike Syntaxis auf.

Ort	Beobachtungs-epoche	Sonne l_S	Mittlerer Mond $l_{\overline{M}}$	Mond l_M	$l_S - l_M$
Babylon	19.03.721 BC $9^h 30^m - 50^m$	84°30′			
	08.03.720 BC $12^h - 50^m$	73°45′			
	01.09.720 BC $8^h 30^m - 50^m$	(243°15′)			
Alexandria	06.05.133 AD $11^h 15^m$	43°15′			
	20.10.134 AD 11^h	325°10′			
	06.03.136 AD 16^h	74°05′			
Babylon	23.12.383 BC $19^h 20^m - 50^m$	268°18′	84°20′	88°17′	180°01′
	18.06.382 BC $9^h 06^m - 50^m$	81°46′	263°58′	261°48′	179°58′
	12.12.382 BC $11^h - 50^m$	257°30′	77°21′	77°28′	180°02′
Alexandria	12.09.200 BC $14^h 5^m$	165°12′	340°24′	345°13′	179°59′
	22.09.201 BC 7^h	176°06′	352°00′	356°07′	179°59′
	19.03.200 BC $13^h 20^m$	356°17′	181°07′	176°16′	180°01′

Tab. IX.12: Mondfinsternisbeobachtungen zur Bestimmung der ersten Anomalie

Ptolemaios berechnet dann folgende Intervallwerte, wobei er $\Delta\lambda_S = l_i - l_{i1} = \Delta l_M$ bildete, $\Delta l_{\overline{M}}$ berechnete und die Anomalien $(\Delta l_M - \Delta l_{\overline{M}})$ bildete, als Ausgangswerte für die danach folgenden Berechnungen.

Intervall	Dauer	$\Delta\lambda_S = \Delta\lambda_M$	$\Delta\lambda_{\overline{M}}$	$\Delta\lambda_M - \Delta\lambda_{\overline{M}}$
A – B	$354^d\,02^h\,34^m$	349°15′	345°51′	+3°24′
B – C	$176^d\,20^h\,12^m$	169°30′	170°07′	–0°37′

Tab. IX.13: Intervallwerte und Anomalien

Die folgenden Berechnungen von Strecken kann man in drei Schritte unterteilen (IX.6.3.1, IX.6.3.2, IX.6.3.3).

IX 6.3.1 Berechnung der Strecken EH, EC, AC

Als Maßstab legt Ptolemaios zunächst die Strecke DE = 120^P fest. Er erhält mit dem Winkel (BDA) = 3°24′

$$EG = DE\sin(BDA) = 7^P;\,07.$$

In einem ersten Schritt errechnet er mit dem Winkel (BA) = 53°35′ und dem Winkel (BEA) = (BA)/2 = 26°47′,5 als Peripheriewinkel

$$(EAD) + (180° - BEA) + (BDA) = 180°,$$
$$(EAD) = (BEA) - (BDA) = 26°47',5 - 3°24' = 23°23',5.$$

Mit

$$\frac{\sin(EAD)}{\sin(BDA)} = \frac{DE}{EA} = \frac{120^P}{EA}$$

ergibt sich die Strecke EA zu

$$EA = 120^P\sin(BDA)/\sin(EAD) = EG/\sin(EAD) = 17p;\,55;32$$

sowie mit dem Winkel (BDC) = 0°37′

$$\mathbf{EH = DE\sin(BDC) = 1^P;17;30.}$$

In einem zweiten Schritt berechnet er mit (BC) = 150°26′ den Peripheriewinkel (BEC) = (BC)/2 = 75°13′. Mit

$$(ECD) + (180° - (BEC)) + (ECD) = 180°$$

berechnet er

$$(ECD) = (BEC) - (ECD) = 75°13' - 0°37' = 74°36'.$$

Mit

$$\frac{\sin(BDC)}{\sin(ECD)} = \frac{EC}{DE} = \frac{EC}{120^P}$$

berechnet er

$$\mathbf{EC = 120^P\sin(BDC)/\sin(ECD) = 1^P;20;23.}$$

In einem dritten Schritt berechnet er, ausgehend von (AC) = 96°51′, den Peripheriewinkel (AEC) = (AC)/2 = 48°25′,5 und damit

$$CF = EC\sin(AEC) = 1^P;00;08$$
$$EF = EC\cos(AEC) = 0^P;53;21.$$

Er erhält

$$AF = AE - EF = 17^P;55;32 - 0^P;53;21 = 17^P;02;11$$

und mittels $AC^2 = AF^2 + CF^2$

$$\mathbf{AC = 17^P;03;57}.$$

IX 6.3.2 Maßstabstransformation: Epizykeldurchmesser 120^P

Bei einem Epizykeldurchmesser von 120^P erhält man für die Sehne AC

$$\bar{AC} = 120^P\sin(AEC) = 89^P;46;14$$

und damit als Maßstabsfaktor

$$\alpha = \bar{AC}/AC = 89^P;46;14/17^P;03;57 = 5{,}260\ 250\ 338.$$

Ptolemaios transformiert damit

$$\bar{DE} = \alpha DE = \alpha 120^P = 631^P;13;48$$
$$\bar{CE} = \alpha CE = 7^P;02;50.$$

Er berechnet den Bogen (CE) = 2(EBC) mittels des Peripherie-winkels (EBC)

$$\sin(EBC) = \bar{CE}/120^P;\ (EBC) = 3°22'00'',26,\ (CE) = 6°44'01''$$

und erhält damit den Bogen (BE):

$$(BE) = (BC) + (CE) = 150°26' + 6°44'01'' = 157°10'01''$$

sowie die gesuchte Sehne

$$\mathbf{BE = 120^P\sin((BE)/2) = 117^P;37;32}.$$

IX.6.3.3 Maßstabstransformation: Deferentkreisradius 60^P

Da der Winkel (BE) < 180°, muss der Mittelpunkt des Epizykels außerhalb des Segments BE liegen (Abb. IX.13).

Ptolemaios berechnet zunächst

$$BD = BE + ED = 117^P;37;32 + 631^P;13;48 = 748^P;51;20.$$

Nach dem sog. Sekantensatz erhält er

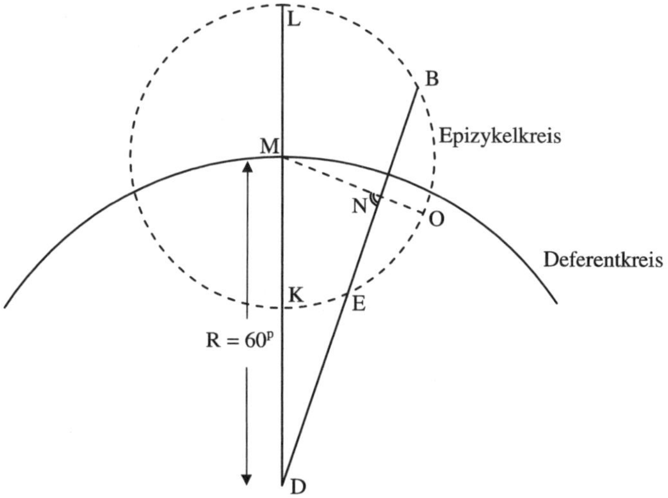

Abb. IX.13: Deferent/Epizykelkreis und Sehne BE

$$DL \cdot DK = DB \cdot DE = (687^P;31;55)^2 = 472\,700;03;32$$

und, mit $DM = R = 60^P$, nach einem Satz von Euklid

$$DM^2 = MK^2 + DL \cdot DK = (690^P;08;42)^2.$$

Durch Einführung von $DM = 60^P$ als Radius des Deferentkreises ergibt sich als Maßstabsfaktor

$$\alpha = 60^P/DM = r/60^P$$

und damit

$$\mathbf{MK = r = \alpha 60^P = 60^2/DM = 3600/DM = 5^P;13}.$$

IX.6.3.4 Die Berechnung des Mittleren Ortes des Mondes

Ptolemaios halbiert die Sehne BE im Punkt N und zieht den Epizykelradius r = MNO. Mit

$$D\overline{E} = 631^P;13;48,\ BE = 117^P;37;32,\ EN = ½BE = 58^P;48;46$$

erhält er

$$DN = DE + EN = 631^P;13;48 + 58^P;48;46 = 690^P;02;34.$$

Setzt man $DM = 120^P$ anstatt $690^P;08;42$, erhält man als Maßstabsfaktor

$$\alpha = 120^P/690^P;08;42 = 0{,}173\,876\,504,$$

in demselben Maßstab

$$D\overline{N} = \alpha DN = \alpha(690^P;02;34) = 119^P;58;56$$

und, mit $\sin(DMN) = D\overline{N}/120^P$,

$$(DMN) = (KO) = 89°01' \text{ sowie } (LD) = 180° - 89°01' = 90°59'.$$

Mit (BE) = 157°10′ erhält man (OB) = (BE)/2 = 78°35′ und damit

$$(LB) = (LO) - (OB) = 90°59' - 78°35' = 12°24'$$

sowie

$$(MDN) = 90° - (DMN) = 90° - 89°01' = 0°59'.$$

Zum einen ist hiermit der Epizykelbogen (LB) = 12°24' gefunden, um welchen der Mond zu der mitgeteilten Zeit der Mitte der zweiten Finsternis B von dem (Epizykel-)Apogeum L entfernt war.

Zum anderen ist (MDN) = 0°59′ der den (Ekliptik-)Bogen unterspannende Winkel, welcher dem (gesuchten) Mittleren Ort in Länge infolge der durch den Lauf auf dem Epizykelbogen (LB) eintretenden Anomalie abgeht. Man erhält somit für die zweite Finsternis:

Genauer Ort der Sonne: l = 73°45′,
Genauer Ort des Mondes: l = 253°45′,
Mittlerer Ort des Mondes: l = 253°45′ + 0°59′ = 254°44′.

IX.6.4 Ein korrektes Equant/Exzentermodell für den Mond

Antiken Astronomen, die den variablen Winkeldurchmesser des Mondes und seine topozentrische Parallaxe gemessen haben, konnte es unmöglich entgangen sein, dass das Modell des Ptolemaios ihre Messergebnisse nicht korrekt beschreibt.

Damit erhebt sich naturgemäß die Frage: War es überhaupt möglich, die Mondbahn mittels des Epizykel/Exzenter/Equant-Konzeptes ausreichend genau zu beschreiben und wie könnte ein derartiges Modell ausgesehen haben (siehe Abb. IX.14)?

Apogeum/Perigeum-Richtung auf dem Exzenter wird durch die Richtung zur Mittleren Sonne festgelegt. Das mobile Exzenter x rotiert auf dem Exzenterkreis gegen den Uhrzeigersinn um die doppelte Elongation D des Mittleren Mondes E von der Mittleren Sonne, ausgehend vom Apogeum.

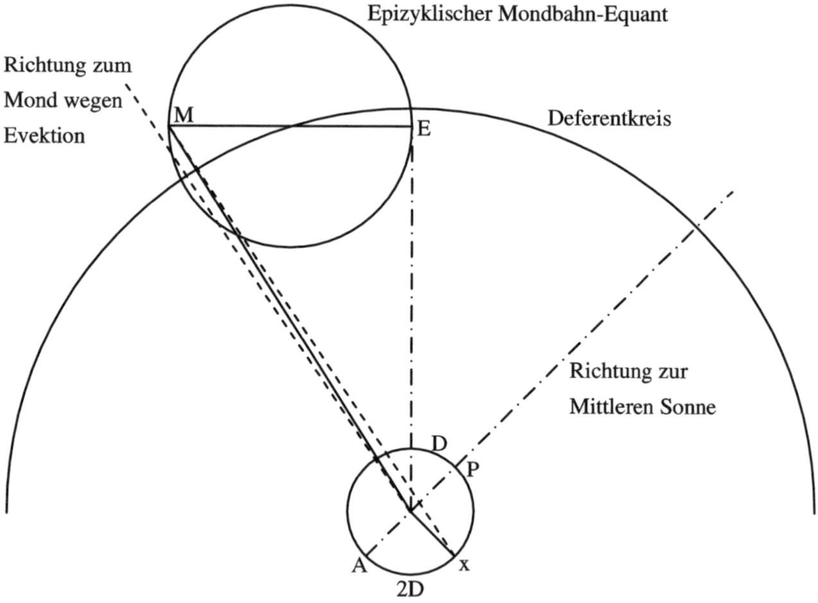

Abb. IX.14: Exaktes Equant/Exzentermodell für den Mond

Ob ein derartiges simples Modell im Altertum z.B. durch „Epsilon" Apollonios entwickelt wurde, wissen wir nicht, da nur die Abhandlung des Ptolemaios über die Mondbahn überliefert ist.

X Abschlussbemerkungen

Zwei der berühmtesten Bücher der Weltliteratur sind die „Mathematike Syntaxis“ (Almagest) und die „Geographike Hyphegesis“ (Geographie) des Klaudios Ptolemaios. Der italienische Astronom Giovanni Virginio Schiaparelli bemerkt dazu:

Indem wir an die Betrachtung dieser Monumente antiken Wissens gehen, lasst uns von der Achtung und Verehrung erfüllt sein, welche denen gebührt, die vor uns eine steile Straße wandernd den Weg geöffnet und geebnet haben.

Von diesen Gefühlen beseelt, können wir zwar auf mangelhafte Beobachtungen und auf die Wahrheit weit verfehlende Spekulationen stoßen, aber wir werden nie etwas Absurdes, Lächerliches oder den Regeln der gesunden Vernunft Widersprechendes finden.

Wenn heutzutage wir, die späten Enkel jener berühmten Meister, aus ihren Irrtümern und ihren Entdeckungen Gewinn ziehen und zum Giebel des von ihnen gegründeten Gebäudes emporsteigend mit unserem Blick einen weiteren Horizont umfassen können, so wäre es törichter Hochmut, deshalb zu glauben, dass wir eine weitertragende und schärfere Sehkraft als sie hätten.

Unser ganzes Verdienst besteht darin, dass wir später zur Welt gekommen sind.

Das von Schiaparelli angesprochene nur dem geistigen Auge sichtbare Gebäude, das die Naturwissenschaftler bzw. die „Mathematikoi“ des Altertums errichteten, erweist sich bei näherer Analyse geradezu als ein Achtes Weltwunder, sowohl was den Ausbau der dazu notwendigen angewandten Mathematik betrifft als auch die Qualität der Resultate, die erzielt wurden. Auf Spekulationen oder mangelhafte Beobachtungsdaten stößt man dabei nicht (im Gegensatz zur Auffassung von Schiaparelli).

Der Aufbau dieses geistigen Gebäudes begann mit Thales und Anaximandros von Milet, die wohl erstmalig in der Geschichte der Menschheit das Problem aufgriffen, Winkel- und Streckenmessungen miteinander zu verknüpfen. Dabei errichteten sie die **erste** Säule dieses Gebäudes, nämlich **Trigonometrie/Goniometrie**, deren Schlussstein später Archimedes setzte.

Ein Meilenstein in der praktischen Anwendung der Astronomie für Geographie, Navigation und Zeitmessung waren sicherlich die Messergebnisse des Kallippos, mittels denen für alle praktischen Anwendungen genau genug die ekliptikale Länge der Sonne für beliebige Tage im Jahr berechnet werden konnte. Um die für Geodäsie/Navigation wichtigen Größen, die Deklination der Sonne bzw. das Ostazimut des Sonnenaufgangs, berechnen zu können, war die **zweite** Säule zu errichten, nämlich die **sphärische Trigonometrie**, deren Schlussstein durch Menelaos gesetzt wurde.

Die **dritte** Säule, die vor allem die Astronomie betraf, ist die **Epizykel/Exzenter/Equant-Methodik**, errichtet mutmaßlich durch Apollonios von Perge, der „Epsilon" genannt wurde, weil er so viel von dem (Halb-) Mond wusste. Mittels dieser Methodik war es für alle praktischen Zwecke ausreichend genau möglich, Mond- und Planetenbahnen durch sehr einfache geometrische Konstrukte zu beschreiben.

Erst die durch die Konstruktion von Teleskopen ermöglichte wesentlich präzisere Messgenauigkeit erforderte einen weiteren Ausbau der angewandten Mathematik als eine der Grundlagen der Messkunst, der im Wesentlichen mit Isaac Newton begann.

Die beiden Lehrbücher des Ptolemaios werfen bis heute viele Fragen und Rätsel auf. Der Hauptgrund besteht einfach darin, dass Ptolemaios konsequent verschweigt, inwieweit er bei der Abfassung dieser Lehrbücher auf die Arbeiten seiner Vorgänger und die ihm dazu vorliegende Literatur in der Bibliothek von Alexandria zurückgegriffen hat. In der Einleitung der Mathematike Syntaxis (MS I.1) bemerkt er nur sehr kurz:

Um aber die Darstellung in gewissen Grenzen zu halten, werden wir die von den Alten mit voller Sicherheit gewonnenen Ergebnisse nur referierend behandeln. Dagegen werden wir die überhaupt noch nicht oder wenigstens nicht praktisch genug in Angriff genommenen Probleme nach Kräften einer sorgfältig ergänzenden Behandlung unterziehen.

Irgendwelche Meinungen, was von Ptolemaios selber stammt oder von ihm übernommen wurde, sind daher nur äußerst vorsichtig zu äußern; es mögen reine Spekulationen sein. Er hat jedenfalls einiges übernommen, das bezeugt sein folgender Kommentar:

[MS IV.9] *Denn wer mit wirklichem Wahrheitssinn und unermüdlicher Gründlichkeit an die theoretische Behandlung dieser Verhältnisse* [der Mondbahn] *herantritt, der soll sich nicht allein zur Berichtigung der alten Hypothesen die von der Neuzeit gebotenen Mittel und Wege zunutze machen, die sicherer zum Ziel führen.*

Er soll es bei der Größe und Göttlichkeit der Lehre, zu deren Verkünder er sich berufen fühlt, für keine Schande halten, wenn ihm die zu größerer Genauigkeit führende Berichtigung auch von anderer Seite zu Teil wird und nicht nur aus eigener Erkenntnis.

Eine extrem wichtige Information für unser Verständnis der geschichtlichen Entwicklung der Naturwissenschaften – die sehr oft von den Wissenschaftshistorikern unterschätzt wird – sind die numerischen Angaben über die Resultate der Naturwissenschaften im Vergleich mit modernen Informationen.

Sie geben zum einen für den Sachexperten Hinweise darauf, mittels welcher Messtechnik diese Resultate gewonnen werden konnten, zum anderen aber auch Hinweise, mittels welcher Konstrukte die individuellen Messdaten verknüpft wurden, um die betreffenden Resultate zu erzielen. Zur sachgerechten Analyse der numerischen Daten ist es allerdings unumgänglich, zunächst die Methoden der Messkunst der Antike zu verstehen.

Tatsächlich ist die vorliegende Abhandlung über die antiken Methoden der Messkunst im Rahmen einer Analyse insbesondere der geographischen Angaben des Ptolemaios entstanden. Die generelle Vorgehensweise sei hier an einem astronomischen Problem erläutert, welches der Leser anhand der vorliegenden numerischen Informationen problemlos nachvollziehen können sollte.

Gesetzt den Fall, Robert Newton hat Recht und Ptolemaios hat in der Mathematike Syntaxis Simulationsdaten verwendet, um seine Modelle anhand von Beispielrechnungen zu erläutern. Um derartige Simulationsdaten überhaupt berechnen zu können, muss er dann allerdings seine Schlussergebnisse, also die numerischen Angaben für die Bahnparameter, bereits zu Beginn gekannt haben. Vergleicht man diese anstelle der Messdaten mit modernen Informationen, stellt man zweierlei fest:

1. Seine Bahnparameter stimmen mit den modernen heliozentrischen Parametern weitgehend überein.
2. Seine numerischen Werte stimmen mit den modernen numerischen Werten teilweise verblüffend genau überein.

Der erste Befund führt natürlich unmittelbar zu der Frage: Was war das Schicksal der heliozentrischen Hypothese des Aristarchos im Altertum und wer waren die sog. „Anhänger des Aristarchos“? Es war dieser Befund und diese Frage, die zu der vorliegenden Rekonstruktion der Epizykel/Exzenter/Equant-Methodik führten, die offensichtlich von den modernen „Mathematikoi“ nicht verstanden wird; denn anders ist folgende Bemerkung im Teubner-Taschenbuch der Mathematik, S. 837, nicht zu erklären: *Die Epizyklentheorie gilt als Warnung: Mit einem hinreichend flexiblen Modell kann man die Wirklichkeit angenähert richtig beschreiben, obwohl das Modell falsch ist.*

Da offensichtlich diese Methodik bis heute von den modernen Mathematikern nicht verstanden wird, kann man dem Ptolemaios sicherlich keine Vorwürfe machen, wenn er diese Methodik teilweise ungeschickt verwendet. Im Übrigen findet man in der modernen mathematischen Literatur keinerlei Hinweise darauf, wie man mit Zirkel und Lineal eine Ellipse konstruiert, wie also das Equant-Modell rein geometrisch begründet werden kann.

Tatsächlich basierte die heliozentrische Methodik der Alexandriner weder auf physikalischen noch metaphysischen Spekulationen, die noch das Gedankengut des Aristoteles auszeichnen, sondern auf klaren geometrischen Konstrukten und genauen Messungen sowohl des Erdumfangs, der Entfernung des Mondes und, last but not least, der Astronomischen Einheit.

Naturgemäß tritt die Frage auf: Warum hat die geozentrische Methodik des Klaudios Ptolemaios trotz ihrer inneren Widersprüche anderthalb Jahrtausende überlebt? Tatsächlich war nur sie im Einklang mit den physikalischen Vorstellungen des Aristoteles, die also zunächst kritisch zu durchleuchten waren.

Eine kritische Analyse der physikalischen Vorstellungen des Aristoteles erfolgte mittels der berühmt-berüchtigten „Occam's Razor“, des „gesunden Menschenverstandes“, um das Jahr 1320 AD durch den englischen Franziskanermönch Wilhelm von Ockham (~1285–1347 AD), die mit 152 „Questiones in libros Physicorum“ abschloss. Ockham folgend setzte zunächst der französische Bischof Nikolaus von Oresme (~1320–1382 AD) die Eigenrotation der Erde wieder in Kraft, gefolgt von dem deutschen Bischof Nikolaus von Kues (~1401–1464 AD). Der polnische Domherr Nikolaus Kopernikus (~1473–1543 AD) ließ (um die Kalenderreform des Papstes zu unterstützen) daraufhin die Erde als einen der Planeten wieder um die Sonne rotieren und der deutsche Astronom Johannes Kepler (~1571–1630 AD) führte (wieder?) Ellipsen als Planetenbahnen ein, was sein italienischer Zeitgenosse Galileo Galilei (~1564–1642 AD) bekanntlich nicht zur Kenntnis nehmen wollte. (Padova 2009)

Ohne Zweifel fand die Geburt der modernen Naturwissenschaften im sog. „finsteren" Mittelalter statt, das bekanntlich im Jahre 1486 AD durch den Druck der ersten neuzeitlichen Strafprozessordnung, „Hexenhammer" genannt, von der „erleuchteten" Neuzeit abgelöst wurde.

Zu der Geographike Hyphegesis des Klaudios Ptolemaios merkt Neugebauer (1975, S. 934) an: *Wenige Bücher haben einen derart tiefgründigen Einfluss auf menschliches Denken und Zivilisation ausgeübt wie Ptolemaios Geographie.*

Tatsächlich stellt die Geographike Hyphegesis die moderne Wissenschaft vor eine außerordentliche Herausforderung. In ihr sind die geographische Länge Λ und Breite Φ von mehr als 6500 Orten bzw. wichtigen Geländemarken der Oikumene angegeben, von denen bisher weit weniger als die Hälfte identifiziert werden konnten. Allerdings sind diese Daten grob verzerrt. Gelingt es, sie zu entzerren, dann wäre es möglich, alle Hauptorte der Oikumene zu identifizieren. Die vorliegende Abhandlung ist als notwendiges Hilfsmittel für eine derartige Entzerrung entstanden.

Die Entwicklung von Wissenschaft und Technik beeinflusst den Alltag unseres Lebens sicherlich stärker als die politischen Entwicklungen. Aber im Gegensatz zu den politischen Konzepten blickt die Wissenschaft/Technik auf einen stetig wachsenden Fortschritt zurück, der bereits im Altertum bei den Griechen einen sehr hohen Stand erreicht hat. Ohne einen Überblick über diese Entwicklung steht der moderne Mensch den wissenschaftlichen/technischen Entwicklungen der modernen Zeit hilf- und ratlos gegenüber.

Die vorliegende Abhandlung ist auch als eine Hilfe anzusehen, das Fundament der modernen historischen Entwicklung der Naturwissenschaften und der angewandten Mathematik rational verständlich zu machen. In dieser Hinsicht sollte sie nicht nur für Sachexperten, sondern auch für die Allgemeinheit von Interesse sein.

Literatur

BERGGREN, J. L.; JONES, A.: Ptolemy's Geography. Princeton University Press 2000

BRAUNMÜHL, v., A.: Vorlesungen über die Geschichte der Trigonometrie I. Teubner, Leipzig 1900

CANTOR, M.: Vorlesungen über Geschichte der Mathematik. Nachdruck Teubner, Leipzig 1894

DAIBER, Hans: Aetius Arabus. Die Vorsokratiker in arabischer Überlieferung. Akademie der Wissenschaften und der Literatur. Veröffentlichungen der Orientalischen Kommission 33, Wiesbaden 1980

DIELS, Hermann: Doxographi Graeci. Berlin 1879 (Reprint Berlin 1965)

GERICKE, H.: Mathematik in Antike und Orient. Springer, New York/Heidelberg/Berlin 1984

GEUS, Klaus: Eratosthenes von Kyrene. Studien zur hellenistischen Kultur- und Wissenschaftsgeschichte. München 2002

HEATH, Sir Thomas: Aristarchus of Samus. The ancient Copernicus. Oxford 1913 (Reprint 1993)

KNOBLOCH, E.; LELGEMANN, D.; FULS, A.: Zur hellenistischen Methode der Bestimmung des Erdumfanges und zur Asienkarte des Klaudios Ptolemaios. Zeitschrift für Vermessungswesen, 2, S. 1–5, Wißner, Augsburg 2003

KÜHN, C. G. (ed.): Claudii Galeni opera omnia. Leipzig 1821–1833 (Reprint Hildesheim 1965)

LACHENAUD, G. (ed.): Plutarque Œuvres morales. T. 12.2, Opinions des Philosophes. Paris (Coll. Budé) 1993

LEHMANN-HAUPT, C. F.: Stadion (Metrologie). Paula/Wissowa Realenzyklopädie, R. 2, Bd. III, S. 1931–1963, Stuttgart 1958

LELGEMANN, D.: Eratosthenes von Kyrene und die Messtechnik der Alten Kulturen. Ein Essay. Chmielorz, Wiesbaden 2001

LELGEMANN, D.; KNOBLOCH, E.; FULS, A.; KLEINEBERG, A.: Zum antiken astro-geodätischen Messinstrument Skiotherikós Gnomon. Zeitschrift für Vermessungswesen, 4, S. 238–247, Wißner, Augsburg 2005

LEPSIUS, H.: Die Babylonisch-Assyrischen Längenmaße nach der Tafel von Senkereh. Abhandlungen der Königlich Preußischen Akademie der Wissenschaften zu Berlin 1877

LESKY, Albin: Geschichte der griechischen Literatur. Bern ³1971 (unveränderter Nachdruck München 1993)

LEXIKON DER ALTEN WELT. Hrsg. von C. Andresen u.a., 3 Bde. Neudruck Zürich-München 1994

MAAS, Michael: John Lydus and the Roman Past. London and New York 1992
MANITIUS, R.: Ptolemäus. Handbuch der Astronomie/Mathematike Syntaxis. Teubner, Leipzig 1963
MANSFELD, Jaap: Cosmic Distances. Aëtius 2.31 Diels and Some Related Texts. Phronesis 45, 2000, S. 175–204
MAU, J. (ed.): Plutarchi Moralia. Vol. 5.2,1, X oratorum vitae; Placita philosophorum. Leipzig (Bibliotheca Teubneriana) 1971
MRAS, K. (ed.): Eusebius Werke 8.1–2, Die Praeparatio Evangelica. GCS 43.1–2, Berlin 1954–1956 (rev. repr., É. des Places, 1982–1983)
NEUGEBAUER, O.: A. History of Ancient Mathematical Astronomy. 3 vols, Berlin/Heidelberg/New York 1975
NEWTON, R. R.: The Crime of Claudius Ptolemy. John Hopkins University Press, Baltimore/London 1977
NOACK, Beate: Aristarch von Samos. Untersuchungen zur Überlieferungsgeschichte der Schrift περὶ μεγεθῶν καὶ ἀποστημάτων ἡλίου καὶ σελήνης. (Serta Graeca, Beiträge zur Erforschung griechischer Texte Bd.1).Wiesbaden 1992
PADOVA, T. de: Das Weltgeheimnis. Kepler, Galilei und die Vermessung des Himmels. Piper, München 2009
PLINIUS, C.: Naturgeschichte. Übersetzung E. D. L. Strack. Wissenschaftliche Buchgesellschaft, Darmstadt 1968
PRELL, Heinrich: Beta, Gamma und Epsilon. Die Kurznamen dreier Mathematiker des Altertums. Wissenschaftliche Zeitschrift der Technischen Hochschule Dresden 7 (1957/58) Heft 1, S. 133–143
ROTTLÄNDER: Vormetrische Längenmaßeinheiten. Internet 2008
SAMBURSKY, S.: The Physical World of the Greeks. Translated from the Hebrew by Merton Dagut. London 1956 (Repr. 1960)
SARTON, George: Hellenistic Science and Culture in the last three centuries B.C. New York 1993 (First published 1959)
SCHMIDT, F.: Geschichte der geodätischen Instrumente und Verfahren im Altertum und Mittelalter. Wittwer, Stuttgart 1935
SCHÜRMANN, A.: Griechische Mechanik und antike Gesellschaft. Franz Steiner, Stuttgart 1991
SCHWARTZ, Eduard: Charakterköpfe aus der Antike. Leipzig ^{4}1956
STRABON: The geography of Strabo. Übersetzung H. L. Jones. Loeb classical library, Heinemann, London 1954
STRATHERN, Paul: Archimedes & der Hebel. Aus dem Englischen von Andrea Zapf. Frankfurt am Main 1999
STÜCKELBERGER, A.; GRAßHOFF, G.: Klaudios Ptolemaios Handbuch der Geographie. Bd. I, II. Schwabe AG, Basel 2006
TANNERY, Paul: Mémoires scientifiques. Tome I: Sciences exactes dans l'Antiquité 1876–1883. Publiés par J.-L. Heiberg & H.-G. Zeuthen. Toulouse Paris 1912 (Reprint 1995)
TOOMER, G. J.: The Chord Table of Hipparchus and the Early History of Greek Trigonometry. Centaurus, 18, pp.6–28, 1973

VITRUV: Zehn Bücher über Architektur/de Architectura. Übersetzung C. Fensterbusch. Primus, Darmstadt 1996

WACHSMUTH, C. (ed.): Ioannis Stobaei Anthologii libri duo priores qui inscribi solent Eclogae physicae et ethicae. Berlin 1884

WAGNER, Hermann: Lehrbuch der Geographie. Erster Band. Allgemeine Erdkunde. Hannover 1920

WAERDEN, VAN DER, B. L.: Die Astronomie der Griechen. Wissenschaftliche Buchgesellschaft, Darmstadt 1988

WEHRLI, F. (ed.): Eudemus von Rhodos. Schule des Aristoteles H. 8. Basel 1969

WINDELBAND, W.: Geschichte der Antiken Philosophie. Iwan von Müllers Handbuch der Klassischen Altertumswissenschaft, Band V,1, 1894

WUENSCH, R. (ed.): Ioannes Lydus. De mensibus. Stuttgart (Bibliotheca Teubneriana) 1967

ZEIDLER, E. (Hrsgb): Teubners Taschenbuch der Mathematik. Teubner. Stuttgart/Leipzig 1996

Anhang: Eratosthenes von Kyrene zur Entfernung Erde/Sonne

Andreas Kleineberg

1. Eratosthenes und die „Astronomische Einheit“

ταῦτα δέ, βασιλεῦ Γέλων, τοῖς μ ν πολλοῖς καὶ μὴ κεκοινωνηκότεσσι τῶν μαθημάτων οὐκ εὔπιστα φανήσειν ὑπολαμβάνω, τοῖς δ μεταλελαβηκότεσσιν καὶ περὶ τῶν ἀποστημάτων καὶ τῶν μεγεθέων τᾶς τε γᾶς καὶ τοῦ ἁλίου καὶ τᾶς σελήνας καὶ τοῦ ὅλου κόσμου πεφροντικότεσσιν πιστὰ διὰ τὰν ἀπόδειξιν ἐσσεῖσθαι.

„Ich glaube, König Gelon, dass dies den Vielen, die keinen Anteil an den mathematischen Wissenschaften haben, unglaubhaft erscheinen wird, denen aber, die daran Anteil haben und die über die Abstände und die Größen der Erde, der Sonne, des Mondes und des ganzen Weltalls nachgedacht haben, aufgrund dieser Darlegung glaubhaft sein wird.“

Mit diesen Worten schließt Archimedes von Syrakus (287–212 BC) seine Schrift *Psammites*. Darin entwickelt er u.a. ein Zahlensystem, mit dem es möglich ist, eine Zahl auszudrücken, die die Menge der Sandkörner beschreibt, die man erhielte, wenn man das ganze Universum mit Sand füllte.

In dem Schlusssatz wird nun deutlich, dass sich die mathematisch Gebildeten dieser Zeit offensichtlich eingehend mit der Frage beschäftigten, welche Abstände die Himmelskörper haben. Diese Beschäftigung an sich war nicht neu; schon Anaximandros (ca. 610–ca. 545 BC) hatte über die Größen und Entfernungen von Himmelskörpern gesprochen, wie uns der Aristoteles-Schüler Eudemos von Rhodos berichtet (Fragm. 146 Wehrli). Neu waren jedoch die Dimensionen, in denen man in dieser Zeit zu denken begann. Denn wie der Syrakusaner Archimedes mit seinen „Sandrechnungen“ die Grenzen des bis dahin gebräuchlichen

Zahlensystems der Griechen überwand, so ging ein alexandrinischer Gelehrter daran, die Vorstellung über kosmische Entfernungen auf erstaunliche Weise zu verändern.

Dieser Gelehrte war Archimedes' Freund und Kollege Eratosthenes von Kyrene, den er während seiner Studienzeit in Alexandria kennengelernt hatte und der im Altertum nicht zuletzt wegen seiner Weltkarte berühmt war. In der Neuzeit ist er vor allem durch seine Messung des Erdumfanges zu 252 000 Stadien bekannt. Die von ihm dazu verwendete Stadion-Maßeinheit beruht auf dem Gudea-Maß GF = 264,55 mm (= ½ Ägyptische Königselle, wie sie seit dem Mittleren Reich verwendet wurde), das auf der Statue des sumerischen Stadtfürsten Gudea (um 2100 BC) angegeben wird, die sich heute im Louvre befindet. Die Stadionlänge betrug 600 GF = 158,73 m, der Durchmesser der Erde also $d_E = 252\,000/\pi \sim 80\,000$ Stadien = 12 730 km bzw. $r_E = 6365$ km.

Eratosthenes war kein Astronom. Es mag daher zunächst verwunderlich erscheinen, dass er auch auf astronomischem Gebiet eine außerordentliche wissenschaftliche Leistung vollbracht hat, die bisher kaum beachtet worden ist. In der antiken Literatur wird nämlich mehrmals über eine Bestimmung der Entfernung Erde/Sonne, also der sog. „Astronomischen Einheit", durch Eratosthenes berichtet. Tatsächlich benötigte er diese Größe, um Skiotherikos Gnomon-Messungen wegen der topozentrischen Parallaxe zu reduzieren.

Den topozentrischen Parallaxen wurde im Altertum erhebliche Bedeutung beigemessen. So bemerkt Ptolemaios in der Mathematike Syntaxis (IX.1), dass keiner der Planeten eine bemerkbare Parallaxe aufweisen dürfe; für die Sonne gibt er dazu $p = 3'$ an. Ptolemaios betont ebenso, dass die Bestimmung von Entfernungen zu den Himmelskörpern nur mit Hilfe topozentrischer Parallaxen möglich sei.

Die überlieferten Angaben zu der von Eratosthenes bestimmten Entfernung Erde/Sonne sind zunächst nicht eindeutig. Es handelt sich danach um einen von zwei glücklicherweise sehr unterschiedlich großen Werten:

4 080 000 Stadien oder 804 000 000 Stadien.

Während nun Neugebauer (S. 660) und Geus (S. 241) den Wert von 4 080 000 Stadien für wahrscheinlich halten, (wobei beide allerdings auf dessen unsichere Überlieferung hinweisen,) geht Heath (S. 340) davon aus, dass Eratosthenes die Entfernung Erde/Sonne mit 804 000 000 Stadien angegeben hat und dass der Wert von 4 080 000 Stadien offensichtlich falsch ist. Auch Sarton (S. 109) hält die Zahl von

804 000 000 Stadien für richtig. Tannery hingegen (S. 391f.), der die Angaben im Zusammenhang mit Aristarchos von Samos erörtert, ist der Ansicht, dass beide Zahlen gleichermaßen fehlerhaft („également erronées“) seien.

Die „Astronomische Einheit“ spielte eine bedeutende Rolle in der Diskussion um die heliozentrische Hypothese des Aristarchos von Samos (ca. 310–230 BC), von der wir vor allem durch den *Psammites* des Archimedes Kenntnis haben. Aristarchos war auch der Erste, der die „Astronomische Einheit“ ernsthaft auf mathematisch-astronomischer Grundlage zu ermitteln suchte. Hierzu heißt es: „*His methods and those of his followers mark the culminating point of the Greek achievements in mathematical astronomy*“ (Sambursky, S. 77).

Gewiss wurde in Alexandria zur Zeit des Eratosthenes die heliozentrische Hypothese intensiv erörtert; alles andere wäre schwer vorstellbar, zumal ihr „Urheber“ Aristarchos selbst möglicherweise eine Zeitlang dort geweilt hat (Noack, S. 1). Es ist deshalb notwendig, bestmöglich zu klären, welcher der beiden überlieferten Werte der von Eratosthenes ermittelten Entfernungsangabe entspricht. Das ist das Ziel der folgenden Untersuchung.

2. Die in der antiken Literatur überlieferten Angaben

Ausgangspunkt aller uns zur Verfügung stehenden antiken Angaben ist natürlich Eratosthenes selbst gewesen. Mit großer Wahrscheinlichkeit hat er den Wert für die Entfernung Erde/Sonne, den er ermittelt hat, in seiner Schrift „Über die Messung der Erde“ (Περὶ τῆς ἀναμετρήσεως τῆς γῆς) festgehalten. Bedauerlicherweise ist diese Schrift wie überhaupt der größte Teil dessen, was Eratosthenes geschrieben hat, verlorengegangen. Ihre Existenz wird jedoch durch Heron von Alexandria (verm. 1. Jh. AD) bezeugt (Ἐρατοσθένης δείκνυσιν ἐν <τῷ> ἐπιγραφομένῳ περὶ τῆς ἀναμετρήσεως τῆς γῆς. dioptr. 35, S. 302, 16f. Schoene). Möglicherweise war sie noch im 4. Jahrhundert vorhanden; denn Macrobius (ca. 360–ca. 425) erwähnt, dass sich Eratosthenes in seinen *libri dimensionum* („Bücher über Messungen“) zum Größenverhältnis von Sonne und Erde äußert:

Eratosthenes in libris dimensionum sic ait: mensura terrae septies et vicies multiplicata mensuram solis efficiet (somn. I, 20, 9).

„Eratosthenes äußert sich in seinen ‚Büchern über Messungen' so: Das Maß der Erde wird, mit 27 multipliziert, das Maß der Sonne ergeben."

Dies habe Eratosthenes, so Macrobius, anhand von Mondfinsternissen ermittelt. Unklar ist jedoch, was an dieser Stelle mit *mensura* (Maß) gemeint ist.

Allerdings lässt es sich nicht entscheiden, ob die von Heron genannte Schrift „Über die Messung der Erde" und die von Macrobius erwähnten „Bücher über Messungen" dasselbe Werk gewesen sind oder ob es sich beim Letzten um ein größeres Werk handelt, wovon das Erste nur ein Teil gewesen ist. Wann Eratosthenes das genannte Werk geschrieben hat, ist ebenfalls nicht genau zu bestimmen. Die Abfassungszeit muss aber auf jeden Fall nach der des *Psammites* liegen, denn Archimedes erwähnt die Erdmessung des Eratosthenes nicht, die ihm durch seinen Briefkontakt nach Alexandria gewiss nicht unbekannt geblieben sein dürfte, sondern legt seinen Überlegungen einen Erdumfang von 300 000 Stadien zugrunde. Da er seinen *Psammites* König Gelon widmet, der um 240 BC. Mitregent wurde und 216/215 BC starb, ist somit ein *terminus post quem* festgelegt.

Fassbar wird die Angabe des Eratosthenes zur „Astronomischen Einheit" bei dem Doxographen Aetios, der sie entweder direkt in Eratosthenes Schrift gefunden oder über eine dazwischenliegende Vermittlung in seine Sammlung philosophischer Lehrmeinungen (περὶ ἀρεσκόντων ξυναγωγή) aufgenommen hat. Aetios, dessen Werk zwar nicht erhalten ist, das Diels jedoch aus dem vorhandenen Parallelmaterial von Pseudo-Plutarch und Stobaios rekonstruiert hat, ist in das 1. Jahrhundert AD zu datieren. Auf ihn gehen höchstwahrscheinlich auch die entsprechenden Texte von Pseudo-Galenos und Eusebios zurück (ein Stemma der doxographischen Tradition findet sich in Windelband, S. 275). Zu den genannten Autoren treten als Quelle noch Theodoretos, Johannes Lydus sowie ein Ptolemaios-Scholiast.

Ihre Angaben hinsichtlich des Wertes, den Eratosthenes für die Entfernung Erde/Sonne angegeben hat, sollen im Folgenden einer gründlicheren Untersuchung unterzogen werden.

2.1 Pseudo-Plutarch, de placitis philosophorum II, 31

Περὶ τῶν ἀποστημάτων τῆς σελήνης

Ἐμπεδοκλῆς διπλάσιον ἀπέχειν τὴν σελήνην ἀπὸ τοῦ ἡλίου ἤπερ ἀπὸ τῆς γῆς. Οἱ ἀπὸ τῶν μαθηματικῶν ὀκτωκαιδεκαπλάσιον.

Ἐρατοσθένης τὸν ἥλιον ἀπέχειν ἀπὸ τῆς γῆς σταδίων μυριάδας <τετρακοσίας καὶ ὀκτακισμυρίας, τὴν δ σελήνην ἀπέχειν τῆς γῆς μυριάδας> ἑβδομήκοντα ὀκτὼ σταδίων.

Über die Abstände des Mondes

„Empedokles (glaubt), dass der Mond doppelt so weit von der Sonne entfernt sei wie von der Erde. Die Mathematiker (glauben) das 18-Fache.

Eratosthenes (glaubt), dass die Sonne von der Erde 804 000 000 Stadien entfernt sei, dass der Mond hingegen von der Erde 780 000 Stadien entfernt sei."

Der hier angegebene Wert von 804 000 000 Stadien ist in seiner Aussagekraft leider stark eingeschränkt, weil die betreffende Stelle, die im überlieferten Text vermutlich wegen des Homoioteleutons ausgefallen ist (Mau, S. 98 *in apparatu*, vgl. Lachenaud *ad locum*), von Diels anhand der Parallelstellen bei Eusebios, Pseudo-Galenos und Johannes Lydus ergänzt worden ist. Daher lässt sich nicht mehr entscheiden, welcher Wert hier ursprünglich gestanden hat.

Es sei jedoch erwähnt, dass Plutarch in seiner Schrift *de facie in orbe lunae* eine namentlich nicht angeführte Autorität nennt, die für die Entfernung Erde/Sonne einen Wert von mehr als 40 300 000 Stadien angibt (ἀπέχει ὁ ἥλιος τῆς σελήνης πλέον ἢ τετρακισχιλίας τριάκοντα μυριάδας· 925 D).

2.2 Stobaios (5. Jh. AD), eclogae I, 26, 1

Περὶ τῶν ἀποστημάτων

Ἐμπεδοκλῆς διπλάσιον ἀπέχειν *τῆς σελήνης ἀπὸ <τῆς> γῆς ἤπερ ἀπὸ τοῦ ἡλίου* (Text verderbt, cf. Diels, S. 63 und Wachsmuth *ad locum*; es muss heißen: τὴν σελήνην; <τῆς> von Meineke ergänzt). Οἱ δ ἀπὸ τῶν μαθηματικῶν ὀκτωκαιδεκαπλάσιον.

Ἐρατοσθένης τὸν ἥλιον ἀπέχειν ἀπὸ τῆς γῆς σταδίων μυριάδας [μυριάδων] τετρακοσίας καὶ στάδια ὀκτάκις μύρια, τὴν δ σελήνην ἀπέχειν ἀπὸ τῆς γῆς μυριάδας ἑβδομήκοντα ὀκτὼ σταδίων.

Über die Abstände

„Empedokles (glaubt), dass der Mond doppelt so weit von der Erde entfernt sei wie von der Sonne (Text verderbt). Die Mathematiker (glauben) das 18-Fache.

Eratosthenes (glaubt), dass die Sonne von der Erde 4 080 000 Stadien entfernt sei, dass der Mond hingegen von der Erde 780 000 Stadien entfernt sei."

Stobaios gibt uns also einen Wert von 4 080 000 Stadien an. Bei der Betrachtung des Textes zeigt sich jedoch, dass diese Zahl erst zustande kommt, wenn man die Tilgung des Wortes μυριάδων durch DIELS berücksichtigt. Der ursprünglich überlieferte Wert lautet hingegen 40 000 080 000 Stadien. Wie erklärt sich diese Zahl?

Der Ausdruck μυριάδας μυριάδων („Myriaden von Myriaden") entspricht 10 000 · 10 000 = 100 000 000. In dieser Verwendung erscheint er bei dem Historiker Cassius Dio (ca. 155–235 AD), der über Vitellius sagt, er habe während seiner Regierung 225 000 000 Sesterzen für Festbankette ausgegeben (πρὸς πάντων ὁμοίως ὡμολόγηται δύο τε αὐτὸν **μυριάδας μυριάδων** καὶ δισχιλίας πεντακοσίας ἐν τῷ τῆς ἀρχῆς χρόνῳ ἐς τὰ δεῖπνα δεδαπανηκέναι. LXV, 32; vgl. Tacitus hist. II, 95, wo von 900 000 000 die Rede ist).

Archimedes drückt im *Psammites* große Zahlen folgendermaßen aus: die Zahl 100 000 000 als μύριαι μυριάδες, die Zahl 10 000 000 000 als μυριάκις μυριάδες ρ, die Zahl 1 000 000 000 000 als μυριάκις μύριαι μυριάδες.

Im Stobaios-Text setzt sich die Zahl zusammen aus:

$$400 \cdot 10\,000 \cdot 10\,000 = 40\,000\,000\,000 \text{ und } 8 \cdot 10\,000 = 80\,000.$$

In übertragender Bedeutung heißt der Ausdruck μυριάδες μυριάδων „unzählig viele". So wird er von Prokopios gebraucht, um die „unzähligen" Opfer Justinians zu beschreiben (Geheimgeschichte 18, 4). In der Apokalypse des Johannes, dem letzten Buch des Neuen Testamentes, ist von der unzähligen Menge der Engel die Rede, die das Lamm Gottes preisen als μυριάδες μυριάδων καὶ χιλιάδες χιλιάδων (5, 11; vgl. Didymus Caecus *In Zacch.* 1.234).

Dieser übertragene Gebrauch liegt bei Stobaios jedoch nicht vor, denn hier ist eine konkrete Zahl gemeint. Allerdings ist ein derart hoher Wert von mehr als 40 Milliarden (!) Stadien äußerst unwahrscheinlich und durch keine Parallelstelle bestätigt. Offensichtlich hat entweder Stobaios die Zahl falsch interpretiert oder es liegt ein Schreibfehler vor. Auch hier ist also keine eindeutige Aussage möglich, wie die Originalzahl des Eratosthenes gelautet hat.

2.3 Pseudo-Galenos, de philosophica historica 72

Περὶ τῶν διαστημάτων τῆς σελήνης

Ἐμπεδοκλῆς διπλάσιον ἀπέχειν τὴν σελήνην ἀπὸ τοῦ ἡλίου ἤπερ ἀπὸ τῆς γῆς· οἱ μαθηματικοὶ ὀκτωκαιδεκαπλάσιον.

Ἐρατοσθένης τὸν ἥλιον ἀπέχειν τῆς γῆς σταδίων μυριάδας τετρακοσίας καὶ στάδια ὀκτάκις μύρια· τὴν δ σελήνην τῆς γῆς ἀπέχειν σταδίων μυριάδας ἑβδομηκονταοκτώ.

Über die Entfernungen des Mondes

„Empedokles (glaubt), dass der Mond doppelt so weit von der Sonne entfernt sei wie von der Erde; die Mathematiker (glauben) das 18-Fache.

Eratosthenes (glaubt), dass die Sonne von der Erde 4 080 000 Stadien entfernt sei, dass der Mond hingegen von der Erde 780 000 Stadien entfernt sei.“

Der hier genannte Wert von 4 080 000 Stadien findet sich im Text der Ausgabe von Kühn (tom. XIX, S. 283), Diels hingegen (S. 628) bietet eine andere Lesart:

Ἐρατοσθένης τὸν ἥλιον ἀπέχειν τῆς γῆς σταδίων μυριάδας τρεῖς καὶ ὀκτάκις μυριάδας, τὴν δ σελήνην τῆς γῆς ἀπέχειν σταδίων μυριάδας ἑβδομήκοντα ὀκτώ.

„Eratosthenes (glaubt), dass die Sonne von der Erde 110 000 Stadien entfernt sei, dass der Mond hingegen von der Erde 780 000 Stadien entfernt sei.“

Hier liegt offensichtlich eine Textverderbnis vor, denn wäre der angegebene Wert von 30 000 + 80 000 = 110 000 Stadien (ebenso interpretiert Mansfeld die Zahl, S. 186) richtig, wäre die Entfernung Erde/Sonne erheblich kleiner als die mit 780 000 Stadien angegebene Entfernung Erde/Mond. Das dürfte aber in keinem Falle Eratosthenes Auffassung gewesen sein.

Somit liegt also immer noch keine glaubwürdige Aussage vor.

2.4 Theodoretos, Graecarum affectionum curatio IV, 24

ί καὶ τετρακοσίας ἀριθμοῦσι καὶ μέντοι καὶ πλείους σταδίων μυριάδας τὰς μ ν ἀπὸ γῆς μέχρι σελήνης, τάς δ ἐκεῖθεν μέχρις ἡλίου.

„... und sie (die griechischen Philosophen) zählen wahrlich vierhundert und noch mehr Myriaden (4 000 000) Stadien, zum einen von der Erde bis zum Mond, zum anderen von dort bis zur Sonne.“

Diesen Abschnitt aus Theodoretos fügt Diels den Texten von Pseudo-Plutarch und Stobaios bei. Theodoretos (um 393–466, Bischof von Kyrrhos in Syrien) macht jedoch an der entsprechenden Stelle, die sich mit der Entfernung Erde/Mond/Sonne befasst, nur eine recht allgemeine Aussage. Er ist zwar für die Rekonstruktion des Aetios-Textes insofern interessant, als er der Einzige ist, der Aetios und dessen Schrift περὶ ἀρεσκόντων ξυναγωγή namentlich erwähnt und als Quelle angibt. Man kann also davon ausgehen, dass er noch ein Exemplar von Aetios' Werk zur Verfügung hatte und darin auch eine Zahlenangabe von 4 000 000 Stadien fand, möglicherweise eine Angabe für den Sonnenradius.

Für die Beantwortung der Frage, wie die Entfernungsangabe des Eratosthenes lautet, scheidet Theodoretos jedoch als Zeuge aus, denn erstens erwähnt er weder Eratosthenes an dieser Stelle, noch setzt er die Zahl von 4 000 000 Stadien überhaupt zu einem bestimmten Astronomen oder Mathematiker in Beziehung und zweitens ist die Absicht seines apologetischen Hauptwerkes *Graecarum affectionum curatio* nicht die Auseinandersetzung mit einem wissenschaftlichen Einzelproblem, sondern der Nachweis, dass das Christentum der heidnischen Weltsicht überlegen ist.

Interessant ist allerdings, dass er von „*400 und noch mehr Myriaden*“ spricht. Offensichtlich hat er also noch eine größere Zahl gelesen – etwa auch ein Wert von 804 000 000 Stadien?

2.5 Eusebios von Kaisareia, Praeparatio evangelica XV, 53, 3

Περὶ τῶν ἀποστημάτων αὐτῆς (sc. τῆς σελήνης)
Ἐμπεδοκλῆς διπλάσιον ἀπέχειν τὴν σελήνην ἀπὸ τοῦ ἡλίου ἤπερ ἀπὸ τῆς γῆς. Οἱ ἀπὸ τῶν μαθηματικῶν ὀκτωκαιδεκαπλάσιον.

Ἐρατοσθένης τὸν ἥλιον ἀπέχειν ἀπὸ τῆς γῆς σταδίων μυριάδας τετρακοσίας καὶ ὀκτακισμυρίας, τὴν δ σελήνην ἀπέχειν τῆς γῆς μυριάδας οη΄ σταδίων.

Über seine (= des Mondes) Abstände

„Empedokles (glaubt), dass der Mond doppelt so weit von der Sonne entfernt sei wie von der Erde. Die Mathematiker (glauben) das 18-Fache.

Eratosthenes (glaubt), dass die Sonne von der Erde 804 000 000 Stadien entfernt sei, dass hingegen der Mond von der Erde 780 000 Stadien entfernt sei."

Mit dem Kirchenschriftsteller Eusebios (gest. 339) betreten wir nun festeren Boden. In seiner *Praeparatio evangelica*, worin er den Vorzug des Christentums vor der heidnischen Religion und Philosophie zeigen will, zitiert er die entsprechende Passage zu den Entfernungen von Sonne und Mond mit einem Wert von 804 000 000 Stadien.

Zwar ist der Text von PE XV, 53, 3, der in den Handschriften σταδίους μυριάδων τετρακοσίων καὶ ὀκτακισμυρίων lautet, von dem Herausgeber Mras in der obengenannten Weise wiederhergestellt worden, jedoch ändert sich dadurch die Zahlenangabe 804 000 000 selbst nicht. Denn offensichtlich ist einem Schreiber der Fehler unterlaufen, dass er den Genitiv, in dem eigentlich das Wort στάδιοι stehen müsste, zu der Zahlenangabe gezogen hat. Trotz dieser Vertauschung stehen aber die Zahlwörter alle in gleicher Weise im Genitiv und gehören somit eindeutig zusammen; also: μυριάδων τετρακοσίων καὶ ὀκτακισμυρίων = vierhundert und achtzigtausend Myriaden = 804 000 000!

2.6 Johannes Lydus, de mensibus III, 12

ἀφεστάναι δ λόγος ἀπὸ τῆς γῆς κατὰ τὸν Ἐρατοσθένην τὴν μ ν σελήνην σταδίων μυριάδας ἑβδομήκοντα ὀκτώ, τὸν δ ἥλιον τετρακοσίας καὶ ὀκτάκις μυρίας.

„Gemäß Eratosthenes gibt es die Aussage, dass der Mond von der Erde 780 000 Stadien entfernt sei, die Sonne hingegen 804 000 000 Stadien."

Johannes Lydus (geb. 490 in Philadelphia/Lydien, gest. 560 in Konstantinopel), war ein oströmischer Beamter und Schriftsteller, der über eine umfassende Bildung und Kenntnis griechischer und römischer Autoren verfügte. In Konstantinopel studierte er Philosophie bei dem Neuplatoniker Agapios und wurde später mit einer Lehrtätigkeit an der kaiserlichen Schule zu Konstantinopel betraut. Seine Schrift *de mensibus* (περὶ μηνῶν) beschäftigt sich mit dem römischen Kalender seit der Königszeit. Hierbei macht er nun eine interessante Bemerkung zur Entfernung von Erde und Sonne: Er sagt nämlich ausdrücklich, dass diese „gemäß Eratosthenes" (κατὰ τὸν Ἐρατοσθένην) 804 000 000 Stadien betrage. Es ist also durchaus möglich, dass Johannes Lydus diese Zahl nicht dem Werk des Aetios oder eines anderen von diesem abhängigen Autors entnommen hat, sondern der Schrift des Eratosthenes selbst.

Allerdings bieten einige Handschriften an dieser Stelle auch die Lesart 4 080 000.

2.7 Ptolemaios-Scholiast

Den bisher genannten Zeugnissen steht nun ein weiteres, höchst interessantes gegenüber, nämlich ein Scholion zur Mathematike Syntaxis des Klaudios Ptolemaios.

Ἐμπεδοκλῆς διπλάσιον ἀπέχειν τὴν σελήνην [ιμ Τεξτ στεητ ειν Μονδσψμβολ στατт σελήνην] ἀπὸ τῆς γῆς ἐδόξαζεν, οἱ δ ἀπὸ τῶν μαθηματικῶν ἀκριβέστερον ἐπιβάλλοντες ὀκτωκαιδεκαπλάσιον.

Ἐρατοσθένης τὸν ἥλιον ἀπέχειν σταδίων ἀπὸ τῆς γῆς μυριάδων τ καὶ ὀκτάκις μυρίων, τὴν δ σελήνην ἀπέχειν τῆς γῆς μυριάδων ἑβδομήκοντα ὀκτὼ σταδίων.

„Empedokles meinte, der Mond sei doppelt so weit von der Erde entfernt, die Mathematiker bei einer gründlicheren Betrachtung (meinten) das 18-Fache.

Eratosthenes (meinte), die Sonne sei von der Erde 803 000 000 Stadien entfernt, der Mond aber sei von der Erde 780 000 Stadien entfernt."

Dieses Scholion bietet den aus Pseudo-Plutarch, Stobaios, Pseudo-Galenos und Eusebios bekannten Text, teilweise sogar noch etwas ausführlicher als diese.

Es findet sich nach der Inhaltsangabe am Anfang des fünften Buches der Mathematike Syntaxis, wobei die Entfernung der Sonne darin im 15. Kapitel behandelt wird. Offensichtlich hat dieses Stichwort einen Schreiber oder Leser dazu veranlasst, eine Notiz dem Ptolemaios-Text beizufügen, die ihm aus einem anderen Zusammenhang bekannt gewesen ist. Ob er dies getan hat, weil er die Angabe des Ptolemaios für falsch und die des Eratosthenes für richtig hielt oder weil er um der Vollständigkeit willen einen ihm bekannten weiteren Wert vermerken wollte, lässt sich allerdings nicht entscheiden.

Der von Eratosthenes bestimmte Wert für die Entfernung der Sonne von der Erde wird nun von dem Scholiasten mit 803 000 000 Stadien angegeben. Wie aber kommt diese Abweichung von den bisher bekannten Werten zustande?

Zunächst einmal fällt auf, dass die Zahlworte statt in dem grammatikalisch richtigen Akkusativ im Genitiv stehen wie in den Handschriften des Eusebios-Textes. Aber auch hier sind sie durch die übereinstimmenden Kasusendungen eindeutig als zusammengehörend gekennzeichnet.

Mansfeld (S. 187) liest die Zahl als 300 080 000 Stadien, was eine neue Variante ins Spiel bringt. Die genauere Betrachtung zeigt jedoch, dass es sich um 300 Myriaden = 3 000 000 und 8 · 10 000 (Myriaden) = 800 000 000, also insgesamt 803 000 000 Stadien, handelt, wobei der ursprüngliche Wert wahrscheinlich 804 000 000 Stadien gelautet hat. Der – hier allerdings unerhebliche – Verlust von einer Million lässt sich möglicherweise auf eine Beschädigung des Textes zurückführen, der dem Scholiasten vorgelegen hat. Eine Erklärung könnte Folgendes sein: Der Buchstabe τ ist das Zeichen für 300, also sind μυριάδες τ = 300 Myriaden = 3 000 000. Da die von den anderen Autoren genannte Zahl 400, als Zahlwort ausgeschrieben τετρακόσιαι, ebenfalls mit einem τ beginnt, liegt die Vermutung nahe, dass der Text, den der Scholiast benutzt hat, in der Weise beschädigt worden ist, dass von dem Zahlwort τετρακοσίας nur das τ übriggeblieben ist, was der Scholiast als Zeichen für 300 gelesen hat.

Zusammengefasst ergibt sich aus der philologischen Untersuchung folgender Befund:

Autor	**Entfernung Erde/Sonne nach Eratosthenes in Stadien**
Pseudo-Plutarch	?
Stobaios	4 080 000
Pseudo-Galenos	4 080 000 ?
Eusebios	804 000 000
Johannes Lydus	804 000 000
Ptolemaios-Scholiast	803 000 000 (804 000 000?)

Die Frage, ob Eratosthenes die Entfernung Erde/Sonne mit 4 080 000 Stadien oder mit 804 000 000 Stadien angeben hat, lässt sich also anhand der vorhandenen literarischen Quellen nicht eindeutig klären. Aufschluss kann nur eine kritische Analyse der Zahlenangaben geben.

3. Schreibfehleranalysen der Angaben zur Entfernung Erde/Sonne

Im Rahmen einer kritischen Betrachtung der von Pseudo-Galenos und Stobaios überlieferten Angabe zur Entfernung der Sonne von R_S = 4 080 000 Stadien sind zunächst zwei abgeleitete Größen zu erörtern:

- der wahre Durchmesser d_S der Sonne, berechnet aus der Entfernung R_S und einem Winkeldurchmesser von $\delta = 33'$, wie er mutmaßlich von Eratosthenes, auch bei der Bestimmung der Mondentfernung, benutzt wurde:

$$d_S = 2 \cdot R_S \tan (\delta/2),$$

- der aus dem Erdradius r_E und dem Abstand der Sonne R_S ermittelte Wert für die topozentrische Parallaxe $p = (r_E/R_S)$.

Man erhält zunächst

$$d_S = 2R_S \tan (\delta/2) = 39\,200 \text{ Stadien.}$$

Das würde bedeuten, Eratosthenes hätte angenommen, der Durchmesser der Sonne entspräche dem halben Erddurchmesser, was eine äußerst unwahrscheinliche Vermutung ist.

Man erhält ferner für die maximale topozentrische Parallaxe ($z = 90°$, $\sin z = 1$)

$$\sin \varepsilon = (r_E/R_S) = 40\,000 \,/\, 4\,080\,000,$$

also

$$\varepsilon_{max} = 0{,}56° = 34'.$$

Dies hingegen widerspräche in extremer Weise der im Altertum generell akzeptierten Voraussetzung, dass die Sonne keine merkbare topozentrische Parallaxe aufweist.

Folglich muss man also davon ausgehen, dass sowohl Pseudo-Galenos als auch Stobaios die Angabe des Eratosthenes nicht korrekt überliefert haben. Kann möglicherweise der fehlerhafte Wert auf einen Schreibfehler zurückgeführt werden? Das ist tatsächlich der Fall.

Die Texte von Pseudo-Plutarch, Stobaios, Pseudo-Galenos, Eusebios und des Ptolemaios-Scholiasten gehen auf eine gemeinsame Vorlage zurück, nämlich auf Aetios. Welchen Wert dieser für die Entfernung Erde/Sonne nach Eratosthenes angibt, lässt sich nicht bestimmen. Die Überlieferung teilte sich offensichtlich in zwei Stränge, zum einen 4 080 000 Stadien, zum anderen 804 000 000 Stadien. Beide Zahlen haben schon in der Antike vorgelegen; denn die erste Zahl wird zumindest in der Größenordnung „vier Millionen" durch die Paraphrase des Theodoretos indirekt bestätigt, die Zweite durch das Zeugnis des Johannes Lydus. Offensichtlich hatten aber schon die antiken Autoren Schwierigkeiten, die Entfernungsangabe des Eratosthenes richtig zu interpretieren und wiederzugeben.

Ein augenfälliger Beleg dafür ist ferner, dass in der arabischen Übersetzung der entsprechenden Aetios-Stelle durch Qusta ibn Luqa der Wert völlig missverstanden wird:

„Empedokles glaubte, dass die Entfernung des Mondes von der Sonne das Doppelte seiner Entfernung von der Erde beträgt.

Die Mathematiker glaubten, dass die Entfernung des Mondes von der Sonne das 18-Fache seiner Entfernung von der Erde beträgt.

Eratosthenes glaubte, dass die Entfernung der Sonne von der Erde 408.000 Stadien und die Entfernung des Mondes von der Sonne 78 000 Stadien beträgt (Daiber, S. 165)."

Wie ist nun dieses Dilemma aufzulösen?

Eratosthenes hat einen Wert errechnet, der so erstaunlich präzise ist, dass er sogar für einen modernen Leser beinahe unglaublich erscheinen muss. Weitaus größer aber dürfte, auch hinsichtlich der enormen Größe der Zahl, die Skepsis bei antiken Lesern gewesen sein, zumal bei denen, die keine tiefergehenden Kenntnisse in Astronomie und Mathematik besaßen oder gegenüber der „heidnischen" Wissenschaft eine ablehnende Haltung einnahmen.

Leider können wir nicht rekonstruieren, wie der Originaltext des Eratosthenes ausgesehen hat. Halten wir uns aber die Aussage von Johannes Lydus vor Augen, der deutlich erwähnt, er gebe seine Angabe „gemäß Eratosthenes" (κατὰ τὸν Ἐρατοσθένην) wieder, so können wir davon ausgehen, dass die Entfernungsangabe ursprünglich in dieser Form angegeben worden ist:

σταδίων μυριάδας τετρακοσίας καὶ ὀκτάκις μυρίας (a)
„an Stadien vierhundert und achtmal zehntausend Myriaden".

Die Zahl a (im Akkusativ der räumlichen Ausdehnung) ist also zusammengesetzt aus:

- dem deklinablen femininen Zahlsubstantiv „Myrias“ (= „Anzahl von Zehntausend“) im Plural,
- dem deklinablen Zahlwort „vierhundert“ mit femininer Pluralendung (Bezugswort μυριάδας) als vorangestellter **kleinerer** Zahl,
- dem Zahladverb „achtmal“ und
- dem Zahladjektiv „zehntausend“ mit **femininer Pluralendung** μυρίας (Bezugswort μυριάδας!).

Durch die anhand der Kasusendungen deutlich erkennbaren Bezüge ergibt sich eindeutig der Wert

4 000 000	(400 Myriaden)
+ 800 000 000	(8 · 10 000 Myriaden)
804 000 000.	

Nun wurde durch einen kleinen Schreibfehler dieser Wert um fast das 200-fache reduziert: **Ein einziges Sigma (ς) an einem Wortende fiel weg!**

So ergab sich folgende Zahl

σταδίων μυριάδας τετρακοσίας καὶ στάδια ὀκτάκις μύρια (b)
„an Stadien vierhundert Myriaden und achtzigtausend Stadien“.

Wie man deutlich erkennen kann (vergleiche die unterstrichenen Wörter in a und b), ist hier am Ende des letzten Zahlwortes das ς weggefallen, mit fatalen Folgen.

Denn während sich bei der Originalzahl (a) das Zahladjektiv μυρίας „zehntausend“ eindeutig als femininer Akkusativ Plural auf das Zahlsubstantiv μυριάδας „Myriaden“ bezieht (also „zehntausend Myriaden = 100 000 000), ist beim Wert (b) das Zahladjektiv μύρια wegen des ausgefallenen „ς“ zum Akkusativ Plural Neutrum geworden und bezieht sich auf das ebenfalls im Akkusativ Plural Neutrum stehende Substantiv στάδια „Stadien“ (also 10 000 Stadien). Da das Wort στάδια in der ursprünglichen Angabe (a) nicht steht, ist es später hinzugefügt worden, um für den Akkusativ Plural Neutrum μύρια ein Bezugswort zu haben.

Die Zahl b (ebenfalls im Akkusativ der räumlichen Ausdehnung) setzt sich also folgendermaßen zusammen:

- dem deklinablen femininen Zahlsubstantiv „Myrias“ (= „Anzahl von Zehntausend“) im Plural,
- dem deklinablen Zahlwort „vierhundert“ mit femininer Pluralendung (Bezugswort μυριάδας) als vorangestellter **größerer** Zahl,

- dem Zahladverb „achtmal“ und
- dem Zahladjektiv μύρια „zehntausend“ mit **sächlicher Pluralendung** (Bezugswort στάδια).

Es ergibt sich also folgender Wert

$$\begin{array}{rl} 4\,000\,000 & (400 \text{ Myriaden}) \\ + \quad \underline{80\,000} & (8 \cdot 10\,000) \\ 4\,080\,000. & \end{array}$$

Unter Annahme eines fehlenden „ς“ stimmt also die Angabe des Stobaios und des Pseudo-Galenos (in der Ausgabe von KÜHN) mit der des Eusebios, die durch Johannes Lydus bestätigt wird, und der des Ptolemaios-Scholiasten, überein:

$$R_S = 804\,000\,000 \text{ Stadien.}$$

Damit erhält man als wahren Durchmesser d_S der Sonne

$$d_S = 2R_S \tan(\delta/2) = 7\,718\,000 \text{ Stadien} = 96{,}5d_E \sim 100d_E.$$

Dieser Wert wird gestützt durch die Angabe eines Anonymus (Neugebauer, S. 663), Eratosthenes habe geglaubt, die Sonne sei hundertmal so groß wie die Erde.

Ferner liegt dann die Vermutung nahe, Eratosthenes habe zunächst die Entfernung zur **Sonnenoberfläche** mit 800 000 000 Stadien ermittelt, wozu er dann noch 4 000 000 Stadien bis zum **Sonnenmittelpunkt** hinzugezählt hat.

804 000 000 Stadien entsprechen ca. 130 000 000 km; der tatsächliche Abstand Sonne/Erde, die sog. „Astronomische Einheit“, beträgt ca. 150 000 000 km. Eine derartige Genauigkeit bei der Bestimmung dieser fundamentalen astronomischen Größe bereits im Altertum um 250 BC kann man nur als eine naturwissenschaftliche Glanzleistung ersten Ranges bezeichnen.

4. Zur Entfernung Erde/Mond

War die Entfernung zur Sonne bekannt, dann konnte Eratosthenes die Entfernung R_M zum Mond nach dem Verfahren berechnen, welches bereits von Aristarchos von Samos konzipiert worden war (s. Neugebauer, S. 634). Das Verfahren stützt sich wesentlich auf das Verhältnis $\alpha = 2$ = Größe des Erdschattens : Monddurchmesser.

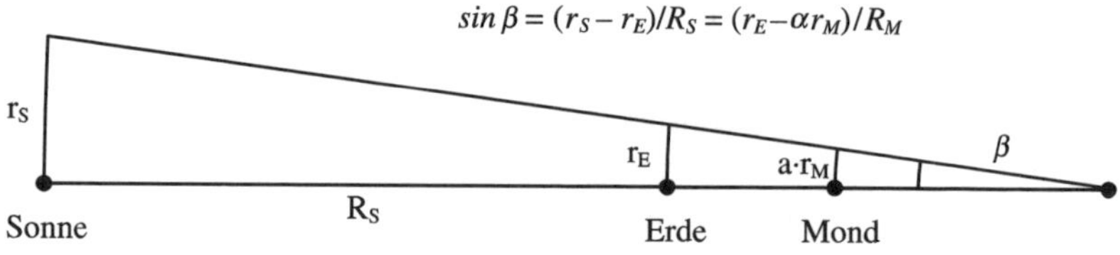

Abb. Anhang.1: Konfiguration zur Mitte einer Mondfinsternis

Mit einem Winkeldurchmesser für Sonne und Mond von $\delta = 33'$ erhält man, wegen $r = R \tan(\delta/2)$, die Relation

$$(1 + \alpha) \tan(\delta/2) = (r_E/R_S) + (r_E/R_M).$$

Untersucht man dahingehend die Angaben von Stobaios und Pseudo-Galenos von

$$R_M = 780\,000 \text{ und } R_S = 4\,080\,000 \text{ Stadien,}$$

erhält man $\alpha \sim 12$, was deutlich der Realität widerspricht – ein erneuter Nachweis, dass deren Angaben nur verderbt sein können.

Es ist schwer vorstellbar, dass Eratosthenes seine Angaben nicht mit dem Konzept seines Kollegen Aristarchos zur Bestimmung der Entfernung/Größe von Sonne/Mond überprüft hat. Tatsächlich erhält man mittels

$$R_S = 804\,000\,000 \text{ Stadien, } \alpha = 2,\ \delta = 33'$$

als Ergebnis

$$R_M = r_E / ((1 + \alpha)\tan(\delta/2) - r_E/R_S) = 69{,}7\ r_E$$

oder

$$R_M = 69{,}7 \cdot 40\,000 \text{ Stadien} = 2\,788\,000 \text{ Stadien}$$

(Anmerkung: Wenn Eratosthenes anstatt $\alpha = 2$ den korrekteren Wert α=2,5 verwendet hätte, wäre das Ergebnis $R_M = 60r_E$ gewesen).

Der Wert legt das Auftreten eines weiteren Schreibfehlers nahe: Anstatt eines richtigen R_M = 2 780 000 wurden nur 780 000 Stadien angegeben.

Da die Zahlenangabe von 780 000 Stadien in allen Quellen eindeutig überliefert ist und sie sich auch bei Johannes Lydus findet, der ja möglicherweise nicht nach Aetios, sondern nach Eratosthenes selbst zitiert, muss man davon ausgehen, dass sich dieser Schreibfehler schon sehr früh in die Überlieferung eingeschlichen hat, möglicherweise schon in die Eratosthenes-Ausgabe selbst.

Die Lösung ist hier ebenso einfach wie im oben untersuchten Fall: **Es handelt sich wiederum nur um ein ausgefallenes „ς“.** Dies hat bereits

Tannery richtig vermutet (S. 391f.) und lässt sich folgendermaßen erklären:

Zu Eratosthenes' Zeit schrieb man in Majuskeln ohne Worttrennung. Die von Eratosthenes ursprünglich angegebene Zahl für die Entfernung Erde/Mond von 2 780 000 Stadien wurde in der üblichen Weise als 278 Myriaden Stadien ausgedrückt, wobei die Zahl 278 in den Buchstabenzahlen des milesischen Systems als ΣΟΗ' erschien.

Da nun das der Zahlenangabe vorausgehende Wort „Myriaden" mit einem Σ endet und das Zahlwort ΣΟΗ' mit einem Σ beginnt, trafen folglich zwei Σ aufeinander:

ΤΗΝΔΕΣΕΛΗΝΗΝΑΠΕΧΕΙΝΤΗΣΓΗΣΜΥΡΙΑΔΑΣΣΟΗ'ΣΤΑΔΙΩΝ.

Ein Schreiber hat offensichtlich ein Σ ausgelassen und das verbleibende Σ konnte natürlich nur als Schlussbuchstabe von ΜΥΡΙΑΔΑΣ angesehen werden, weil das Wort ΜΥΡΙΑΔΑ als Akkusativ Singular hier keinen Sinn ergäbe. Somit fehlt dem Zahlwort das Σ am Anfang und es bleibt ΟΗ' = 78 übrig, also 78 Myriaden = 780 000.

Folglich muss die überlieferte Zahl durch Hinzufügen des ausgefallenen Σ korrigiert werden in R_M = 2 780 000.

5. Die Angaben des Poseidonios

Auch Poseidonios hat, wie wir von Plinius (NH II, 21) erfahren, Angaben über die Entfernungen der Erde zum Mond und zur Sonne gemacht:

Posidonius non minus XL stadiorum a terra altitudinem esse, in quam nubila ac venti nubesque perveniant, inde purum liquidumque et inperturbatae lucis aera, sed a turbido ad lunam viciens C milia stadiorum, inde ad solem quinquiens miliens.

„Poseidonios (sagt), es sei von der Erde eine Höhe von nicht weniger als 40 Stadien, zu der die Nebel, Winde und Wolken gelangen; von da an sei die Luft rein und klar und von ungetrübter Helle, aber von der Region der Stürme zum Mond seien es 2 000 000 Stadien, von dort bis zur Sonne 500 000 000."

Seine Werte lauten also

R_M = 2 000 000 Stadien (bzw. 2 000 040 Stadien)

R_S = 500 000 000 Stadien (bzw. 502 000 040 Stadien, weil das zweite *inde* nicht nur auf die Entfernung von der Erde zur Sonne bezogen werden kann, sondern auch auf den Mond als Ausgangspunkt, sodass sich die Gesamtstrecke aus den Abschnitten Erde/Mond = 2 000 000 Stadien und Mond/Sonne = 500 000 000 Stadien zusammensetzt, wozu noch die 40 Stadien von der Erdoberfläche zur Region der Stürme hinzugezählt werden müssen).

Da Poseidonios den Erdumfang mit 180 000 Stadien bestimmt im Gegensatz zu Eratosthenes, der ihn mit 252 000 Stadien angibt, kann man davon ausgehen, dass beide eine verschiedene Stadiondefinition benutzten, die im Verhältnis 180 : 252 = 5 : 7 stand.

Bezogen auf das Stadion des Eratosthenes erhält man damit als Entfernungsangaben des Poseidonios R_M = 2 800 000 Stadien, R_S = 700 000 000 Stadien des Eratosthenes, was sich in guter Übereinstimmung mit dessen Angaben befindet (R_M = 2 780 000 Stadien, R_S = 804 000 000 Stadien).

Mit $r_E = 180\,000/2\pi = 28\,650$ Stadien erhält man ferner $R_M = 69{,}8r_E$ und $R_S = 17\,500r_E$.

Die Angaben des Poseidonios korrespondieren jedenfalls mit dem Konzept des Aristarchos von Samos. Mit $\alpha = 2$ und $\delta = 33'$ erhält man

$$0{,}0144 = (1 + \alpha)\tan(\delta/2) = (r_E/R_S) + (r_E/R_M) = 0{,}0144.$$

Die Größen von Sonne und Mond ergeben sich mittels $\delta = 33'$ zu

$$d_M = 19200 \text{ Stadien} = \tfrac{1}{3}\, d_E\,,$$

$$d_S = 4\,800\,000 \text{ Stadien} = 84\, d_E\, (d_E = 180\,000/\pi = 57\,300 \text{ Stadien}).$$

Die Sonne war also ein riesiger Körper, dessen Durchmesser nach Poseidonios 84-mal so groß war wie der Durchmesser der Erde; ihr Abstand von der Erde war ebenfalls riesig, nämlich

$$R_S = 500\,000\,000 \text{ Stadien} = 17\,500 \text{ Erdradien} = 110\,000\,000 \text{ km}.$$

Ob nun die Angaben des Poseidonios auf Eratosthenes zurückgehen oder ob Poseidonios sie selbst ermittelt hat, lässt sich allerdings mangels weiterer Informationen kaum klären.

6. Eratosthenes von Kyrene, genannt „Beta“

Unter den Spitznamen, die Eratosthenes beigelegt worden sind, ist wohl der bekannteste „Beta“. Da die Buchstaben des griechischen Alphabets auch als Zahlzeichen dienen und der Buchstabe β an zweiter Stelle steht, bedeutet dieser Spitzname so viel wie „Nr. 2“. Es sind nun etliche Versuche gemacht worden, diesen Namen zu interpretieren, die bis zu der kuriosen Vermutung reichen, „Beta“ sei die Benennung des Hörsaals, in dem Eratosthenes gelehrt habe, oder beschreibe dessen vom Alter gekrümmten Rücken (vgl. hierzu Geus, S. 34 ff.). Auch die Annahme von Prell (S. 136f.), mit „Beta“ werde der Umriss einer Skizze der Erdumfangsbestimmung veranschaulicht, wie Eratosthenes sie durchgeführt hat, vermag nicht recht zu überzeugen.

Die allgemeine Meinung geht jedoch dahin, dass „Beta“ eine abwertende Bezeichnung sei, weil Eratosthenes auf den zahlreichen Betätigungsfeldern seiner wissenschaftlichen Arbeit immer nur der Zweite geblieben sei (vgl. etwa Lesky, S. 880; Schwartz, S. 208f.; Lexikon der Alten Welt, Artikel „Eratosthenes“).

Diese Interpretation beruht auf zwei Zeugnissen; zum einen auf dem byzantinischen Suda-Lexikon (um 1000 AD), das hierzu unter dem Stichwort „Eratosthenes“ vermerkt:

διὰ δ τὸ δευτερεύειν ἐν παντὶ εἴδει παιδείας *τοῖς ἄκροις ἐγγίζων Βῆτα* ἐκλήθη.

„Weil er aber in jeder Art von Wissenschaft nur den zweiten Rang innehatte und den hervorragendsten Männern nur nahekam, wurde er „Beta“ genannt.“

Zum anderen beruhen sie auf einer Sammlung von Lesefrüchten (Chrestomatheiai) aus Strabons Geographika, die ein Anonymus (vermutl. 10. Jh.) verfasst hat. Darin heißt es:

Ἐρατοσθένης οὔτε τῶν ἀπαιδεύτων ἦν οὔτε τῶν γνησίως φιλοσοφούντων· διὸ καὶ Βῆτα ἐκαλεῖτο, ὡς τὰ δευτερεῖα φέρειν δοκῶν ἐπὶ πάσῃ παιδείᾳ (Lib. I, 20, GGM II, 1861, S. 531).

„Eratosthenes gehörte weder zu den Ungebildeten noch zu denen, die richtige Wissenschaft betreiben; deshalb wurde er „Beta“ genannt, weil er gleichsam in jeder Wissenschaft nur den zweiten Preis davonzutragen schien.“

Beide Zeugnisse sind aber mit Vorsicht zu betrachten. Der Suda-Text ist an der betreffenden Stelle offensichtlich verderbt (überliefert ist τοῖς ἄκροις γγίσασι τὰ βήματα) und von Meursius nach Hesychius Milesius korrigiert worden. Hesychius war zwar eine Quelle für die Suda, aber sein Onomatologus (6. Jh.) ist verloren und nur als ein Auszug aus der Suda aus dem 16. Jahrhundert vorhanden (Prell, S. 134). Es bleibt also unklar, auf wen die Überlieferung des abwertenden „Beta“ zurückgeht. Der in den Handschriften der Suda überlieferte Ausdruck τὰ βήματα („die Schritte") statt βῆτα könnte durchaus in einem anderen Zusammenhang gestanden haben.

Auch die Aussage des Anonymus ist problematisch, denn die angeblich aus Strabons Geographika stammende Äußerung findet sich dort nicht. Dies wiederum ist verwunderlich, hat sich doch Strabon auch nicht gescheut, etwa Pytheas als „gewaltigen Lügenbold" (ἀνὴρ ψευδίστατος I, 4, 3 C.63) zu bezeichnen.

Wenn also die zitierte Stelle der Chrestomatheiai einerseits ein Beleg dafür ist, dass Eratosthenes den Beinamen „Beta" trug, so ist andererseits dessen negative Auslegung offensichtlich erst eine spätere, möglicherweise von dem Verfasser der Chrestomatheiai selbst stammende Zutat.

Klar ist allerdings, dass Eratosthenes seinen Spitznamen schon zu Lebzeiten erhalten hat; denn Spitznamen werden in der Regel nicht nach dem Tode einer Person an sie vergeben.

Erfreulicherweise erfahren wir auch, von wem und wo er den Namen „Beta" erhalten hat. Der Geograph Markianos von Herakleia (um 400 AD) führt nämlich unter den von ihm verwendeten Autoren auch Eratosthenes an, von dem es heißt:

Ἐρατοσθένης, ὃν Βῆτα ἐκάλεσαν οἱ τοῦ Μουσείου προστάντες

„Eratosthenes, den ***die Vorsteher des Museions*** *‚Beta' nannten"*
(Epitome Peripli maris interni, Lib. I, 2, GGM I, 1855, S. 565).

Entstehungsort des Beinamens „Beta" war also das Museion in Alexandria, „ein wissenschaftliches Institut größten Stils"; dort wurde den Gelehrten aller Art „außer einer sorgenfreien Existenz aus den unerschöpflichen Mitteln der damals reichsten Dynastie der Welt alles geboten, was sie zu ihrer Arbeit gebrauchten, Sammlungen jeder Art, Instrumente und vor allem die Bücher" (Schwartz, S. 195).

Galt nun aber Eratosthenes, der von König Ptolemaios III. eigens aus Athen zum Erzieher des Kronprinzen berufen und zum Vorstand der bedeutendsten Bibliothek des Altertums ernannt wurde, unter den Alexandrinern als zweitklassiger Gelehrter? Wohl kaum.

Auf dem Gebiete der Erdkunde nahm er unbestritten eine Spitzenstellung als Begründer der mathematischen Geographie ein, der „das erste wissenschaftliche System der Geographie verfasste und damit der Methodik derselben eine festere Grundlage gab, die für Jahrhunderte maßgebend war" (Wagner, S. 17).

Plinius drückte zweieinhalb Jahrhunderte nach Eratosthenes’ Tod seine Bewunderung für dessen geographische Leistungen aus:

Eratosthenes, in omnium quidem litterarum subtilitate, in hac utique praeter ceteros sollers (Naturalis historia, II, 247).

„Eratosthenes, in seinem Scharfsinn in allen Wissenschaften durchaus gescheit, in dieser gewiss mehr als alle anderen.“

Zeitgenossen betrachteten ihn als vortrefflichen Gelehrten; so schreibt Archimedes in seiner an Eratosthenes gerichteten „Methodenschrift“ (Περὶ τῶν μηχανικῶν θεωρημάτων πρὸς Ἐρατοσθένην ἔφοδος), die „ein Zeugnis seines genialen Geistes“ ist (Strathern S. 64), dieser sei ein hervorragender Lehrer der Philosophie (§2). In einem für Eratosthenes verfassten Grabepigramm heißt es, er habe über die höchsten Dinge nachgesinnt (ἄκρα μεριμνήσας, Ἐρατοσθένης; Dionysius Cyzicenus, *In Eratosthenem*. Anthol. Palat. Lib. VII, epigr. 78).

Ist nun aber der Beiname „Beta“ zu Eratosthenes’ Zeiten nicht abwertend gewesen im Sinne von „der Zweitklassige“, dann dürfte er wohl eher zu verstehen sein als „der Zweite, der etwas sagt oder tut“. Was aber hat Eratosthenes als Zweiter gesagt oder getan?

Die vorangegangenen Betrachtungen haben ergeben, dass Eratosthenes die Astronomische Einheit in der Weise bestimmt hat, dass die damit verbundene Vorstellung vom Kosmos nur heliozentrisch gewesen sein kann.

Die Vorstellung eines heliozentrischen Weltsystems aber hat Eratosthenes’ Zeitgenosse Aristarchos von Samos als Erster vertreten, er war somit gewissermaßen „Alpha“. Ohne Zweifel wird die These des Aristarchos die Gemüter im Museion von Alexandria zutiefst bewegt und zu heftigen Disputen geführt haben. In Athen gar hat Kleanthes, der zweite Vorsteher der Stoa, die Griechen dazu aufgefordert, Aristarchos der Gottlosigkeit anzuklagen. So liegt es nahe anzunehmen, dass die Mitglieder des Museions Eratosthenes als „Beta“ bezeichnet haben, als den „Zweiten, bei dem die Erde um die Sonne kreist“, als den „zweiten Anhänger einer heliozentrischen Weltvorstellung“.

Erst in späterer Zeit, als das heliozentrische Weltbild, das gewiss Anhänger unter den führenden Köpfen der hellenistischen Wissenschaft hatte, nicht zuletzt durch den Einfluss des Ptolemaios verdrängt wurde, und als man den Beinamen „Beta“ nicht mehr in seinem Zusammenhang sah, verstand man dessen Bedeutung nicht mehr und gab ihm einen negativen Sinn.